普通高等教育"十四五"系列教材

水文地质勘察技术及应用

主编 王建平

中国水利水电出版社
www.waterpub.com.cn

·北京·

内 容 提 要

　　本书的第一部分为水文地质勘察研究方法，主要介绍水文地质勘察应用的基本技术方法、应用原则、技术要求、资料分析整理和综合研究成果等内容；第二部分为专门水文地质问题研究，主要介绍供水水文地质、矿床水文地质、水利水电工程水文地质以及地下水环境评价等方面的内容。

　　本书可作为水文与水资源、水利水电工程勘察技术与工程、农业水利工程、矿产资源、土建、交通、林业等专业的大学本科教材，也可作为在职工程师的培训教材。

图书在版编目（C I P）数据

水文地质勘察技术及应用 / 王建平主编. -- 北京：
中国水利水电出版社，2021.5
　　普通高等教育"十四五"系列教材
　　ISBN 978-7-5170-9544-6

Ⅰ. ①水… Ⅱ. ①王… Ⅲ. ①水文地质勘探－高等学校－教材 Ⅳ. ①P641.72

中国版本图书馆CIP数据核字(2021)第070445号

书　　名	普通高等教育"十四五"系列教材 **水文地质勘察技术及应用** SHUIWEN DIZHI KANCHA JISHU JI YINGYONG
作　　者	王建平　主编
出版发行	中国水利水电出版社 （北京市海淀区玉渊潭南路 1 号 D 座　100038） 网址：www. waterpub. com. cn E - mail：sales@waterpub. com. cn 电话：(010) 68367658（营销中心）
经　　售	北京科水图书销售中心（零售） 电话：(010) 88383994、63202643、68545874 全国各地新华书店和相关出版物销售网点
排　　版	中国水利水电出版社微机排版中心
印　　刷	清淞永业（天津）印刷有限公司
规　　格	184mm×260mm　16 开本　14 印张　341 千字
版　　次	2021 年 5 月第 1 版　2021 年 5 月第 1 次印刷
印　　数	0001—2000 册
定　　价	**42.00 元**

前　言

　　水文地质勘察是通过野外调查和勘探、试验等多种技术手段获取水文地质数据和资料，并进一步运用水文地质理论分析研究水文地质条件的一项综合性勘察研究工作，它不仅要求水文地质工作者掌握各种水文地质勘察技术方法的运用，更要求其具有扎实的水文地质理论知识和理论联系实际分析问题、解决问题的能力。因此水文地质勘察并不是单纯地利用技术方法获取资料的过程，更是水文地质工作者利用数据和资料分析研究水文地质条件、解决水文地质问题的过程。

　　随着知识大爆炸时代的到来，地质工程专业课程也有所增加，在总学分一定的情况下，各课程相应学时不断缩减，水文地质勘察（在水利行业称为水文地质勘察，在地质行业通常称为专门水文地质学）课内学时也从早期的72学时缩减到40～48学时，教学内容也与各学校专业特点相对应进行了增减。针对当前学科改革和专业调整的需要，在参阅已有专门水文地质学教材、水文地质勘察教材、规范、著作、文献、成果的基础上，结合多年水文地质勘察课程讲授和水文地质勘察研究的实践，我们编写了这本《水文地质勘察技术及应用》教材。本教材在保持水文地质勘察基本方法、手段介绍的基础上，增加了新理论、新技术、新方法、新手段的内容，同时根据专业发展的状况，对专门问题的介绍也作了调整和补充，力求简明扼要，方便实用。本教材旨在适应地质工程专业特点和市场经济人才培养的需要，使学生通过学习本课程，能够基本掌握水文地质勘察研究的一般工作方法，在科学研究和生产实践中经济合理地选择水文地质勘察手段、安排工作量，具有分析和解决主要专门水文地质问题、完成水文地质生产和科研任务的能力。

　　本教材第一部分为水文地质勘察研究方法，包括第一章～第六章，主要介绍水文地质勘察应用的基本技术方法、应用原则、技术要求、资料分析整理和综合研究成果等内容；第二部分为专门水文地质问题研究，包括第七章～第十章，主要介绍供水水文地质、矿床水文地质、水利水电工程水文地质以及地下水水质与水文地质环境评价等方面的内容，以适应专业调整和课程设置改革，提高学生工作适应能力，使学生充分认识水文地质问题研究的重要性。考虑到课程内容的深度和限制，在专门水文地质问题的勘察研究中减少了对地下水资源量、矿坑涌水量、水库渗漏量等的计算方法的介绍，这些内容涉及的水文地质参数、计算方法等，大多已有专门教材介绍，本教材介绍的深度远远达不到要求，故从略。这方面的内容可参考相关专门教材。

由于编者水平所限，书中错误与不足之处实所难免，切望读者予以指正。

编者

2020 年 8 月

目　录

第一章　水文地质勘察研究工作概述

第一节　水文地质勘察研究的目的和任务

水文地质勘察通常称为专门水文地质学，最早称为地下水普查与勘探，是水文地质专业主要专业课程之一。它是在水文地质基本理论的指导下，研究和介绍水文地质调查研究方法和针对不同生产目的如何进行水文地质调查研究的方法技术课，具有较强的实践性。

水文地质勘察研究的目的是运用各种技术方法和手段，揭示一个地区的水文地质条件，为国民经济发展规划、工程项目设计以及在判定利用或排除地下水措施和分析解决与地下水有关的环境地质、地质工程问题时，提供所需的水文地质资料和依据。

由于不同部门的发展规划、不同工程项目的设计等所需要的水文地质资料各有所异，水文地质勘察的任务也各有侧重。但是它们对基础水文地质资料的要求、勘察中使用的基本手段、勘察工程的布置原则等却有许多共同之处，这就是水文地质勘察的基本工作方法和技能。各种不同目的的生产都需要了解有关的水文地质条件，而获得这些水文地质条件的唯一的办法就是水文地质勘察。

水文地质勘察的主要任务包括以下方面：

(1) 地下水资源开发利用：为各类水质型、水量型缺水地区城镇、乡村、工矿、国防生活、生产用水、农业与生态用水提供科学方案，寻找质好、量多的地下水源。地下水一般水质良好，分布广泛，变化稳定，便于利用，是理想的供水水源。在我国黄土高原、非洲和其他一些干旱地区，地下水往往是主要的甚至是唯一的供水水源，缺水常引起人、畜死亡。据统计，全世界 1/5 的人口，即 11 亿人目前得不到安全的饮用水，另有 24 亿人缺乏良好的卫生设施。每年约有 500 万人因缺乏安全饮用水而死亡，其中每 15s 就有 1 名儿童死亡。

即使在一些水源比较充足的潮湿平原地区，由于污染日益加剧等人为因素，也迫切要求提供新的水源。

地热、矿泉水的开发利用为人类健康、绿色低碳环保生活提供了新的能源和资源保障。

(2) 地下水危害防治：为城市建设和矿山、国防、水利、港口、铁路、输油输气管线等各类工程的建设，防治各种地下水危害提供科学依据和方法。随着人类社会经济的发展和各类工程活动的加剧，与地下水有关的环境地质问题和地质灾害（如矿井、隧道涌突水，土壤盐碱化，海水入侵，地下水污染，浸没，地面沉降，地面塌陷，地裂缝，滑坡，泥石流，地方病等）越来越严重，地下水作为重要的环境因子、灾害因素和地质营力起着重要的作用。

（3）地下水理论研究：作为地球水循环的重要组成部分，地下水的形成、运动、储存、分布、循环及其在成灾、成矿、地质作用等方面的机制仍需要开展深入的理论研究。在理论水文地质学方面，将以渗流理论为基础，以水资源水文地质学为重点，以模型研究为中心，加快开发三维地理信息系统在模型研究中的应用。研究和发展在不同水文地质类型、不同地质条件下勘察和找水的理论、模式和方法，加强大气降水、地表水、土壤水（包气带水）、地下水"四水"转化的机理及其表征参数以及地下水资源评价的理论与方法的研究，提倡多种方法综合评价。探讨作为地质营力与信息载体的地下水的地质作用及其在地球演化、地球各圈层相互作用、地壳变形、地震过程中的作用等。

水文地质勘察研究工作是一项复杂的重要工作，其复杂性首先表现为勘察方法的种类繁多，除了传统的各种地质勘察方法、手段外，还有许多针对地下水本身特性（如流动性和水质、水量随时间而变化等）的勘察方法；其次水文地质勘察并不是单纯的利用技术方法获取资料的过程，更是水文地质工作者利用数据和资料，综合运用水文地质理论分析研究水文地质条件、解决水文地质问题的过程；再者水文地质条件是一个随时间和空间变化的四维时空实体，是地下水结构系统和流动系统的复杂的统一体。

水文地质勘察工作的重要性主要体现在以下 3 个方面：

（1）认识来源于实践。水文地质资料来源于勘察，一切水文地质生产和科学研究成果质量的高低和结论正确与否，主要取决于占有实际资料的多少及其是否正确可靠。而这一切又取决于水文地质勘察手段的使用和布置是否得当、勘察勘探工作是否严格按照有关规范（程）的要求进行。

（2）水文地质勘察是一项费用较高、工期较长的工作。勘探工程布置不当或不按规范（程）的技术要求进行，其后果将是既浪费勘察费用，又不能提供工程设计所需的水文地质资料，如果据其得出错误的结论，将会给工程建设、国家财产、生态环境等多方面造成巨大的损失。

（3）一个担负着水文地质勘察任务的专家仅仅掌握水文地质的基础理论知识是不够的，只有那些既有较高水平的专业理论知识，又懂得如何进行水文地质勘察工作的人才能胜任水文地质生产、科研工作。

通过对本课程的学习，学生应掌握水文地质基本工作方法和技能，学会在实际工作中如何经济合理地安排水文地质调查工作方法和工作量，通过综合分析研究，保证在较短的时间内取得合乎精度要求的调查成果，从而解决生产科研中提出的各类水文地质问题；具有分析和解决供水水文地质、矿床水文地质、水利水电工程水文地质等专门水文地质问题的能力；培养运用所学的水文地质学理论与技术方法开展地下水科学研究及分析解决与地下水有关的资源、环境、地下水危害等实际问题的能力，为今后从事专业技术工作打下基础。

第二节　水文地质勘察工作的类型及阶段划分

一、水文地质勘察工作的类型

水文地质勘察工作按目的、任务和勘察方法特点可分为三种类型。

1. 区域性水文地质勘察

区域性水文地质勘察是指较小比例尺的综合性水文地质勘察，通常称为区域水文地质普查或调查，是水文地质工作中一项具有战略性意义的工作。其主要目的如下：

（1）为地下水资源的合理开发利用与保护、国土开发与整治规划、环境保护和生态建设、经济建设和社会发展规划提供区域水文地质资料和决策依据。

（2）为工业布局、城市建设、矿山建设、海港建设、水利建设、铁路与公路新线选线等经济建设的远景规划提供水文地质依据。

（3）为国防建设特别是国防尖端工业提供所需的区域水文地质资料。

（4）为水文地质教学和科学研究提供区域水文地质基础资料，为更大比例尺的各种专门性水文地质勘察提供设计依据。

区域性水文地质勘察工作的主要任务是概略查明区域性宏观的水文地质条件，特别是区域内地下水的基本类型，各类地下水的埋藏分布条件，地下水的水量、水质的形成条件，以及地下水资源的概略数量。其特点是调查面积大，比例尺小，精度低。

区域性水文地质勘察的范围一般较大，可以是数百、数千或上万平方千米。具体范围视任务需要而定，可以是某个自然单元，也可以是某个行政区域，或一个或数个较大的水文地质单元等。勘察图件的比例尺一般小于 1：10 万。到 1996 年年初，我国开展的以 1：20 万比例尺为主的区域水文地质普查工作在全国 960 万 km² 陆地面积范围内已基本完成，并出版相应图件和报告，从而使我国区域水文地质研究水平走在了世界的前列。这些成果可以作为水文地质基础资料直接收集应用。随着近年来地学理论、方法和技术的不断更新，我国原 1：20 万比例尺填图成果和相关技术方法已显陈旧，亟需更新。为适应我国中比例尺地形图和数字地理底图数据库数据已采用按国际 1：25 万分幅进行，新一轮区域水文地质调查改为采用 1：25 万国际分幅测制，从 2000 年陆续在全国开展，截至 2020 年还未全部完成。

2. 专门性水文地质勘察

专门性水文地质勘察工作为某项具体工程建设项目的设计提供所需的水文地质资料，有时也为进行地下水某方面的科学研究（如建立地下水资源管理模型、进行地下水人工回灌等）开展专门性水文地质勘察工作。其特点是面积小，比例尺大，精度高，直接为生产建设服务。

专门性水文地质勘察把地下水作为主要研究对象，如供水水文地质勘察、矿山水文地质勘察、水库渗漏水文地质勘察、地下热水开发、沼泽疏干、环境水文地质勘察等，要求较详细地查明勘察区内的水文地质条件，解决所提出的生产问题，提供工程项目设计所要求的水文地质资料。

专门性水文地质勘察的范围视工程项目的规模或科研课题的需要而定。例如，供水水文地质勘察的范围要根据需水量的大小来确定，一般应包括水源地在开采条件下可能增加的补给范围。矿床水文地质勘察的范围应根据矿井在最大疏干深度条件下可能补给矿井涌水的范围来确定。环境水文地质勘察的范围至少应把地下水污染区和污染源包括在内。专门性水文地质勘察的比例尺一般要求大于 1：5 万。

3. 辅助性水文地质勘察

除直接为利用或排除地下水而进行的专门性水文地质勘察外，在诸如工程地质、岩土工程、地质工程等的研究和勘察中，将地下水作为一个重要的影响因素加以研究，水文地质工作也不能偏废，只是此时对地下水的勘察研究不作为专门项目进行，而是与工程地质勘察合并进行，在其他项目的研究中注意地下水方面的作用，掌握地下水的有关参数，因此称之为辅助性水文地质勘察。之所以这样提出，是因为一方面地下水因素对这些工程项目的影响越来越被重视；另一方面由于没有开展专门性水文地质勘察，地下水方面的现象和条件常被忽视，给生产和建设带来不必要的困难和问题。可以说辅助性水文地质勘察的应用和研究已越来越多，也越来越重要。

二、水文地质勘察工作阶段划分

人们认识一个问题总是要由表及里、由简到繁、由浅入深、循序渐进地进行，一项工程建设项目的设计也总是分阶段进行的，不同设计阶段所需要的水文地质资料的内容和精度也有所不同。因此，水文地质勘察也要求按阶段进行，以防止对勘察区水文地质条件认识的疏忽、遗漏或片面性，为工程项目设计提供相适应的水文地质资料。

专门性水文地质勘察一般是分阶段进行的，不同类型的水文地质勘察工作阶段的划分是不同的。

一般将水文地质勘察划分为水文地质普查、水文地质初步勘察、水文地质详细勘察和施工（开采）阶段。

1. 普查阶段

普查阶段是一项区域性、小比例尺、带有战略意义的工作，一般不要求解决专门性的水文地质问题，主要为国民经济远景规划提供依据，为解决各种专门水文地质问题打下基础。

普查阶段主要工作以小比例尺的水文地质测绘为主，配合少量必要的、精度一般的勘探、试验和部分动态观测工作，编制 1：50 万～1：20 万水文地质图件和相应的普查报告。

普查阶段的主要任务是概略地阐明区域水文地质条件，一般了解该调查区域地下水的赋存、埋藏条件，分布状况，补给、径流、排泄条件，概略估算地下水资源的数量和质量等，提出有无满足工程建设所需水文地质条件可能性的资料，为设计前期的城镇规划、建设项目的总体规划和总体设计或厂址选择提供依据。

鉴于我国已完成 960 万 km^2 陆地国土面积范围内 1：20 万区域水文地质普查工作，可以通过收集相关资料分析研究，对重要地段开展现场校核验证，了解区域水文地质条件，一般不需再投入大量勘察工作。

2. 初步勘察阶段

在普查工作的基础上，为专门目的（城市工矿企业供水、农田供水、土壤改良、矿山开采等）确定具有地下水利用远景或者需要消除地下水危害的范围，进行方案比较，为详细勘察提供实际资料，作为工程项目的初步设计依据。

初步勘察阶段的工作方法除采用较大比例尺水文地质测绘外，还需要布置一定数量的水文地质钻探，进行精度较高的水文地质试验及期限较短（一般为一个水文年）的地下水动态观测工作，并对某些重要水文地质特征（如构造的水文地质特征、基岩埋深等）进行地球物理勘探（物探）工作，采用的比例尺一般为 1：5 万～1：2.5 万。

初步勘察阶段的主要任务是初步查明研究区水文地质条件，了解含水层水文地质参数、地下水动态变化规律，初步评价地下水资源或工程水文地质条件和主要水文地质问题，预测可能引起的环境水文地质和工程地质问题，为工程项目的初步设计提供水文地质依据。

3. 详细勘察阶段

在初步勘察圈定的重点工作地段，查明水文地质条件，进一步评价地下水资源和主要水文地质问题，提出合理的施工方案，为工程项目的技术设计提供具体的实际资料。

本阶段主要在较大比例尺的水文地质测绘的基础上，进行大量的勘探试验工作和较全面的地下水动态长期观测，需要具有一定年限的地下水动态观测资料，精度要求高。图件比例尺一般为 1：2.5 万～1：1 万，甚至更大。

详细勘察阶段的主要任务是查明工程水文地质条件和主要水文地质问题，提出地下水开发、防治以及综合利用的建议和措施，深入全面地评价地下水资源，提出各种定量数据，预测可能引起的环境水文地质问题，为工程项目的技术设计或施工设计提供水文地质依据。

4. 施工（开采）阶段

在工程施工阶段，一般仍需对施工过程中所揭露出的水文地质问题进行一定的水文地质勘察研究工作，但其工作量一般不大，通常不构成一个独立的阶段。但是某些水文地质条件复杂的工程项目水文地质问题突出，为解决施工中出现的水文地质问题，仍需开展必要的、针对性的专门水文地质勘察研究工作，进一步查明水文地质条件、水文地质问题和不良环境地质现象等发生的原因，为工程项目的正常安全生产建设和进一步改、扩建设计提供依据。

施工（开采）阶段是根据工程施工建设和生产（开采）过程中出现的水文地质问题而开展工作的。这些问题的出现有的是因为之前未经过水文地质勘察工作而必然要发生的；有的则是由于前期的勘察精度不够，提出的数据不可靠，甚至是得出了错误的结论所造成的；有的则是因为一些难以准确预测的问题，需要通过本阶段的勘察研究加以解决。

施工（开采）阶段工作主要通过开展专题性水文地质补充调查、勘探、试验和水文地质观测工作，针对出现的水文地质问题做具体的分析研究，采取不同的勘察方法加以解决。图件比例尺一般也为 1：2.5 万～1：1 万，或者更大。

施工（开采）阶段的主要任务是针对工程施工建设和生产（开采）过程中出现的水文地质问题，补充勘察研究，掌握水文地质规律，研究和解决水文地质问题，防治水害和环境水文地质问题，保护和利用地下水资源，进一步评价环境水文地质条件，为保证工程项目的正常安全生产建设提供水文地质支撑。

水文地质勘察阶段除应与工程设计阶段相适应外，尚可根据工程规模、现有资料和水文地质条件等实际情况进行简化与合并。

一般水文地质条件简单，工程规模小，通过初步勘察阶段便能满足要求时，无须进行详细勘察工作。

对于农田灌溉供水水文地质勘察工作，鉴于农田供水的保证程度较低，故一般只需将其划分为普查、详细勘察和开采 3 个勘察阶段。

对于矿床水文地质勘察阶段，应与矿床地质勘探阶段的划分相一致，将其划分为普查、初步勘察、详细勘察和建设生产 4 个阶段。

对于其他任务的专门性水文地质勘察的阶段划分，目前尚无统一规定，可根据勘察任务的重要性及水文地质条件的复杂程度将其划分为区域性水文地质勘察和专门性水文地质勘察两个阶段。如遇水文地质条件复杂，施工或工程运行期间出现严重水文地质问题时，也可根据需要进行专门性水文地质勘察工作，其阶段与工程地质勘察阶段一致。

对于辅助性水文地质勘察，一般与工程地质勘察合并进行，只需进行补充性水文地质勘察即可。

总之，水文地质勘察阶段的划分应根据当地水文地质条件的复杂程度、工程建设项目的规模、阶段和重要性及已有水文地质研究程度等具体确定。

第三节　水文地质勘察工作的一般程序及设计书编写

一、水文地质勘察工作的原则与一般程序

1. 工作原则

（1）应从普查开始，然后进入初步勘察，再进行详细勘察工作。

（2）投入的工种按测绘—勘探—试验—长观的顺序安排。

（3）投入的工作量由少到多、由点到面。

（4）先设计后施工。

总之，水文地质勘察工作必须由浅入深、由简单到复杂、由点到面，多快好省地完成各项工作，取得高质量成果。

2. 组织与分期

每一阶段的水文地质勘察任务都不是盲目进行的，必须有组织、有计划、有步骤地进行，以保证工作顺利完成。每项水文地质勘察工作一般分为以下几个工作时期。

（1）准备时期。一项水文地质勘察工作的开展首先从接受勘察任务开始，往往由上级下达（称为纵向任务）或由生产单位委托（称为横向任务）。纵向任务既可以是上级主管部门下达的指令性计划任务，也可以是生产单位立项经上级主管部门批准后下达的计划内任务。横向任务则需和任务委托单位（一般称为甲方）签订委托任务合同后，方算正式确定勘察任务。

接受任务后，就要进行各项准备工作，包括以下方面：

1）收集资料。收集、整理、研究前人所做的全部的自然地理（水文气象）、地质、水文地质、地貌等资料，航卫照片及遥感影像资料等，对研究区水文地质条件及存在的问题、研究程度有个初步的认识，必要时要组织主要技术人员进行现场踏勘。

2）编制水文地质勘察工作设计书（即勘察工作计划）。工作设计书是勘察工作的依据和总体调度方案，编制工作设计书是一个很重要的环节。在设计书编写前，应进行

已有地质、水文地质及其他资料的收集工作，组织有关人员进行现场踏勘，了解勘察区的自然和工作条件，使编写的设计书更加符合实际情况，并报项目下达机关或部门审查批准。

3）踏勘。验证设计书，使技术人员统一标准、统一认识、统一工作方法。

4）按设计书要求及时地进行人员组队、现场安排和技术、物资、经费准备。

（2）野外勘察工作时期。水文地质勘察的主要工作都需要在野外进行，必须严格按照设计书的要求开展，并随着资料的不断丰富，及时修正设计书，使之更符合客观实际。要求多工种密切配合，及时组织检查总结，交流经验，发现问题及时解决，以保证成果质量。注意做好以下两点：

1）有步骤地安排各项工作，工作间有机结合。

2）及时、经常地总结、交流、检查，保证质量。

（3）室内资料整理综合研究成果时期。对野外收集的大量实际资料，回到室内进行系统的分析整理和研究，同时进行样品的分析及野外补点核实等工作。要注意及时完成勘探、试验、观测和实验室工作，以免相互脱节，影响工作进度和报告提交时间。通过对取得资料的全面综合分析研究，编制出符合设计要求的高质量的水文地质图件和报告。最后按规定程序组织勘察成果的验收和鉴定工作。

二、水文地质勘察工作设计书的编写

勘察工作设计书是布置和进行各项勘察工作的基本依据，是整个勘察任务能否在规定时间和已定经费内高质量完成的关键，也是生产单位负责人首先应当做好的工作。纵向任务及重大横向任务的设计书在专家评审通过和上级主管部门批准后方可执行。

设计书的主要内容如下：

（1）第一部分：对勘察区已有研究工作的评述和勘察区地质、水文地质条件进行概述。概述内容包括以下方面：

1）任务概况：勘察工作的目的、任务、来源，勘察区位置、范围、面积，勘察阶段、勘察工作起止时间。

2）自然地理及经济地理概况：地理位置、行政区划、经济状况、交通条件、发展前景。

3）已有地质、水文地质研究程度和存在问题。

4）勘察区地质、水文地质条件概述。

（2）第二部分：勘察工作设计。设计内容包括以下方面：

1）计划使用的勘察手段，各项勘察工作布置方案，工作依据的主要技术规范，勘察工作量及每项工作的主要技术要求。在布置勘察工作时，既要满足有关规范对工作量定额及工作精度的要求，又要考虑保证完成关键任务（如供水中的水资源评价、矿床水文地质中的矿井涌水量预测等），防止平均使用勘察工程量。

2）安全保障措施。

3）物资设备计划、人员组织分工、经费预算及施工进度计划、质量保障措施等。

4）预期勘察工作成果及存在问题。

最后附相应的图件和表格。

第四节　我国水文地质勘察研究的发展概况

水文地质勘察工作是从开发利用地下水开始的。我国是世界上最早寻找、勘察、开发利用地下水的国家之一，丰富的考古发掘资料，各种古籍的记述及温（矿）泉、矿产开发利用之早等方面都可证实。

迄今为止，我国发现的最古老的水井是浙江余姚河姆渡井，成井距今约 5700 年，属新石器时代中期所建。此外，在上海松江发现了距今约 5000 年的水井。在邯郸、洛阳也发现了约 4000 年前属于新石器时代晚期的水井。在凿井技术方面，1835 年（清道光年间）四川自贡的焱海井就打至地下 1001.42m 深处，进入三叠系嘉陵江灰岩层中，开采卤水资源，为世界上第一口超千米深钻。20 世纪 70 年代发掘的湖北铜绿山古矿冶遗址是公元前 8 世纪—公元 2 世纪开采、距今 2800～1700 年的工程，是迄今世界上发掘的同时代古矿井中，面积最大、技术最先进的古代采矿和冶炼遗址。已清理出来的地下数百座竖井、斜井和盲井，纵横排列，层层叠压，有的已开拓到地下 50m 深处，照明、通风、排水、提升皆自成系统。可见当时采矿和排除地下水措施的先进程度。

2000 年前的古籍《管子》"地员篇"中系统地记述了平原区、丘陵区和山区的地下水状况，对山区储存地下水的地形作了分类。陕西临潼的华清池相传 2800 多年前就被周幽王加以利用，历代不断开采，现在每小时流量仍在 110m³ 左右。北魏郦道元的《水经注》中列举了全国温泉 41 处。1956 年，章鸿钊的《中国温泉辑要》辑录温泉 972 处。

从上述史实可以看出，我国开发利用地下水的历史最悠久，对水文地质理论的建树及勘察技术的应用均有过突出贡献，曾居世界领先地位。

然而，由于我国长期处于封建社会，特别是近百年的半殖民地和半封建的社会制度，到 1949 年新中国成立前，除对南京、南昌、济南、北京、兰州等城市的地下水和南方局部地区做过区域水文地质工作，对国内温泉及某些大泉做过研究外，我国水文地质学科的发展缓慢，从理论到方法，长期未形成独立学科。而与此同时，伴随着资本主义工业化发展，在一些国家，水文地质科学理论和方法不断发展，成为独立学科，形成近代科学体系。

新中国成立后，为适应大规模经济建设的需要，我国引进了苏联模式，建立了水文地质工程地质专业生产队伍，组建起科学研究机构并开办了专业教育。从此我国有了完整的水文地质科学体系，勘探、建设了一大批水源地和重点矿区，满足了国民经济建设的急需。

在水文地质普查方面，到 1996 年年初，在我国 960 万 km² 的陆地面积范围内，以 1∶20 万比例尺为主的区域水文地质普查工作基本完成，我国区域水文地质研究水平走在了世界的前列。部分地区采用了"航、卫片解译"新手段。在一些开发区，进行了 1∶5 万或更大比例尺的水文地质填图。同时，还提高了深部水文地质钻探和各项水文地质物探工作质量，完善了成井工艺，采用了新材料；在一批大型项目中进行了生产性群孔大型抽水试验和现场水质弥散试验，方法先进，成果精确；应用同位素技术的项目大增，应用范围拓广。

在供水勘察方面，尤其是地下水资源评价工作，至 20 世纪 80 年代初已广泛应用电子计算机技术，推广了非稳定流理论和模拟技术，在许多计算领域中建立了物理及数学模拟模型，较好地解决了复杂条件下地下水资源评价问题。继之，在较多项目中采用了系统工程理论和最优化技术，开展了地下水资源管理模型的研究工作，标志着我国水文地质科学已步入以地下水资源管理和保护为中心的发展阶段。这一具有国际性先进水平的技术措施在地下水资源合理开发利用、调控、保护、管理以及地质环境保护等方面取得了明显成效。

在矿床及矿井水文地质工作中，至 1983 年年底，全国 15750 个已探明储量的矿区都进行了相应的水文工程地质勘察，为全国县以上的 6000 多个已开发的国营矿山提供了水文工程地质资料，基本上杜绝了较大灾害性的突水事故，保证了采矿安全。20 世纪 80 年代对岩溶矿床水文地质与勘察方法的认识有了较大的提高，矿床水文地质分类有了创新，涌水量预测采用了新方法，对矿井突水进行了深入研究。

在当前人口膨胀、资源短缺和环境恶化的形势下，开始重视和开展环境地质的勘察研究及灾害地质的防治工作，在一些重点地区开展了环境地质综合评价、预测和防治工作，在某些地方病和医学水文地质理论研究方面，也取得较大进展，改水防病收到了明显效果。

在地下水动态均衡研究方面，各地恢复和新建了地下水动态观测站或环境水文地质站，加强了动态和均衡的观测和研究。

在各项水文地质工作开展的同时，有关单位还召开了多次水文地质学术会议，及时总结交流工作经验，推广先进的技术方法，推动了各时期的水文地质工作，提高了理论水平。

总之，20 世纪 80 年代以来，我国各种专门性水文地质工作已走上加强法制、提高理论水平与采用新技术方法的新阶段。

我国的水文地质科学已经或正在发展成为具有多个分支学科的现代水文地质科学体系。当然，从满足社会需要来看，与一些发达国家相比，尚存在许多差距。诸如"四水"的统一规划与管理、水资源评价方法及管理模型实用性研究、多重介质含水层模型及污染模型的研究、人工补给理论与技术的研究、矿井突水和环境地质问题的预报与防治、地下水生态系统的研究方法、未来地下水灾害的综合研究方法、同位素技术的应用与推广、深部地下水的探测技术、高山沙漠森林区的水文地质勘察技术等，都有待进一步提高。这就要求我国水文地质工作者为全面达到世界先进科学水平而努力工作。

复习思考题

1. 联系你所了解或知道的实际事例，谈谈做好水文地质勘探工作的重要性。
2. 水文地质勘察工作为何要分阶段按时期进行？
3. 简述水文地质勘察设计书的编写内容。
4. 简述水文地质勘察研究的主要任务。

第二章 水 文 地 质 测 绘

水文地质测绘俗称水文地质填图，是水文地质勘察的基础，也是首先开展的工种，是认识一个地区水文地质条件最初、最直接也是最重要的手段和过程。水文地质测绘以地面调查为主，对地下水及与其相关的各种现象进行现场揭露、观察、描述、测量、编录，并对取得的材料和资料信息进行综合分析研究，绘制成图，揭示其内在联系，用以判明调查区的水文地质条件。其工作特点是通过现场观察、记录及填绘各种界线与现象，以及室内的进一步分析整理，最终编制出从宏观和三维空间上反映区内水文地质条件的图件，并编写出相应的水文地质测绘报告书。

水文地质测绘是整个水文地质勘察工作的开始，从水文地质勘察阶段来看，普查阶段的水文地质工作主要是进行水文地质测绘，而在勘探阶段水文地质测绘则退居次要地位。水文地质测绘成果质量是布置各种水文地质勘探、试验、动态观测等工作是否合理、正确的关键，可以保证水文地质人员在解决具体水文地质问题时不致因对地质、水文地质条件认识不正确而得出错误的结论。

水文地质测绘通常是在已有相同比例尺地质图的地区进行，在没有地质图的地区，要同时进行地质测绘，则称为综合性地质-水文地质测绘。当测区从未进行过地质工作，或虽做过一些地质和水文地质工作，但由于测区地质、水文地质条件复杂，已有资料的精度尚不能满足要求时，均应进行综合性地质-水文地质测绘；已做过地质、水文地质工作，并拥有较多的资料时，可在搜集研究前人资料的基础上，只进行补充或核对性的水文地质测绘，工作的重点是进行下一步水文地质勘探。

第一节 水文地质测绘的任务和要求

一、水文地质测绘的基本任务

水文地质测绘的基本任务是通过对测区地质、地貌、地下水露头及其他与地下水有关的各种现象，如水文气象、植被、物理地质作用等，进行观察、描述、分析和研究，弄清其相互关系，阐明地下水运动、储存、分布的规律，将这些调查内容以合理的、科学的符号、颜色、花纹、图例等标志于地形图或地质图上，并编写相应的文字报告。

通过水文地质测绘主要解决下列问题：

（1）测区内地下水的基本类型及各类型地下水的分布状态、相互联系情况。

（2）测区内的主要含水层、含水带及其埋藏条件；隔水层的特征与分布。

（3）地下水的补给、径流、排泄条件。

（4）概略评价各含水层的富水性、区域地下水资源量和水化学特征及其动态变化规律。

(5) 各种构造的水文地质特征。

(6) 论证与地下水有关的环境地质问题。

为了完成上述任务，水文地质测绘一般应进行以下调查：

(1) 基岩地质（地层岩性、地质构造）调查。

(2) 地貌及第四纪地质调查。

(3) 地下水露头的调查。

(4) 地表水体的调查。

(5) 地植物（即地下水的指示植物）的调查。

(6) 与地下水有关的环境地质状况的调查。

由此可见，水文地质测绘是一项综合性的调查研究工作，其内容比一般地质测绘复杂得多。

二、水文地质测绘精度要求和范围确定

水文地质测绘所取得的成果反映在所填各种图件上，因此其精度要求主要是通过图幅的比例尺大小来实现，填图的精确度取决于地层划分的详细程度和地质界线的精确度。

水文地质测绘比例尺的确定取决于测区研究程度、调查阶段、地质构造和水文地质条件的复杂程度、任务要求等。

通常，普查阶段采用 1：25 万～1：20 万，条件复杂地区可采用 1：10 万；初步勘察阶段采用 1：5 万～1：2.5 万；详细勘察阶段采用 1：2.5 万～1：1 万，甚至放大到 1：5000～1：1000。为了达到所要求的精度，一般在野外测绘时采用相同比例尺的地质图作为底图，或者采用比例尺大一级的地形图作为底图。各勘察阶段对测绘比例尺的要求见表 2-1。

表 2-1 各勘察阶段对测绘比例尺的要求

阶段划分	测绘比例尺	阶段划分	测绘比例尺
普查阶段	1：25 万～1：10 万	详细勘察阶段	1：2.5 万～1：1000
初步勘察阶段	1：5 万～1：2.5 万		

填图单位一般规定填图所划分单元的最小尺寸为 2mm，要求将图示尺寸大于 2mm 的闭合地质体以及宽度大于 1mm、长度大于 4～5mm 的构造线均表示在图上。因此，需要填绘的各种单元地质体的最小实际大小为 2mm 乘以图幅比例尺的分母。

填图单位的地层厚度，以 1：5 万的图幅为例，褶皱岩层不大于 500m，缓倾斜岩层不大于 100m，岩性单一时，可适当放宽精度，厚度小于 2～3m 的第四纪残积层应按基岩填图。

水文地质测绘范围和面积一般应包括被研究含水层补给区到排泄区的完整的水文地质单元，可以按国际图幅、行政区划、地貌或者地质构造单元三种不同形式进行确定。

第二节　水文地质测绘的工作方法

一、准备工作

测绘前的准备工作是做好野外工作的基础。参加测绘的每一位成员，首先应了解该项

工作的目的、任务及完成该项工作的手段。

（一）测区现有资料的收集和研究

充分收集和研究测区现有资料是正确进行工作设计的基础及安排工作量多少的依据，也是提高工作质量的重要环节。出队前必须收集测区有关的各种资料，包括已出版的和未出版的文献、著作、工作报告、档案材料以及打井、挖泉、开渠等资料。收集的内容包括勘察区的自然地理与经济地理、地貌、地质、水文地质、工程地质、物探资料，同时还必须熟悉和研究前人在工作区收集的各种标本及镜下鉴定等资料，收集后应立即登记编成电子卡片，并分类进行分析、摘录，其中重要的图件应进行备份。收集工作区航片、卫星影像等遥感资料，进行解译，充分获取区域水文地质空间地理信息，减少野外工作量。

通过熟悉测区现有资料，对测区水文地质条件应有明确的认识，从而掌握本次测绘中要求解决的具体水文地质问题和解决方法。针对当地条件，对确定各项工作量的原则进行考虑，对如何布置测绘点、测绘路线作出安排。

（二）野外踏勘

踏勘是在收集、研究前人资料的基础上进行的，其目的在于对测区全貌有个概括了解，通过实地观察和少量测量工作，弥补收集资料的不足和验证资料的可靠程度，为编写测绘工作纲要（设计书）提供实际资料，同时使全体测绘人员达到对测区统一标准（如精度、填图单位、图例等）、统一认识（如对地层、构造、含水层或含水岩组、地貌单元、水文地质单元的认识）及统一工作方法（如点、线布置原则，观察描述方法，取样要求等）。

踏勘工作应本着以最短的路线，观察到最多的地质、水文地质现象的原则布置踏勘路线。通常以穿越控制性剖面或以代表性地段为重点，以掌握区域地质条件为主，建立地层层序，确定标志层，同时观测路线上的构造和水文地质现象，做到既取得所需资料，又达到校核已有资料和了解交通食宿等条件的目的。

（三）编写水文地质测绘工作纲要或设计书

水文地质测绘工作纲要（设计书）包括文字报告和图表两部分，可按水文地质勘察规范要求编写。

（四）野外测绘所需主要仪器物品

野外测绘所需主要仪器物品见表2-2。

表2-2   野外测绘所需主要仪器物品

类别	物 品 名 称
专业类	地质罗盘、地质锤、放大镜、水温计、测钟、数码照相机、数码摄像机、水样瓶、土样盒、三角堰、钢尺、测绳、秒表、绘图仪、北斗或GPS、简易水质分析箱、地形地质图等
耗材类	简易水质分析箱的药品、野外工作手册、各种日记、记录表格、标签及文具用品等
生活类	工作服、背包、水壶、医药箱等

二、野外工作

（一）实测控制（标准）剖面

到测区后，首先要进行路线踏勘和实测控制（标准）剖面，目的是建立测区各类岩层的层序、岩性、结构、构造及岩相特点，裂隙、岩溶发育特征，厚度及接触关系，确定标志层和层组划分；其次了解岩层的产状及地貌特点，地下水补给、径流、排泄条件；最后研究岩层的富水性、透水性，不同地层对地下水化学成分的影响等水文地质特征。同时使广大技术人员统一认识、统一方法、统一内容。

控制剖面应选择在有代表性的地段上，剖面要标准，内容完整，构造简单，露头良好，路程短，水文地质内容还要有所反映的地段，以实测方法进行。可以沿地层倾向方向布置，也可以是原踏勘剖面，研究内容除区域地质测绘的内容外，应重点研究岩石的水理性质、水文地质条件以及与地下水有关的各种现象。要求在现场进行草图的描绘，以便发现问题及时补作。实测中要按要求采集地层、构造、化石等标本和水样、岩样等样品，供分析鉴定之用。

在地质、水文地质条件复杂的地区，要求实测多条剖面以便对比。在控制性剖面上的某些关键部位掩盖不清时，需进行一定量的剥离或勘探工作，以取得所需资料。

（二）布置观测路线

观测线路的布置原则如下：

（1）控制测区地层、构造、含水层、地貌的界限，可查明全区内的水文地质条件。

（2）以最少的时间、最短的路程、最节省的投资，能够观测到最多的地质内容，取得有代表性的资料。

（3）不必平均布置路线。

具体而言，观察路线应沿着地质、水文地质条件、地貌条件变化最大的方向布置，尽可能地穿越地下水露头和关键地段。

1. 基岩地区

（1）主要垂直于区域岩层走向或褶皱、断层等构造线的走向布置，垂直穿越地貌变化最显著地段，再结合平行岩层（构造）走向的辅助路线观察。

（2）沿河谷、沟谷和地下水露头最多的地方。

2. 松散层地区

（1）垂直于河流走向，并控制所有阶地及平行地貌变化最大的方向布置。

（2）在山前地区观测线由山区到平原，应穿越洪积扇顶端到前缘的各个带。

（3）在自流盆地或潜水盆地应穿越盆地的补给区与排泄区。

（4）大面积第四纪覆盖平原区可均匀布置，工作时还应根据地貌特征、交通条件、植被情况等具体对待。

（三）观测点上的工作

水文地质测绘工作主要是通过观测点上的工作，再到线上的综合，最后揭示面上的特征。因此观测点的布置是工作的开端。

1. 观测点分类

（1）地质点：以描述地层、岩性和地质构造为主，主要布置在地层界面、构造变化剧烈部位、裂隙岩溶发育部位、各种接触带上。

（2）地貌点：以描述景观地理、地貌形态及现代自然地质现象为主，主要布置在地形控制点（分水岭）、地貌成因类型控制点、各种地貌分界线以及物理地质现象发育点上。

（3）水文地质点：以描述泉、井、钻孔等水文地质现象为主，主要布置在泉、井、钻孔、地表水体处、主要含水层的露头区、地表水渗漏地段等。

（4）综合地质水文地质点：是地质点和水文地质点同时观测的点，如受断裂控制出露的泉水点、岩溶发育点等。

2. 观测点的布置

观测点应布置在具有控制性的地点，一般布置在：

（1）地层界线、断层线、褶皱轴线、岩浆岩接触带、标志层、典型露头和岩性岩相变化带、构造不整合处。

（2）各种不同成因的地貌形态界线、各种自然地质现象和岩溶发育地段、污染点。

（3）各种天然和人工地下水露头（井、泉、钻孔、矿井、坎儿井、地下暗河出入口、落水洞、岩溶竖井、地下水溢出带等）。

（4）地表水体、不同水文地质单元界线、各种水文地质现象分布地段。

3. 观测点的数量

水文地质测绘工作量即观测点的数量应根据国家相关规范来确定，一般重点地段、复杂地段布置较多观测点，非重点地段、条件简单地段布置较少的控制性观测点，平均而言从地形图面上看应达到每厘米长度有一个观测点。

4. 观测点位置的测定

观测点的定位取决于测绘比例尺。一般测绘比例尺小于1：2.5万时可采用目测法和罗盘交汇法，只有少数反映重要水文地质、工程地质现象的地质点，当其测量精度可能影响结论时，才需用仪器测量。对于大比例尺水文地质测绘，则常用经纬仪、水准仪、北斗或GPS等精密仪器测定观测点的位置和标高。

5. 观测点记录与描述内容

采用穿越法、追索法将观测点所需观测的内容详细记录在卡片或笔记本上。记录观测点编号、地点、位置、类型、图幅编号，露头点沉积物类型（基岩或第四纪松散沉积物），是天然露头或是人工露头（钻孔、浅井、探槽、采石场、采土坑等）。并将观测点位置准确标测在地形图上，同时将观测点编号和符号用红漆写在露头点上明显的地方，以便后续寻找、校核、验收。

6. 取样

对野外采集的岩石标本，土、水试样，化石，素描图，照片，录像等进行统一编号和登记。

7. 沿途观察

对沿途所观测到的各种地质、水文地质现象以及地形、地貌，均应一一详细记录，最后注明观测日期、观测者姓名。

8. 地质素描和摄影

对观测点上重要的地貌、地质、水文地质现象进行素描或摄影、摄像，保存第一手客观真实资料，便于后续交流和进一步分析研究。

（四）野外时期的内业工作

野外工作时要求每天检查、清理、编录所做的记录及图件、样品，总结出规律，安排第二天工作，工作进行一段时间后，要进行阶段性全面检查，特别注意接图和检查问题，发现问题及时解决。

三、室内工作

室内工作时期是出成果的阶段，是由感性认识上升到理性认识的阶段，主要工作是全面系统地进行资料的校核和分析整理，通过综合研究认识和揭示研究区水文地质条件，编制水文地质图和编写水文地质报告，进行实验室工作等。测绘工作中的勘探、试验及实验室工作应及时安排，不要等到内业时再做，以免影响提交成果的时间。

第三节　水文地质测绘调查研究内容

一、地质调查研究

地质环境是地下水存在的物质基础，一方面地质环境是地下水形成、赋存和循环的介质空间，另一方面地质环境又是地下水获得一定物理、化学性质的场所。水文地质测绘研究地质条件与地质测绘有所不同，必须从地下水形成和分布的角度出发，分析地下水与地质环境之间的成因联系，从而把握地下水的形成演化规律。

与其他矿产资源一样，地下水也是一种地质历史的产物。一个地区地下水的类型、埋藏分布规律及水质水量形成条件，都严格受当地地质条件的控制。因此，地质调查研究是整个水文地质测绘工作中最基本、最重要的内容，地质图是编制水文地质图的基础。

水文地质测绘中地质调查内容和一般以矿产勘察为目的的地质测量基本一样，即以观察、描述地层、岩性、构造和填绘出它们的分界线为主要内容。矿产勘察研究它们与矿产资源形成的关系；水文地质勘察则研究它们与地下水形成条件及埋藏分布规律之间的关系。

（一）岩石性质的调查研究

1. 岩性调查研究的意义

（1）岩石是储存地下水的介质，因此岩性是划分含水层和地下水类型的基础，一定类型的岩石就赋存一定类型的地下水，详见表 2-3。

（2）岩石的产出条件直接决定着含水层的类型。在块状产出的岩浆岩分布区，地下水多呈脉（带）状分布；通常只有在层状产出的岩石中才有层状、似层状的含水层分布，才能构成承压水盆地（或斜地）；结晶和结晶片理发育的岩石，常有片（面）状的风化裂隙水分布。

（3）岩性常常决定着岩石的区域含水性。岩石的区域含水性是指某种岩石中地下水分布的广泛程度和有水地段的平均富水程度，一般以水井在某一降深下的出水量表示。岩石的含水性能主要取决于岩石的原生和次生孔隙和裂隙的发育程度，而这些条件又和岩石类型有关。因此，岩石的类型和岩石的区域含水性有着一定的对应关系。一般以可溶岩类岩石的区域含水性为最好，各种泥质岩石为最差。岩石的含水条件分类见表 2-4。

（4）岩石的矿物类型和化学成分在很大程度上决定着地下水的化学类型。例如杭州著名的虎跑矿泉水产于石英砂岩中，法国维希矿泉水和中国青岛矿泉水产于花岗岩中，均属于低矿化度弱碱性饮用矿泉水；而一般石灰岩中的地下水往往硬度比较大。

表 2-3　　　　　　　　　　不同类型岩石所赋存的地下水类型

岩石基本类型		疏松孔隙岩石	岩浆岩、结晶片岩、胶结的沉积岩	可溶性岩石	火山喷出岩
地下水类型	基本类型	孔隙水，也可见少数裂隙水	裂隙水	岩溶水	裂隙水
	过渡类型或特殊类型	松散岩石的孔隙裂隙水（黄土）；裂隙水（某些成岩裂隙发育的黏土）	半胶结岩石的孔隙裂隙水	岩溶裂隙水	大孔洞地下水（少见）

表 2-4　　　　　　　　　　岩石含水条件分类

岩土的种类		空隙率/% 一次的（粒子）	空隙率/% 二次的（破碎）	$10^0 \geqslant K \geqslant 10^{-2}$	$10^{-2} > K \geqslant 10^{-4}$	$10^{-4} > K \geqslant 10^{-5}$	$10^{-5} > K \geqslant 10^{-6}$	$K < 10^{-6}$	井的出水量 高	井的出水量 中	井的出水量 低	含水层划分
未固结沉积物	砾	30~40		⋯⋯					⋯			含水层
	粗砂	30~40			⋯⋯				⋯			
	中细砂	30~35			⋯⋯				⋯			
	粉砂	40~50	有时			⋯⋯					⋯	难透水层
	冰碛黏土	45~55	少有（泥缝）								⋯	
固结沉积物	灰岩、白云岩	1~50	溶解、节理面	⋯⋯					⋯			含水层或不透水层
	粗-中细粒砂岩	<20	节理、破碎			⋯⋯					⋯	
	细粒砂岩-泥岩	<10	节理、破碎				⋯⋯					
	页岩-黏土岩	—	节理、破碎									不透水层或含水层
火山岩	玄武岩		节理、破碎		⋯⋯							含水层或不透水层
	酸性火山岩		节理、破碎									
结晶岩	深成岩、变质岩	—	风化、破碎随深度增加而减少			⋯⋯						不透水层或含水层

注　破碎岩石的空隙率很少超过 10%。

（5）岩石的类型在很大程度上决定着地下水开采过程中可能出现的有害环境地质作用。如在黄土地区易出现湿陷和坍塌，在软性土层地区易出现地面沉降、地裂缝，在岩溶地区易出现地面塌陷等。

2. 测绘中对岩性观察研究的主要内容

在水文地质测绘中，应观测研究岩石影响地下水赋存条件、水量水质形成与变化等的诸多因素。

在松散岩石中，对地下水赋存条件影响最大的因素是岩石的孔隙性。因此，要着重观测研究岩石组成的颗粒大小、排列及级配，其次是岩石的结构与构造，再者是岩石的矿物与化学成分，包括粒径大小、磨圆度、分选性、颗粒组合状态、密实胶结程度、矿物成分、孔隙性（垂直节理、溶蚀孔）、姜结石等，并注意水平和垂直方向上的变化、后期受力状况、裂隙发育特征等。

在非可溶性的坚硬岩石中，对地下水赋存条件影响最大的因素是岩石的裂隙发育状况。因此，要着重研究裂隙的成因、产状、规模大小、闭合张开程度、充填胶结情况及裂隙发育强度、地下水活动痕迹（染色、褪色、铁锰沉淀、方解石充填）等。这些特征主要取决于其成因类型，尤其是构造裂隙的力学属性。此外，对玄武岩、火山岩等喷出岩还应注意它们有无成岩孔洞（气孔）和节理存在。

在可溶岩中，对地下水赋存条件影响最大的因素是岩石的岩溶发育强度。因此，要着重研究岩石的化学、矿物成分及岩石的结构和构造与岩溶发育的关系。

总之，在基岩山区着重研究岩性和构造，在平原区着重研究第四纪地质，在山前及邻近山区着重研究基底构造及新构造运动，同时必须分析沉积岩地区在地壳运动和海陆进退控制下的沉积旋回特征与沉积环境，从而掌握岩性在垂直和水平方向上的变化。

（二）地层的调查研究

1. 地层调查研究的意义

地层是构成地质图和水文地质图最基本的要素。在地质测量时，地层是最基本的填图单位。有了地层时代的概念，便有了三维空间地质结构的概念。在正常的地层层序中，只要知道其中的某个层位，便可知道该层上、下的地层。

地层又是识别地质构造的基础，凡是确定较大型的构造形迹，都必须有地层方面的依据。

没有地质时代的概念，就无法恢复一个地区的地质发展史和古地理环境，也就无从以地质历史的眼光去分析、认识许多复杂的地质事物和同一时代地层的岩相变化规律，以及解释诸如为什么在一些高山之顶和平原之下尚有大型溶洞发育的现象。图2-1中3个钻孔所遇岩性不同，而地层时代却相同（沉积环境所致），如不了解这一点，则很可能认为3个钻孔之间有断层存在；图2-2则说明，虽属同时代的岩溶，但因构造运动影响，其高程却相差悬殊。

层状含水层总是和某个时代的地层层位相吻合。因此，弄清了地层的时代和层序，也就明确了含水层的时代和埋藏、分布条件。

2. 地层调查研究的任务

（1）如测区已有基本上可以利用的标准地层剖面，在进行水文地质测绘时，应首先到现场校核和充实该标准剖面。由于我国现有标准地层剖面多是按古生物化石划分时代，地层单位较大，考虑岩性特点不够，故常不能满足水文地质填图的要求。因同一时代的地层可能包含有多个含水层与隔水层，故一般需要补充进行岩性分层。

（2）如测区内没有已建立的标准地层剖面，则进行水文地质测绘时的首项任务就是测制调查区的标准剖面。如区内露头不好或地层出露不全，可通过钻孔资料或到邻区测制标准地层剖面。这时，亦常需进行综合性地质-水文地质测绘。

（3）在测制或校核好标准地层剖面的基础上，确定水文地质测绘时所采用的地层填图单位，即确定出必须填绘的地层界线。

（4）野外测绘时，按地质测量要求，实地填绘出所确定地层的界线，并对其进行描述。

（5）根据测区内地层的层序、时代、岩性及岩相变化特征，以及化石种类等，分析区内的古地理环境及其地质发展史，以判断区内地下水形成等水文地质条件。

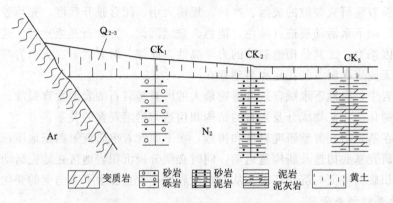

图 2-1　地层岩相变化示意剖面图

Ar—太古界；N_2—上新统；Q_{2-3}—中上更新统；CK_1、CK_2、CK_3—钻孔编号

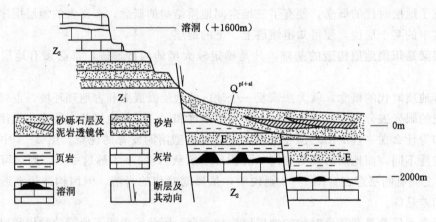

图 2-2　太行山到华北平原岩溶分布示意图

Q^{pl+al}—第四系冲洪积层；E—古近系；Z_2、Z_1—震旦系中、下统

（三）地质构造的调查研究

1. 地质构造调查研究的意义

地质构造对地下水的埋藏、分布、运移和富集有较大的影响。这种影响在基岩区和第四系松散沉积区的表现是不同的。

在基岩地区，构造裂隙是最主要的储水空间（其次还有风化裂隙、成岩裂隙和溶蚀孔洞等）。在一般情况下，构造裂隙的力学性质决定着裂隙的含水性，而不同力学性质的裂隙又是有规律地分布在某种构造体系和构造形迹的特定部位。因此，研究构造条件，就可以帮助寻找基岩地下水的赋存部位和富水规律。

构造条件决定着基岩地下水储存的环境。一些隔水岩层或断层，可起到拦阻和富集地下水的作用；向斜构造也常有利于汇集地下水。区域地质构造格局和构造形迹的空间展布形态，在很大程度上控制着地下水的补给、运移和富集过程。

在新生代沉积物分布区，地质构造的控制作用主要表现在最新构造运动的性质（上升或下降）及其活动强度（升、降速度和幅度）上。它直接控制着松散沉积物的分布范围、厚度、岩性和岩相变化规律，即控制着其中地下水的分布与特征。例如，以上升运动为主的河谷区，冲积物的分布位置可以较高，范围狭小，厚度不大，颗粒较粗，常构成基座阶地［图 2-3（a）］，富水性较差。而以下降运动为主的河谷区，冲积物的分布位置低，范围较广，厚度较大，颗粒相对较细，常构成内叠或上叠阶地［图 2-3（b）和（c）］，富水性较强。

此外，地壳缓慢下降地区，沉积物分选好、层次稳定，岩相变化有规律，含水层富水性一般较好，而且较为均匀；急速下降地区（如某些山间盆地），沉积物分选差，层次不稳定，岩相变化复杂，富水性一般较差，且不均匀。

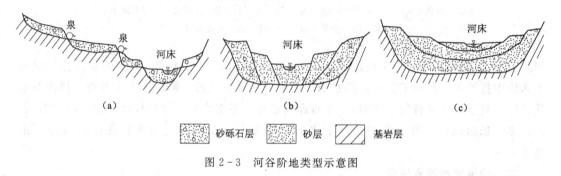

图 2-3　河谷阶地类型示意图

2. 地质构造调查研究的任务

（1）基岩地区。

1）查明区内主要构造成分（从细微裂隙、岩脉到断裂、褶皱等大型构造）及各种构造形迹的分布范围、空间展布形式及构造线方向；确定有利于地下水储存的构造部位，对新期断裂应加强研究。

2）深入分析各种构造形态及其组合形式对地下水储存、补给、运移和富集的影响。

3）观察研究各类岩石裂隙的成因类型、发育强度，特别是确定张性裂隙的发育部位及其与岩石含水性的关系。

（2）松散沉积物分布区。应着重调查研究最新地质构造的性质、表现形式及其对沉积物和地下水埋藏、分布的控制作用，要特别注意查明：

1）山区和平原区的接触关系。一些山区和平原之间的年轻断裂构造，常常控制着山区裂隙水和岩溶水对平原区孔隙水的补给条件，应予以充分注意。

2）沉积盆地基底中的最新断裂构造和构造隆起。它们对上覆年轻沉积物的分布范围、厚度、岩相特征及现代环境地质作用等起控制作用，而这些因素又极大程度地控制着含水层或地下水的埋藏、分布条件（图 2-4）。

3）地壳的升降运动对河谷地质结构、岩溶发育的控制作用与影响。

具体而言，对于断层（包括断裂、节理密集带），应研究其规模、特性（长、宽、

19

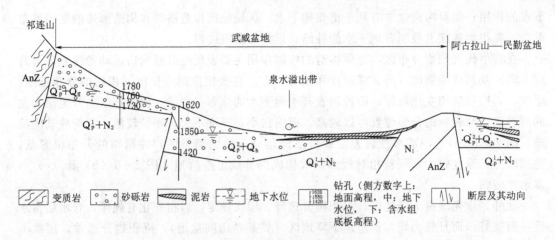

图 2-4　武威盆地水文地质示意剖面图

AnZ—前震旦系；N_1—中新统；$Q_p^1+N_2$—第四系下更新统＋上新统（为相对隔水层）；

$Q_p^2+Q_h$—中更新统＋全新统（为主要含水层）

深）、时代、交切关系、力学性质、断层效应、含水性、导水性等，导水断层往往构成地下水集中排泄带、径流汇集区，隔水断层的地下水径流受阻，影响地下水补给、排泄及水质特征。对于褶皱（背斜、向斜），应研究其展布、各部位裂隙发育程度、地层组合关系、倾伏端、扬起端与岩性、地貌及地下水活动的关系。大型的向斜构造往往构成地下水盆地。

二、地形地貌调查研究

地形地貌是地球内外动力共同作用最新表现和产物，地形地貌条件对地下水的补给、径流与排泄，以及水质、水量的变化，都具有相当大的控制作用，因此地形地貌调查研究在水文地质测绘中占有重要位置，对调查区的地貌条件认识不清，对该区水文地质条件的分析也必定出现问题。

在松散堆积物分布区，以图 2-5 为例，按其所示的地形、岩性和泉水出露等情况，尤其是地貌特征，分析该河谷区的水文地质条件。

（1）如果不知道该剖面中的地貌与第四系的成因类型，很可能认为①、②、③处有断层；也可能认为阶地Ⅲ、Ⅳ、Ⅴ的组成都是山前冲洪积物。有了地貌和第四系成因及其年代的概念，就能分析出该地区的地质结构和水文地质条件。

（2）从平行河流的阶梯状地形和其上堆积的河流冲积物便可认定这些平台是河流的阶地，其时代由低到高逐渐变老。根据岩性和结构特征，则可确定阶地类型：Ⅰ和Ⅱ为内叠阶地，冲积物厚度较大；Ⅲ、Ⅳ为基座阶地，冲积物厚度较小。地貌单元Ⅴ从④处向右地形坡度突然变大，平面上为扇形，岩性由平原到山区颗粒逐渐变粗，为洪积物。可知地貌单元Ⅴ为近期的比阶地Ⅳ年轻的山前洪积扇，并覆盖在阶地Ⅳ之上。

（3）洪积扇的后缘与由侏罗系碎屑岩组成台地（Ⅵ）的接触处⑤，有一沿山麓方向分布的平直的陡坎，说明两者为断层接触。

由于从山前到河床，第四系含水层的厚度与范围均有限，且被基座阶地分割成各自的

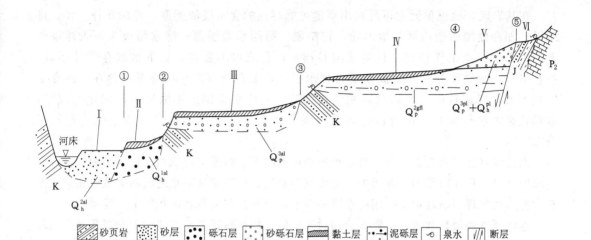

图 2-5　某河谷地形剖面和地层岩性分布图

P_2—二叠系中统；J—侏罗系；K—白垩系；$Q_p^{3pl}+Q_h^{pl}$—上更新统至全新统洪积层；Q_p^{2gfl}—中更新统冰水沉积层；

Q_p^{3al}—上更新统冲积层；Q_h^{1al}—下全新统冲积层；Q_h^{2al}—中全新统冲积层；Ⅰ～Ⅵ—地貌单元编号

水文地质单元，使阶地之间的地下水无直接水力联系，故地下水资源有限。从补给条件看，由于侏罗系和断层阻水，山区岩溶水不能直接补给河谷内的含水层。阶地Ⅲ、Ⅳ只能在其分布范围内接受大气降水的入渗补给。阶地Ⅰ、Ⅱ，在天然条件下有降水入渗补给，在开采条件下可接受河水的反补给，故可供开采的资源较丰富。

由上述分析可知，第四纪沉积物的分布经常与一定形态的地貌单元相吻合。地貌既可反映出地层、岩性、构造和外动力地质作用，尚可反映第四纪地层的成因类型和范围，也可反映出该区地下水的埋藏、分布特征和形成条件。

山前的扇形地是山区河流堆积作用特有的地貌形态。冲积扇内微地形的变化还可反映出冲洪积扇内部岩相和地下水埋藏、分布条件的变化，如图 2-6 所示。

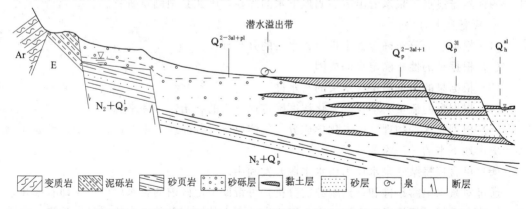

图 2-6　地貌形态与最新构造断裂、第四纪沉积物成因及岩相变化关系综合示意剖面图

Ar—太古界；E—古近纪；$N_2+Q_p^1$—新近纪上新统及第四系下更新统；$Q_p^{2-3al+pl}$—中更新统至上更新统冲积、洪积层；$Q_p^{2-3al+l}$—中更新统至上更新统冲积、湖积层；Q_p^{3l}—上更新统湖积层；

Q_h^{al}—全新统冲积层

在基岩区，地貌单元常可反映出当地可能存在的含水层的类型，埋深和补、径、排条件。如在侵蚀构造山区，地形陡，切割剧，第四系盖层薄；降水易流失，入渗条件差，地下水径流条件较好，且多被沟谷排泄；孔隙水不发育，地下水储存条件不好。在基岩中，除局部分布有大面积层状含水层外，多有脉（带）状地下水存在，储存量一般不大，埋藏较深。在剥蚀堆积的丘陵区，第四系盖层虽不太厚，但风化壳较厚，故风化裂隙水较发育。在构造盆地或单面山地貌区，常有丰富的承压（或自流）水分布。

地貌调查研究的主要任务是对各种地貌单元的形态特征进行观察、描述和测量，查明其成因类型、形成时代和发育历史，分析其与地层、构造和地下水之间的关系。还应研究新构造运动和现代物理地质作用的性质和强度，以及其在地貌和沉积物上的反映。

地貌调查一般是和水文地质测绘同时进行的，故在布置测绘路线时要考虑穿越不同的地貌单元，并将其分界线填绘在地形图上。

三、地下水露头调查研究

对于寻找和认识地下水来说，地质、地貌的调查研究仅是一种间接获取地下水信息的手段（方法）。而对地下水露头的调查研究则是直接可靠地认识地下水的方法，是整个水文地质测绘的核心工作。

地下水露头的种类如下：

（1）地下水的天然露头——泉、地下水溢出带、某些沼泽湿地、岩溶区的暗河出口及岩溶洞穴等。

（2）地下水的人工露头——水井、钻孔、矿山井巷及地下开挖工程等。

在地下水露头的调查中，利用最多的是泉和水井（钻孔）。一般在山区泉水出露多，以泉水调查研究为主；平原区泉水出露少，则以井及钻孔的调查研究为主。

（一）泉的调查研究

泉是地下水的天然露头，是地下水在一定的地质、水文地质及地形地貌等条件综合作用下的天然排泄点，泉水的出流表明地下水的存在，因此必须侧重研究。

1. 研究泉水的意义

（1）根据泉的分布确定含水带、含水层的分布规律。

（2）根据泉的性质确定泉的成因。

（3）根据泉的流量确定含水层的富水性。

（4）根据泉的流量大小及其变化程度确定地下水的补给特征和来源。

（5）根据泉水的物理性质、化学成分、气体成分可判断地下水的形成年龄、形成环境和历史，地下水的循环深度等。

（6）可直接将某些泉水作为供水水源开发利用。

通过对泉水出露条件和补给水源的分析，可帮助确定区内的含水层层位，即有哪几个含水层或含水带。根据泉的出露标高，可确定地下水的埋藏条件。泉的流量、涌势、水质及其动态，在很大程度上代表着含水层（带）的富水性、水质和动态变化规律，并在一定程度上反映出含水层是承压水还是潜水。根据泉水的出露条件，还可判别某些地质或水文地质条件，如断层、侵入体接触带或某种构造界面的存在，或区内存在多个地下水系统等。

2. 泉水分布出露的一般规律

水文地质测绘中通过访问了解泉水的分布，还必须善于根据地形、地貌特点发现泉水，这就需要了解泉水分布出露的一般规律。

（1）泉水出露的地质构造标志。

1）断裂。张性断裂带内常出露侵蚀泉，压性断裂带的迎水盘常出露溢出泉，断裂裂隙交汇点以及新构造断裂带常常有泉水出露。

2）褶皱。背斜轴的倾伏端、向斜的核部、单斜山的坡脚常有泉水分布。

（2）泉水出露的地层标志：不同地层的接触带、不同含水层的变化带、岩脉（阻水、导水）。

（3）泉水出露的地貌及地表水标志。

1）不同地貌的变化带：大山外侧与平原的交界处、河谷两岸、阶地前缘、山间冲洪积扇的前缘。

2）地表水四季不干，地表水外溢但无来源，地表水体的变化等。

（4）植被标志。喜水植物如芦苇、水柳、芨芨草等的生长可指示泉水的出露，或地下水埋藏较浅。

了解这些规律，一方面可以了解泉水的成因，另一方面也可以推测泉水的出露地点，为测绘中寻找和发现泉水提供帮助。

3. 泉水调查研究的内容

泉水调查研究的内容如下：

（1）确定泉水出露的位置、标高、地貌部位、产出状态（片状、群状、线状等）。

（2）查明泉水出露的地质条件（特别是出露的地层岩性层位和构造部位）、补给的含水层。

（3）确定泉水类型（潜水、上层滞水、承压水）、成因（断层、接触带）、出露条件（侵蚀切割）。

（4）观测泉水的流量、涌势及高度，现场测定泉水的物理、化学特性，包括水温，有无泉华沉积，泉水的色、味，有无气体逸出，pH值，电导率等，取样分析泉水水质化学成分。

野外流量测定方法通常有以下几种。

1）容积法。

$$Q = \frac{V}{t} \qquad (2-1)$$

式中　Q——流量，L/s；

　　　V——容器体积，L；

　　　t——注满水时间，s。

可利用水桶、水箱、水塔、蓄水池等测定流量。

2）三角堰法（图2-7）。

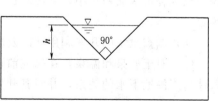

图2-7　三角堰法示意图

$$Q = ch^{\frac{5}{2}} \tag{2-2}$$

式中 Q——流量，L/s；

h——堰口水位高度，cm；

c——随 h 变化的系数，其值见表 2 - 5。

表 2 - 5   三 角 堰 法 系 数

h/cm	c	h/cm	c
<5.0	0.0142	15.1～20.0	0.0139
5.1～10.0	0.0141	20.1～25.0	0.0138
10.1～15.0	0.0140	25.1～30.0	0.0137

3）浮标法/流速仪法。

$$Q = KAv \tag{2-3}$$

式中 K——浮标系数；

A——水流横截面积，m^2；

v——水面流速，m/s；

Q——流量，m^3/s。

该法用具包括浮标（流速仪）、直尺、秒表等。

（5）调查分析泉水的水质、水量动态变化特征及其受降雨影响的表现特征，根据泉水的变化计算泉水的不稳定系数（表 2 - 6）：

$$\alpha = \frac{Q_{\text{年min}}}{Q_{\text{年max}}} \tag{2-4}$$

式中 α——泉水的不稳定系数（表 2 - 6）；

$Q_{\text{年min}}$——泉水一年或多年最小流量；

$Q_{\text{年max}}$——泉水一年或多年最大流量。

表 2 - 6   泉 水 的 不 稳 定 系 数

泉水类型	极稳定	稳定	变化	变化极大	极不稳定
α	1	0.5～1	0.1～0.5	0.03～0.1	<0.03

泉水稳定说明泉水补给区面积大，来源远，含水层调节容量大，补给源稳定；反之，说明泉水补给区面积较小，来源较近，含水层富水性较差，含水层调节容量小，补给源不稳定。

（6）调查泉水的开发利用状况及居民长期饮用后的反映。

（7）对于矿泉和温泉，在研究前述各项内容的基础上，还应查明其特殊组分及其出露条件与周围地下水的关系，并对其开发利用的可能性作出评价。

（二）水井（钻孔）的调查研究

山区泉水出露多，平原区则少，在平原区水文地质测绘中，调查水井比调查泉的意义更大。调查水井，能可靠地帮助确定含水层的埋深、厚度、出水段岩性和构造特征，反映出含水层的类型；调查水井，能帮助人们确定含水层的富水性、水质和动态特征。

水井（钻孔）的调查研究内容如下：

（1）调查和收集水井（孔）的地质剖面和开凿时的水文地质观测记录资料。

（2）记录井（孔）所处的地形、地貌、地质环境及其附近的卫生防护情况。

（3）测量井（孔）的水位埋深、井深、出水量、水质、水温及其动态特征。

（4）查明井（孔）的出水层位，补、径、排特征，使用年限，水井结构，用后的反映。

在泉、井调查研究中都应取水样，测定其化学成分；需要时，应在井孔中进行抽水试验等，以取得必需的参数。

（三）岩溶区水点

岩溶区一般地下水活动较为强烈，水点多，主要研究以下内容：

（1）落水洞、地下暗河、漏斗、竖井、溶洞等。

（2）地面标高、地貌单元、水点出露条件。

（3）水位标高，水的物理性质、流速、流向、动态、化学成分。

（4）与邻近水点及整个地下水系的关系。

（四）矿坑

矿山开采首先必须疏干矿床范围的地下水，确保开采安全，能较为全面和彻底地揭露水文地质条件，主要调查研究以下内容：

（1）矿坑开拓的一般情况。

（2）涌水量与开采规模，漏斗形成与扩展。

（3）水的化学成分分析。

（4）构造破碎带、溶洞、老窑对涌水量的影响。

（5）矿井淹没情况。

（6）矿井开采对环境的影响。

四、地表水调查研究

在自然界中，地表水和地下水是地球大陆上水循环最重要的两个组成部分，两者之间经常存在相互转化的关系。地表水既可以接受地下水的排泄，也可以成为地下水的补给来源，是"四水"转化的重要环节，更是可以直接利用的水资源。图2-8和图2-9分别反映了石羊河流域和北方岩溶区地表水与地下水相互转化的情况，具有普遍规律性。只有查明两者相互转化关系，才能正确评价出地表水和地下水的资源量，避免重复和夸大，才能了解地下水水质形成和被污染的原因，才能正确制定区域内水资源的开发利用规划和保护环境的措施。

1. 调查研究内容

在查明地表水体的类型、水系分布、所处地貌单元和地质构造位置的基础上，进一步调查以下内容：

（1）查明地表水分布范围、标高（局部侵蚀基准面）、形状、大小和体积等，分析与周围地下水的水位在空间、时间上的变化特征。

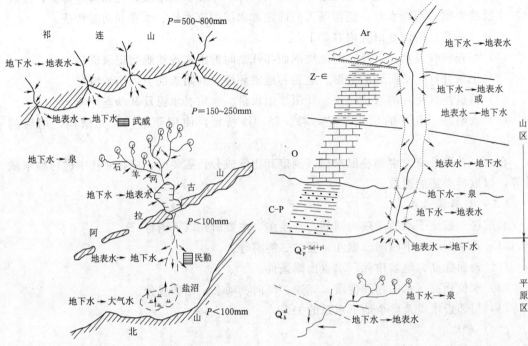

图 2-8　石羊河流域地表水与地下水转化示意图
→—地下水或地表水的流向（补给方向）；
P—年降水量

图 2-9　北方岩溶区地表水与地下水转化示意图
Ar—太古代片岩；Z-∈—震旦亚界和寒武系砂、页岩、
灰岩互层；O—奥陶系灰岩；C-P—石炭二叠系砂、
页岩、灰岩及煤；$Q_p^{2-3al+pl}$—第四系中上更新
统冲、洪积层；Q_h^{al}—第四系全新统冲积层；
→—地下水或地表水的流向（补给方向）

（2）观测地表水的流速、流量、水量来源（地下水补给、大气降水、地表径流），研究地表水与地下水之间量的转化性质，即地表水补给地下水地段或排泄地下水地段的位置；在各段的上、下游测定地表水流量，以确定其补、排量及预测补、排量的变化。

（3）结合河床岩性结构、水位及其动态变化特征，确定与地下水之间的补排形式，常见的有以下几种：

1）集中补给（注入式）：常见于岩溶地区［图 2-10（a）］。

2）直接渗透补给：常见于冲洪积扇上部的渠道两侧［图 2-10（b）］。

3）间接渗透补给：常见于冲洪积扇中部的河谷阶地［图 2-10（c）］。

4）越流补给：常见于丘陵岗地的河谷地区［图 2-10（d），为越流补给形式之一］。

从时间上考虑，则常将补给（或排泄）分为常年、季节和暂时性三种方式。

（4）分析、对比地表水与地下水的物理性质与化学成分、污染情况，查明它们的水质特征及两者间的变化关系。

（5）调查地表水（主要为江河）的含沙（泥）量及河床淤积或侵蚀速度。

（6）研究地表水的开发利用现状，掌握远景规划。

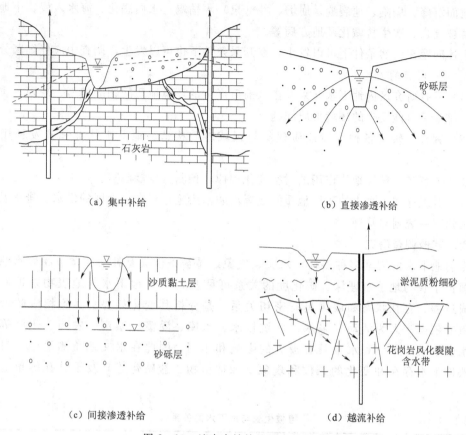

（a）集中补给　　　　　　　　　　　　（b）直接渗透补给

（c）间接渗透补给　　　　　　　　　　（d）越流补给

图 2-10　地表水补给地下水的形式

2. 判定地表水与地下水相互补给水力联系的方法

（1）根据两者的水位特征。

（2）通过测流。

（3）对比水质的物理、化学特性。

（4）根据两者的动态特征分析。

（5）直接观测法。

（6）连通试验等。

五、与地下水有关的环境地质现象调查研究

地下水是导致许多环境地质作用最活跃、最重要的因素。许多环境地质问题的产生，都可不同程度地反映出地下水的存在及地下水的埋藏条件或活动情况。因此，在水文地质测绘，特别是为供、排水而进行的水文地质测绘中，应对现存的或可能发生的环境地质问题进行观察研究。

1. 环境地质问题的类型

（1）在天然条件下，与地下水活动有关的环境地质问题有震害、滑坡、塌陷、崩坍、沼泽化、盐渍化、冻胀以及地方病等。

（2）在供、排水条件下，与地下水作用有关的环境地质问题有地下水位持续大幅度下降、地面沉降、塌陷、地裂缝、崩坍、井（泉）水枯竭、水质恶化、海水入侵、土地沙漠化、植被衰亡、次生盐碱化及地方病等。

上述问题在天然条件下可以发生，在开采条件下也可以发生，调查中应仔细区分。

2. 调查研究的内容

（1）调查研究区内地下水开采或排水前后产生的环境地质问题的类型、规模。重点放在供、排水后可能发生的环境地质问题上。

（2）调查、研究各种环境地质现象与区域地质构造、地下水状况和开发利用间的关系。

（3）了解各种环境地质作用的时空变化规律，预测其发展趋势。

（4）对现存和预测出的环境地质问题提出防治措施；对同一地区的供水、排水及环境保护做到统一规划与管理。

六、其他调查研究

影响地下水的因素多种多样，水文、气象、植被条件具有补给和调节涵养水源的作用，植被生长与地下水埋深、矿化度的关系可见表2-7；地下水与地表物理地质作用的形成过程、存在状态和成因具有密切关系，是分析其变化趋势、实施相应防治措施等的重要依据；人为活动（采水、矿坑排水、水库、灌溉、城市、农药、化肥等）对地下水的水质、水位和水量具有极大的影响和作用。因此在水文地质测绘中，对这些能反映地下水存在和变化的条件和现象（如地植物、盐碱化等）及干钻孔等也应予以研究。

表2-7　　　　　　　　　　　　　　　　植被生长与地下水的关系

植被	生长习性	地下水埋深	地 下 水 矿 化 度
芦苇	河湖岸、沼泽地区以及地下水溢出洼地	<3m	1~3g/L，一般小于1g/L，在矿化度大于5g/L的水中不生长
芨芨草	湖盆边缘，干燥河谷中	2~3m	淡、咸水均可，耐旱性强

第四节　水文地质调查中新技术的应用

一、遥感技术

遥感技术是根据电磁波理论，在飞机、人造卫星或其他飞行器上设置的专门仪器，接收地面上各种地物目标发射或反射的各种电磁辐射波谱信息，从而解释判定出被测地区地球环境和资源等的综合性感测技术，20世纪60年代在航空摄影和判读的基础上随着航天技术和电子计算机技术的发展而逐渐形成的。遥感技术可以远距离感知目标反射或自身辐射的电磁波、可见光、红外线，现代遥感技术主要包括信息的获取、传输、存储和处理等环节，完成上述功能的全套系统称为遥感系统，其核心组成部分是获取信息的遥感器。遥感器的种类很多，主要有照相机、电视摄像机、多光谱扫描仪、成像光谱仪、微波辐射计、合成孔径雷达等。任何物体都具有光谱特性，即它们都具有不同的吸收、反射、辐射光谱的性能。在同一光谱区各种物体反映的情况不同，同一物体对不同光谱的反映也有明显差别。即使是同一物体，在不同的时间和地点，由于太阳光照射角度不同，它们反射和吸收的光谱也各不相同。遥感技术就是根据这些原理，从空中进行遥测，对地面物体作出判断。遥感技术通常使用绿光、红光和红外光三种光谱波段进行探测。绿光段一般用来探测地下水、岩石和土壤的特性；红光段探测植物生长、变化及水污染等；红外光段探测土地、矿产及资源等。此外，还有微波段，常用来探测气象云层及海底鱼群的游弋等。

遥感技术已广泛应用于农业、林业、地质、地理、海洋、水文、气象、测绘、环境保护和军事侦察等许多领域。在水文地质调查研究中遥感技术能提高地质工作预见性，指导水文地质测绘，获取常规地面调查难以取得的水文地质信息，尤其是宏观特征，减少野外工作量，提高工作效率和成果质量。

遥感技术的突出优点是：调查面积大，周期短，能迅速反应动态，地面条件限制少，手段多，信息量大，成本低，应用面广，收益大。

（一）遥感技术种类

按照接收电磁波信号的来源，遥感技术可分为被动方式和主动方式两种。被动方式包括摄影法（宽波段和多波段）和扫描法（光学机械、电子束、固体扫描）；主动方式有雷达或激光雷达和声呐等。

（二）解译内容

（1）地层岩性：各类地层岩性的分布范围，地层界线、岩性界线、第四纪成因类型、不整合界线等。

（2）地质构造：主要构造形迹的分布位置、发育规模及展布特征，特别是褶皱、断裂、隐伏断裂、活动断裂及节理裂隙密集带；判定地质、水文地质条件与地质构造的关系。

（3）地貌：地貌基本轮廓、成因类型和主要微地貌形态组合及水系分布发育特征，判定地形地貌、水系特征与地质构造、地层岩性及水文地质条件的关系。

（4）水文地质：各种水文地质现象，圈定泉点、泉群、泉域、地下水溢出带位置，河流、湖泊、库塘、沼泽、湿地、沙漠绿洲等地表水体及其渗失带的分布，确定古（故）河道变迁、海岸带进退、地表水体变化以及各种岩溶现象的分布发育规律，分析其对水文地质条件的影响。

（5）环境地质问题：重点解译地表水体的污染情况、污染源的分布，植被兴衰、荒漠化、盐渍化的演变，对其危害程度及发展趋势作出初步评价。

（6）土壤含水条件：条件具备时，可采用遥感数据解译计算土壤含水量、蒸发量等参数；有条件时可根据影像信息，借助计算机技术判别影响降水入渗、蒸发和土壤湿度、地表植被覆盖类型，定量或半定量求取相关水文地质参数。

遥感解译工作应先于水文地质测绘，并贯穿项目的全过程。

（三）解译标志

（1）直接标志，包括形状、大小、色调和色彩、阴影、粗糙度、反射差、纹形、图案等。

（2）间接标志，包括水系、地貌形态、植被、水文、土壤、人类活动等。

（四）解译方法

1. 目视解译法

根据地物的影像特征，运用各种解译标志，用肉眼（包括放大镜、立体镜）从航片或卫片上直接识别和分析地质内容，目视解译经常使用直判、对比、推理三种方法。

目视解译的原则是：多种遥感图像相结合，取长补短；先整体、后局部；先易后难；先构造后岩石；先目视后仪器；图像解译与地面调查和物化探相结合。

2. 光学增强处理

光学图像增强技术是用各种光学信息处理的方法，突出某些信息或抑制某些信息，提高图像的分辨力。光学增强处理要使用各种胶片图像，通过光学仪器进行处理，如摄影处理、光-电处理、相干光学处理等。

处理的方法主要有彩色合成法、密度分割、边缘增强等。

3. 数字图像处理

数字图像处理技术是用多功能电子计算机对传感器获得的数字磁带或经过数字化处理的图像胶片记录的辐射值或象元值进行各种运算和处理，通过运用电子光学技术、电子计算机自动标志识别和分类技术等，准确地识别遥感信息，并得出更有利于实际应用的输出图像及有关资料的技术。

（五）遥感技术应用原则

遥感技术作为一种间接探测和研究地下水的方法手段，仍然有很多不足和限制，在实际应用中应注意以下原则：

（1）遥感光谱图像是地物目标与环境的综合反映，在利用光谱研究岩石、矿物及部分植物的地物波谱时会出现"同物异谱"及"同谱异物"的现象，反映了地物波谱的不确定性。因此在利用环境因素信息反演水文地质信息时，一方面需考虑地物所处环境时空变异的影响，以获得地物目标真实的波谱特征；另一方面，基于大量样本的统计分析建立的遥感模型有相应的适用条件，在推广应用前需要检验其有效性。应尽可能选用多种类型、多种时相的航天、航空遥感影像、数据，两者宜结合使用。条件许可时，可进行热红外扫描及多光谱摄影。

（2）光谱遥感通常是对地表地物特征的反映，无法透视地下，因此在地下水水位波动、水量变化等问题的研究中应用受限，需借助其他技术，进行多学科、多技术融合，深入研究水文地质条件和地物目标光谱间的响应机制。

（3）通过大量的野外和实验室光谱测量对比，研究水文地质信息与环境因子要素间本质特征响应关系，归纳总结不同环境下两者的光谱响应规律，建立专一光谱数据库。

（4）图像判读、解译后获得的往往是对地物的大致估计或间接信息，和实际情况会有所出入，仍需通过野外实地调查实测加以印证。野外检验应与水文地质测绘紧密结合，一般采用路线控制和统计抽样检查的方式进行，内容包括解译判释标志检验、室内解译判释结果及外推结果的验证等。

（5）遥感数据类型繁杂，目前价格还很昂贵，在遥感数据类型的选取、数据处理方法的运用、图像合成波段的选择方面需要结合其特点，利用、探索适合于各自的数据类型，以求达到更好的效果。

（6）遥感解译应与卫星定位系统（北斗或 GPS）、地理信息系统（GIS）联合使用，编制影像地图，实现地质、水文地质信息的可视化和虚拟再现。

（六）遥感技术的水文地质应用

遥感技术在水文地质研究中的应用是近几十年的事情，迄今已走过从定性评价到半定量、定量评价，从指标要素分析到计算机模型模拟，从单一解译到综合方法互补等阶段，随着传感器技术、图像处理技术及计算机技术的快速提高，在水文地质领域的应用也取得了长足的发展，遥感水文地质逐渐发展成为一门独立的学科，主要应用在区域水文地质调查、地下水源地勘察、地下水水质评价、地下水径流系统研究等领域，发挥了重要作用。

1. 区域水文地质调查方面

区域水文地质遥感解译利用卫星或航空遥感数据、影像进行水文地质解译。区域水文地质调查一般范围广、面积大、条件复杂、综合性强。特别是在自然条件复杂的高山冰雪、沙漠、无人区等交通不便、人员无法到达的地区，遥感技术发挥了无可代替的重要作用，大大降低了水文地质人员的劳动强度和工作压力，提高了工作效率和调查成果的精度。利用遥感图像解译地貌、水体和含水岩体，具有效果明显的特点，通过对遥感图像的解译能够迅速地总结出该地区的水文地质规律。通过遥感解译不仅使水文地质图件地质界线明确可靠，地貌类型和单元把握准确，还能对隐伏断裂和活动断裂进行较好的识别，对水系、水体、湿地、地下水浅埋带、泉水及泉水溢出带等水文地质现象反映清晰，为准确判断地下水补给、径流和排泄条件发挥重要作用。

利用遥感图像对地貌、地质、水文地质条件进行分析和图件绘制，查明区域水文地质条件，圈定富水地段，直至地下水资源评价和开发利用，遥感技术都能提供丰富的信息资料，发挥重要作用。遥感技术已经贯穿水文地质调查全过程，成为勘察设计、野外作业、室内资料整理和报告编写的重要组成部分。

区域水文地质遥感解译贯穿区域水文地质调查工作的全过程，成为区域水文地质调查的重要手段。在调查工作中，分别选择对地层岩性、地质构造、地貌、地下水要素反应灵敏的波段，采用计算机自动提取和人工判读相结合的方法，确定区域地层、地质构造和地貌发育特征；确定区域水文地质结构和含水层发育规律；获得相关水文地质参数和相应地下水资源量。并依据解译成果，编制相关区域水文地质图件和可视化影像成果。

2. 地下水资源勘察方面

利用遥感图像对岩性、构造和各种地貌形态的含水特点、含水性差异进行分析，寻找地下水资源和估算地下水资源量，无论是在基岩山区还是在松散堆积的平原区，圈定富水含水层、富水构造或富水地段，都能取得很好的效果。如对古河道的遥感解译，在我国华北等地都有成功应用；在我国南方岩溶地区寻找隐伏暗河、溶洞等地下水研究中也有广泛应用；广西桂林、阳朔地段利用热红外图像，查明地下暗河的排泄地段、泉水出露等。遥感技术对直接或间接探测泉水及浅层地下水，特别是对海岸边地下淡水出露点位置的确定具有显著效果；在对一些水文地质特征如地下水的补给区及溢出区的地下潜流及潜水流向的研究，平原区和基岩区各种地下水类型的解译、海岛淡水资源调查、地热水文地质调查、环境水文地质调查等方面都能发挥较好的作用。

热红外图像可以反映因地下水露头或浅层地下水存在而导致的地物热异常，雷达图像对地表水点及土壤湿度反应敏感，用于探测浅层地下水及含水古河道等效果较好。热红外遥感技术在地下热水资源勘察和干旱区地下水富集带找寻方面效果显著。

高光谱遥感是一种利用成像光谱仪同时获取地物目标辐射、光谱和空间等多重信息的遥感技术。水文地质是高光谱遥感重要的应用领域之一，通过高光谱遥感图像分析，能够提取大区域包气带及含水系统的水文地质信息，可为水文地质环境的识别及实时监测、地下水资源高效管理、地下水数值模型构建等提供科学数据。

3. 矿区水文地质勘察方面

利用遥感图像的解译可以准确查明矿区含水层分布和地质构造，分析充水水源和充水通道等矿区水文地质条件，评价矿井涌水量，为矿井的合理布局和安全生产，减少矿井突水事故的发生，具有重要的作用。

4. 水利水电工程的水文地质勘察方面

通过遥感图像的解译，能够快速准确地查明库内及库岸的岩层透水性、透水岩层的走向、泉水的出露点以及水库与邻谷地带透水岩层可能产生渗漏的方向，为分析判断水库渗漏条件等提供依据。

随着航空航天技术的进一步发展，无人机技术的不断提高和普及，遥感技术与地理信息系统和全球定位系统（北斗或 GPS）的综合应用，以及遥感技术与物探技术、钻探技术、模型技术等相结合，必将不断拓展遥感技术在水文地质调查研究中的应用领域，极大地提高水文地质勘察技术和成果水平。

二、同位素技术

（一）同位素的概念

任何元素的原子都是由原子核和核外电子所组成的。原子核的基本特征可由核的质量数和电荷数来表示。质量数为核内质子数与中子数之和，即核子数，用 A 表示；因中子不带电荷，故核的电荷数即核内质子数等于核外电子数，或原子序数，以 Z 表示。若用 X 代表某一种元素，则 $_Z^A X$ 代表该元素的具有某种特定核结构的原子，称为核素。由于元素符号 X 已经确定了它的原子序数，因此，通常核素简记为 $^A X$。凡 Z 值相同，在元素周期表中占有同一位置的各核素，称为该元素的同位素。即具有相同质子数、不同中子数的同一元素的不同核素互为同位素。

例如：氢有三种同位素，$^1 H$（H 气）、$^2 H$（D 氘或重氢）、$^3 H$（T 氚或超重氢，有放射性）；碳有多种同位素，如 $^{12} C$、$^{13} C$ 和 $^{14} C$（有放射性）等。

在自然界中天然存在的同位素称为天然同位素，人工合成的同位素称为人工同位素。具有放射性的同位素称为放射性同位素，每一种元素都有放射性同位素，放射性同位素也有天然和人工之分，它们是原始宇宙合成物质衰变后的残留部分（如铀系、钍系、钾－40 等），或者是当代核反应的产物（如在地下水研究中常用到的氚和碳）。若以地球历史为时间度来衡量核素的衰变是可以忽略不计的，则认为是不具有放射性的同位素，称为稳定同位素。

迄今为止，已发现的核素共有 2000 余种，其中稳定的约 300 种，其余是不稳定的，即放射性的。放射性核素（母体）不断地放出射线（α、β⁻、β⁺、γ 或电子俘获）最终变成稳定的新核素（子体），这个过程称为核蜕变，任何外力都不能改变这种过程的趋向、速度和能量特征。虽然核素比同位素的含义更严格和确切，但习惯上总是把在自然界中大量存在的核素称为普通元素，而把与其 Z 值相同的其他核素称为同位素，例如说同位素碳－14，即指 ^{14}C 核素；同位素磷－32，即指 ^{32}P 核素。

（二）同位素示踪技术

利用放射性同位素或经富集的稀有稳定同位素作为示踪剂，研究各种物理、化学、生物、环境和材料等领域中科学问题的技术称为同位素示踪技术。示踪剂是由示踪原子或分子组成的物质。示踪原子（又称标记原子）是其核性质易于探测的原子。含有示踪原子的化合物，称为标记化合物。

同位素作为地壳元素的组成部分，虽然其含量甚微，但其在地球化学过程中的标志性作用越来越受到广泛重视。20 世纪 60 年代以来，同位素示踪技术在水文地质的各个领域已得到广泛应用，在解决某些水文地质问题上有着其他方法无可比拟的优越性。随着现代分析技术的不断进步，对微量环境同位素成分测定的技术不断提高和普及，已逐步形成一门新兴学科——同位素水文地质学。同位素示踪技术已经成为水文地质勘察的重要技术手段和方法。在水文地质调查、研究中，同位素技术也得到了迅速发展，应用范围越来越广。

水文地质研究中常用的同位素有环境同位素和人工同位素。

（1）环境同位素。

1）稳定同位素，包括 ^{2}H、^{3}He、^{18}O、^{13}C、^{15}N、^{34}S、$^{87}Sr/^{86}Sr$ 等。

2）放射性同位素，包括 ^{3}H、^{14}C 等。

（2）人工同位素，包括 ^{3}H、^{32}P、^{35}S、^{51}Cr、^{60}Co、^{82}Br、^{131}I、^{137}Cs 等。

（三）同位素水文地质应用原则

随着现代分析技术的发展，同位素技术的应用领域越来越广，在分析地下水补给、径流和排泄过程，判断地下水年龄等方面发挥着越来越显著的作用，为一些复杂水文地质条件的分析起到了决定性作用。然而在肯定同位素作用的同时，也出现了把环境同位素视为地下水的"DNA（基因）"和地下水的"指纹"等绝对化的错误认识，以至在分析判断水文地质条件中，出现违背水文地质基本理论和规律的天真认识和结论，给水文地质研究领域带来了混乱，正确认识环境同位素在水文地质研究中的地位和作用，准确把握同位素揭示的水文地质规律，是同位素水文地质研究面临的新课题。一方面不能夸大同位素水文地质作用，另一方面要进一步加强同位素水文地质应用研究，真正发挥同位素水文地质指示剂的作用。

1. 同一水文地质系统和水文地质单元的原则

地下水赋存受控于地下水含水系统，含水系统的整体性体现在它具有统一的水力联系，含水系统是一个独立而统一的水均衡单元，含水系统通常以隔水或相对隔水的岩层作为系统边界，它的边界属地质零通量面（或准零通量面），系统的边界是不变的。

地下水流动系统的整体性体现在它具有统一的水流，沿着水流方向，盐量、热量与水量发生有规律的演变，呈现统一的时空有序结构。流动系统是研究水质（水温、水量）时空演变的理想框架和工具。流动系统以流面为边界，属于水力零通量面边界，边界是可变的，流动系统是时空四维系统，地下水流动系统受控于地下水含水系统。

很显然，地下水的径流循环与地表水和大气水的径流循环是有本质区别的，因此同位素技术的应用必须在同一个含水系统中运用，那种无视地下水含水系统，孤立地研究地下水流动系统，把地下水视同大气水或者地表水的做法必定会得出错误的认识和结论。

2. 多种同位素相互对比印证的原则

环境同位素的形成和演化是一个复杂和漫长的过程，受到多种水文地质作用和因素的影响和变化，运用多种同位素的计时特性和标记特性，再配合常规的水文地质研究方法，才能获取有利信息并提高工作质量。

3. 地下水年龄测定原则

地下水年龄是一个复杂的概念，运用同位素技术测定地下水的年龄在理论、方法，特别是对"初值"确定的技术难点上，需要做更加深入的研究。

4. 地下水补给来源分析原则

地下水补给来源和过程是在地下水含水系统控制下的地下水流动系统的开端，在地下水补给、径流、排泄循环过程中，经历复杂的水文地球化学水岩作用（溶滤作用、浓缩作用、脱碳酸作用、脱硫酸作用、阳离子交替吸附作用、混合作用、人类活动影响等），对同位素成分必将产生一定的影响，运用同位素技术分析地下水补给来源和过程，必须结合地质学、水文学、水文地质学、同位素地球化学等多学科理论进行综合评价。

（四）同位素技术在水文地质中的应用

1. 人工同位素示踪技术

人工同位素方法是将人工的放射性同位素投放到地下水中，通过进行人工放射性同位素示踪试验，进而得出所需的水文地质信息，如测定水文地质渗透系数、弥散系数、地下水流速、流向等参数，查明含水层与地表水体之间以及含水层与含水层之间的水力联系，寻找矿坑充水的途径和来源，了解岩溶通道的连通和分布状况，查明水利工程渗漏问题和原因，研究含水层和降水入渗机理。另外还可以利用中子源和人工放射源来测定土石的密度、空隙度及含水量等。

人工同位素方法的优点在于能够围绕研究对象进行有针对性的工作，同时降低成本，并可以在短时间内获得满意的效果。值得注意的是，在使用放射性同位素时，会受到环境保护法的限制，不能够随意使用，只能在短时间、小范围内应用，还必须得到环境评价的许可。人工同位素示踪技术的直观性、确定性和野外可操作性等是其他试验方法无法比拟的。

2. 环境同位素示踪技术

环境同位素是在环境中客观存在的，可以是天然的，也可以有人为成因的，其变化和浓度不受人的主观控制的放射性同位素和稳定同位素。在环境变化和水圈的研究中组成水分子氢和氧的同位素，以及碳、氮、硫等水中溶解物元素的同位素经常被用到，由于环境变化和水圈的许多相关课题具有特殊性，因此随着研究工作的程度和阶段性的发展，要联合应用以环境同位素技术为首的多种方法，不同研究课题的性质和条件运用不同的研究方法组合。重要的是要充分利用环境同位素的技术优势，明确环境同位素的技术难点、适用领域和理论原则。

目前被应用于水文地质研究的环境同位素种类不多，有待进一步发掘，实践证明同时运用多种同位素的计时特性和标记特性，再配合常规的水文地质研究方法，能有效地获取有利信息并提高工作质量。

氢和氧的环境同位素适合应用于研究水质平衡，区域内水循环，全球范围水循环，水圈、大气圈两者的关系，地下水、地表水之间的关系，地下水的补给，地下水溶质、溶剂的起源，盐卤水和油气田水的起源和形成等水文地质领域。不同的领域环境同位素的作用不尽相同。将环境放射性同位素的衰变作为时钟，研究水圈的演化历史，由于技术限制的严格性，只有 ^3H 和 ^{14}C 两种元素被经常应用于水的测年手段。对水的年代学研究，不仅要经过测定和计算，还要经过包括水文学、地质学和同位素地球化学等多学科的评价过程。首先论证方法是否适用于评价对象；其次明确水年龄的概念及其物理意义，因水赋存条件在不同介质中具有差异性（如运动的状态不同，测年的方法不同）而有所区别；最后对技术难点的攻关。不论运用何种衰变法进行测年，确定母体的"初值"都是技术难点。确定 ^{14}C 的"初值"是具有场地特征的同位素地球化学课题，要对补给区的土壤、气体和大气降水等方面碳的同位素的组成进行检测。至于如何确定地下水中 ^3H 的初始值，则需进一步查阅数据库资料，但其标准同样随着时间而变化。

目前，在研究水文地质工作中，经常会用到的环境同位素主要有氘（^2H）、氧（^{18}O）、氚（^3H）、氦（^3He）、碳（^{13}C、^{14}C）、硫（^{34}S）等，运用天然水中含有的环境同位素可以获得许多重要的水文地质信息，除上述应用信息外，环境同位素还可以用于估算地下水存储量，研究地下水的化学组分形成和演化过程，查明咸水入侵、水质污染等水文地质环境问题，研究成矿和成岩中水的来源和形成条件，检测深部地下水的温度等。

环境同位素法的优点在于不会受到任何的限制，可以用于各种水文地质工作，且在区域性水文地质问题方面更具优越性。

通过地下水同位素测试，分析判断地下水补给来源、补给区范围、地下水年龄、储量、平均逗留时间和流量等。具体地有以下一些应用：

（1）利用 ^2H、^{18}O 含量的差别判别地下水的补给条件，查明地下水起源和形成条件。

（2）利用 ^3H、^3He、^4He、^{14}C 测定地下水年龄。

（3）利用同位素示踪测定包气带水分运移，估算入渗补给速率。

（4）利用稳定同位素查明地表水与地下水之间的补排关系以及含水层之间的越流问题。

（5）利用人工放射性同位素确定岩溶通道的分布与连通情况，并测定地下水的流速。

（6）利用人工放射性同位素测定水文地质参数。

（7）利用某些稳定同位素和放射性同位素监测污染物质并进行评价。

3. 应用举例

（1）利用环境同位素追索地下水循环（补给、径流、排泄）机制。由于水体中的 ^3H、^{18}O 等同位素成分在其流动过程中守恒，或其变化只受放射性衰变一个因素所支配，因此，它们是理想的地下水运动的示踪原子。测定它们的含量及其分布规律，就可以相当可靠地确定地下水的起源、水流动态、含水层之间的水力联系、补给来源、新老水的混合程度以及评价地下水的循环时间。在这方面目前利用最多的是同位素 ^3H。

^3H 是氢的放射性同位素，半衰期为 12.26 年。^3H 主要以氚化水分子（HTD）的形式

参与自然界的循环。宇宙中 ^3H 的天然含量是极微的（<1TU—^3H 含量单位）（1TU＝3.23^{-3}pCi；1Ci＝10^{12}pCi；1Bq＝2.7×10^{11}Ci）。20 世纪 50 年代后，由于大量核爆炸试验，^3H 在宇宙中的含量大大增加（可达 100TU 以上）。例如根据美国夏威夷群岛调查资料，该岛 1953 年雨水中 ^3H 的含量仅为 0.6TU，而到 1963 年 ^3H 的含量增加到 373TU。因此，目前一般把 ^3H 含量作为判断地下水形成于大量核爆炸前、后的标志。一般河水中 ^3H 的含量大致相当于大气降水中 ^3H 含量的平均值。正因为 ^3H 含量具有这种重要的历史标记，加之半衰期较短、目前分析方法也比较成熟，故 ^3H 成为示踪地下水运动的得力工具。

由于 ^3H 的以上特点，当降水和地表水补给地下水时，就使地下水中的 ^3H 含量在垂向和水平方向上都出现显著差异。根据同一含水层中 ^3H 的变化，可研究地下水在水平方向上的补给条件和补给源；根据垂直剖面上 ^3H 含量的变化，可以研究大气降水或地表水渗入过程和上、下含水层间的水力联系。

例如，根据我国长江下游某城市同位素 ^3H 的测定资料（根据江苏省水文工程地质队庞炳乾资料），江水中的 ^3H 含量为 48.7TU，相当于目前大气降水中的 ^3H 含量。在该市（市区距江岸有一定距离）的上、中、下三个冲积三角洲相含水层中，上层 ^3H 含量为 23.0TU，相当于降水 ^3H 含量的 1/2，说明该层水与降水（或江水）有良好水力联系；中层（主要开采层）^3H 的含量为 5.5TU，说明此层水形成时代早于上层，与今日江水和大气降水联系不密切；下层 ^3H 含量小于 2.0TU，说明此层中的地下水形成时期更老，与近代降水毫无联系。

（2）根据水体中同位素含量确定水体的年龄。根据国内外报道，目前已有用 ^{14}C、^3H、^{32}Si、^{39}Ar 及 $^{234}U/^{238}U$ 等测定水体年龄的同位素方法。但其中只有 ^3H 和 ^{14}C 方法比较成熟，其余方法还处于探索阶段。

由于 ^3H 的半衰期（12.26 年）远小于放射性 ^{14}C 的半衰期（5568～5730 年），因此使用 ^3H 更适合于研究循环周期较短（如 50 年）的地下水，而 ^{14}C 则适合于研究循环周期长达几百年或几千年（理论上所测定年龄的下限可到 3 万年）的地下水。同时应用这两种同位素，可填补一种同位素年龄测定范围的空白，并可相互验证。但由于放射性碳与生物死亡时间有关（^{14}C 的起源和 ^3H 差不多。放射性碳可成为雨水中的 $H_2^{14}CO_3$ 的一部分，并被活着的生物摄取，其含量与周围环境中 ^{14}C 浓度基本平衡，一旦生物死亡就停止对放射性碳的摄取，而存在于生物中的放射性碳，就会通过衰变而减少，这就是 ^{14}C 用于确定年龄的基本原理），故地下水中 ^{14}C 的变化显示要滞后于 ^3H。

下面仍旧用 ^3H 的含量来分析上例中各层地下水的年龄。由于 ^3H 的半衰期为 12.26 年，上部含水层中 ^3H 含量为 23.0TU，相当于现代降水 ^3H 含量的一半，故其地下水体的年龄应大致为 12 年；下部含水层 ^3H 含量小于 2TU，故其形成年龄至少为 50 年。此外，还根据同一含水层中 ^3H 含量在水平方向的变化，和不同取样点间的距离，间接计算了地下水的渗透速度和断面流量，评价了城市水源地的补给量。

必须说明的是，自从 1996 年联合国通过《全面禁止核试验条约》之后，除少数国家开展了有限的核试验外（印度、巴基斯坦到 1998 年，朝鲜到 2013 年），各个条约签署国家均已停止核试验，全球大气 ^3H 含量已逐步恢复到核试验之前的水平，^3H 判定核试验前后地下水年龄的指示作用正在失去。目前正在寻找其他地下水测年技术，如 $^3He/^4He$ 定年法、氟利昂（CFCs）定年法等。

（3）利用同位素研究地下水中溶解物质运移的机制（地下水化学成分示踪）。某些同位素具有在孔隙介质中运移时成分不变且可测性较好等特点，因此可利用它们作为圈定地下水污染范围，测定含水层的弥散系数、孔隙渗透速度等水质参数的示踪剂。目前使用较多的人工同位素有 ^{131}I、^{82}Br、^{60}Co 等半衰期短、放射性较低的同位素。

国内外普遍使用放射性同位素单井法进行水文地质参数（如渗流速度、水流方向，钻孔中的垂直水流等）的测定，可测定渗透系数的范围由 0.001m/d 到 20～300m/d。此外，国内外已相当普遍地采用了中子水分探测仪来研究包气带水分的运移速度、数量和运移模式。

应该指出，同位素技术是一种很有前途的水文地质调查研究方法，但常常费用高昂，应用时须考虑其适用条件、技术与设备条件，安全以及经济上的合理性，还要慎重考虑污染水源的可能性。

复习思考题

1. 水文地质测绘与地质测绘有何区别？
2. 水文地质测绘中对泉水的研究有何意义？应侧重研究哪些方面的内容？
3. 简述水文地质测绘对岩性调查研究的意义和内容。
4. 简述水文地质测绘对地质构造调查研究的意义和任务。
5. 简述水文地质研究中遥感及同位素技术的应用。

第三章 水文地质勘探

水文地质勘察中的勘探工作包括物探、钻探和坑探、槽探等，但应用最广泛的是水文地质物探和钻探。水文地质物探一般有专门课程介绍，本章主要强调其应用原则和方案选择，重点介绍水文地质钻探，包括水文地质钻孔布置原则、水文地质钻孔的设计技术要求以及如何做好水文地质钻进过程中的观测和编录工作三个方面的内容。

第一节 水文地质物探应用原则及方案选择

一、水文地质物探的应用原则

1. 条件原则

任何一项地质任务，能否采用地球物理勘探方法来解决，首先要考虑被探测的地质体与围岩的物性参数是否有一定的差异，是否具备可被利用的地球物理前提条件；被探测的地质体与其埋深比较是否有一定的规模；由被探测的地质体所引起的异常值，在干扰背景上是否有足够的显示，是否能够消除或无法识别，不应盲目布置工作。

2. 综合原则

综合性包括物探方法之间的综合和物探与其他学科之间的综合。物探方法本身的综合是指所选用的物探方法应采用两种以上的方法，可以从不同的地球物理特性去识别地质体，减少多解性，同时达到相互验证，提高资料解释准确性的目的。与其他学科之间的综合是指与地质、水文地质等其他学科的结合，尤其是测线的布置、资料的解释等方面。目的也在于提高物探勘察资料的准确性。

测线的布置应尽可能与被测地质体的走向垂直；测网密度与工作比例尺应根据任务的性质和被探测地质体的大小及其异常特征来确定，同时应尽可能与已经完成的地质工作或其他地球物理勘探方法的工作比例尺取得一致，并参照相应的技术规范。

3. 地质指导原则

地球物理勘探工作的设计、布置、实施和资料处理解释，都应该在地质人员的参与和指导下开展，这样才能紧密结合地质地形状况作出合理科学的解释，提高物探成果的准确性和精确性。脱离地质指导的纯物探数据成果解译有时候会出现多解。

地质与综合物探相结合，充分发挥物探方法的优点，克服其缺点，才能获得客观反映地质构造和水文地质条件的可靠资料。

二、水文地质物探工作步骤

利用地球物理开展水文地质调查（或勘察）时，应按照以下步骤开展工作。

（1）收集工作区已有的地质、水文地质、物探、钻探等资料，充分分析、掌握工作区的地质、水文地质背景、地球物理特性，为开展进一步工作奠定基础。

（2）野外踏勘，主要熟悉野外的工作环境条件，选择测线位置，在有已知孔旁进行方法有效试验，为选取合理的方法提供基本依据。

（3）根据工作任务性质，编写地球物理勘探工作方案（或设计），其内容一般包括工作目的和任务，工作区地理位置、交通条件，地质与地球物理概况，选用的工作方法，野外工作布置，所需人员与仪器的配置，经费预算，组织管理，质量与安全保障措施等。

（4）按照工作方案（或设计）开展野外工作。

（5）室内资料整理、处理与解释。

（6）成果报告的编写与审查。物探成果一般包括：工作实际材料图，勘察、测试原始记录（数据、图像、曲线、磁盘、卡片等），资料解释材料（处理曲线或图像、推断的地质断面图以及相关估算的水文地质参数、成果验证图等）。

三、地下水地球物理勘探方法选择与组合方案

地球物理勘探方法多种多样，方法选择主要依据地面物探所要解决的地质问题，常用的物探方法及其应用范围见表 3-1。

表 3-1　　　　　　　　常用的物探方法及其应用范围

探测应用范围		常用物探方法
地质构造剖面		电阻率测深法、地震反射波法或折射波法、瞬变电磁测深法
含水层厚度、单井出水能力	浅埋区	电阻率测深法、电阻率剖面法、激发极化法、核磁共振法
	深埋区	电阻率测深法、激发极化法、地震反射波法或折射波法、瞬变电磁测深法
古河床、埋藏冲洪积扇分布		电阻率测深法、电阻率剖面法、激发极化法、核磁共振法
基岩埋深、基底形态	浅埋区	电阻率测深法、核磁共振法、声频大地电场法
	深埋区	电阻率测深法、地震勘探、重力法、磁法、瞬变电磁测深法
隐伏地质构造、断层	浅埋区	电阻率测深法、电阻率剖面法、放射性法
	深埋区	电阻率测深法、地震勘探、放射性法、瞬变电磁测深法
岩溶发育带	浅埋区	电阻率测深法、激发极化法、核磁共振法
	深埋区	电阻率测深法、激发极化法、地震勘探、瞬变电磁测深法
地下水矿化度		电阻率测深法、激发极化法、电阻率剖面法

注　浅埋、深埋界限视工作区地貌、地壳介质均匀程度、地质条件复杂程度、物性差异的大小、被探测体规模大小等因素确定，一般可按 300～500m 划分。

地球物理勘探方法组合方案主要考虑方法组合的有效性、经济性，以达到最大化的经济效率与使用效率为目的。表 3-2 列出了可以解决地质问题的所有比较成熟的物探方法，可供选择使用。

方法组合方案依据地下水类型及要解决的地质问题而选择，不同类型的含水层地球物理勘探的目标体不同，采用的技术手段也不同。

1. 孔隙水

孔隙水广泛分布在第四系各种不同成因类型的松散堆积物中，其主要特点是水量空间分布相对均匀，连续性好，一般呈层状分布。孔隙水地面物探以寻找松散沉积地层中细砂、

表 3 - 2　　　　　　　地下水地面地球物理勘探技术方法选择表

解决的地质问题	电阻率测深法	电阻率剖面法	高密度电阻率法	激发极化法	自然电位法	充电法	声频大地电场法	频率域电磁测深法	瞬变电磁测深法	核磁共振法	地震反射波法	地震折射波法	放射性氢气法
确定覆盖层厚度及基岩面形态	•	•	•					•			•	•	•
划分含水层和隔水层	•	•	•	•					•		•	•	
划分咸淡水界面	•	•	•	•					•				
探测隐伏断层、岩溶发育带、破碎带位置	•	•	•		•	•			•		•	•	
探测岩性接触带位置	•	•	•						•		•	•	
划分基岩风化带，确定其厚度	•	•	•						•		•	•	
判断构造带充填物性质	•		•						•		•		
判断含水层富水性										•			
探测地下水流速、流向及地下含水体连通性					•	•							

中砂、中细砂、粗砂等粗颗粒岩性中地下淡水体为主要目标，解决的主要地质问题是确定含水层的厚度、埋深及富水性，判断地下水矿化度。根据物探方法的性质、含水层埋深及周围的环境地质条件，地面物探方法参考组合方案见表 3 - 3。

表 3 - 3　　　　　　　孔隙水地面物探方法参考组合方案

解决的地质问题	应用条件	电阻率测深法	高密度电阻率法	激发极化法	自然电位法	充电法	频率域电磁测深法	瞬变电磁测深法	核磁共振法	地震反射波法	地震折射波法
划分含水层与隔水层	地表潮湿，接地条件好	•	•				•				
	地表干燥，接地条件差							•		•	•
划分咸淡水界面	地表潮湿，接地条件好	•					•				
	地表干燥，接地条件差							•			
判断含水层富水性	探测深度小于 200m			•					•		
测定地下水流速、流向					•	•					

2. 裂 隙 水

基岩的裂隙空间是裂隙水储存和运动的场所。裂隙的密集程度、发育程度、连通情况等直接影响裂隙水的分布、运动和富集。其空间分布不均匀，分布形式或层状或脉状。裂隙水按赋存地下水介质分为风化裂隙水、层间裂隙水和构造裂隙水三种类型。

（1）风化裂隙水主要指风化带裂隙水，其富水性取决于砂质成分的多少和风化裂隙的发育程度，一般以砂质为主的岩层其富水性相对较好。物探勘察的目的一是确定风化壳厚度，二是了解风化壳的富水性，三是了解咸淡水界面。

（2）层间裂隙水主要包括第三系、白垩系地层碎屑岩类孔隙裂隙水，以寻找砂岩、砂砾岩地层中的孔隙裂隙发育，地下水富集地段为主要目标体。物探工作所要解决的地质问题是确定地下水矿化度和含水层的分布特征。

（3）构造裂隙水多储于构造发育部位，物探要解决的问题是确定构造的空间分布特征、构造破碎带的发育程度以及地下水的流向、连通性等。

裂隙水地面物探方法参考组合方案见表3－4。

表3－4　　　　　　　　　　　裂隙水地面物探方法参考组合方案

解决的地质问题		电阻率测深法	电阻率剖面法	高密度电阻率法	激发极化法	自然电位法	充电法	声频大地电场法	频率域电磁测深法	瞬变电磁测深法	核磁共振	地震反射波法	地震折射波法	放射性氡气法
风化裂隙水（含层间裂隙水）	划分风化裂隙层厚度、埋深	•		•										
	风化层富水性				•						•			
	风化层裂隙水矿化度	•		•										
构造裂隙水	基岩面起伏形态	•	•	•					•	•		•	•	
	探测隐伏断层、破碎带、不同岩性接触带水平位置	•						•	•	•		•	•	•
	确定构造空间形态分布特征（产状、埋深、发育程度、充填物等）	•		•					•	•		•	•	
	构造裂隙水连通性					•	•							
	含水体富水性				•						•			

3．岩溶水

岩溶水赋存在碳酸盐岩的岩石溶蚀洞隙中，其富水性很强。岩溶水的富集程度与岩溶发育程度密切相关。岩溶水包括深埋岩溶水和浅埋岩溶水。

（1）深埋岩溶水主要受隐伏构造的控制，分布极不均匀，地球物理勘探工作难度较大，所要解决的地质问题是了解灰岩埋深界面、构造空间分布特征和构造破碎富水带的准确位置。

（2）浅埋岩溶水一般赋存在浅埋的灰岩构造中，往往岩溶最为发育，也最富水，富水性受构造控制。浅埋岩溶水地面物探解决的地质问题是确定构造空间发育特征及其富水性，判断地下水矿化度。

岩溶水地面物探方法参考组合方案见表3－5。

表 3 - 5　　　　　　　　　　　　**岩溶水地面物探方法参考组合方案**

解决的地质问题		电阻率测深法	电阻率剖面法	高密度电阻率法	激发极化法	自然电位法	充电法	声频大地电场法	频率域电磁测深法	瞬变电磁测深法	核磁共振法	地震反射波法	地震折射波法	放射性氡气法
深埋岩溶水	灰岩顶板界面和岩溶构造空间分布特性											•	•	
浅埋岩溶水	探测洞穴、隐伏构造空间分布特征	•	•	•					•	•		•	•	•
	岩溶管道充填物	•		•				•	•			•	•	
	含水体富水性													
	岩溶管道、断层连通性				•	•								

第二节　水文地质钻探的重要性和基本任务

1. 水文地质钻探的重要性

水文地质钻探（按国家标准，水文地质钻探简称水文钻探）是直接探明地下水的一种最重要、最可靠的勘探手段，是进行各种水文地质试验的必备工程，也是对水文地质测绘、水文地质物探成果所作地质结论的检验方法。随着水文地质勘察阶段的深入，水文地质钻探工作量在整个勘察工作中占有越来越重要的地位。

水文地质钻探，由于其设备复杂沉重、成本高昂、施工技术复杂且工期长，对整个勘察工作的完成、勘察项目的投资均起决定作用。

2. 水文地质钻探的基本任务

对于不同的水文地质勘察任务或同一勘察任务的不同勘察阶段，水文钻探的具体任务虽有差别，但其基本的任务是相同的，即除完成地质钻探任务之外，需完成的水文地质基本工作有以下几个方面。

（1）揭露地下水，确定含水层位，并查明含水层（体）的岩性、结构、厚度及埋藏深度，以及含水层和隔水层的上述特征在水平和垂直方向上的变化规律。

（2）查明各含水层水位，确定各含水层的初见水位和天然（稳定）水位，确定各含水层之间的水力联系。

（3）借助钻孔进行各种水文地质试验，确定含水层的富水性，测定含水层的水文地质参数。

（4）进行地下水动态观测，了解地下水的补排条件及其动态变化。

（5）采取岩芯或岩土样做岩土的水理性质和物理力学性质实验，取水样进行水质分析，测量水温。

（6）利用钻孔监测地下水动态或者结合开采地下水，施工勘探生产井。

第三节　水文地质钻孔类型及布置原则

一、水文地质钻孔类型

依据水文地质钻孔所需完成的基本任务，可把水文地质钻孔分为四类。

（1）勘探孔：主要了解地质、水文地质条件。

（2）试验孔：完成勘探孔任务外，尚需进行水文地质试验。

（3）观测孔：主要供水文地质观测和取样。

（4）开采孔：取得水文地质资料后，用作开采井。

二、一般原则

前已述及，水文地质钻探是一项费用高昂、技术复杂的工作。因此，水文地质人员在布置钻孔时，必须持严肃、认真的态度，力求以最小的钻探工作量，取得最多和更好的地质、水文地质成果，即钻孔的布置必须有明确的目的性。布置钻孔的一般原则如下。

（1）布置钻孔时要考虑水文钻探的主要任务，应明确是查明区域水文地质条件，还是确定含水层水文地质参数、寻找基岩富水带、评价地下水资源或进行地下水动态观测。主要任务不同，钻孔布置方案必然有所区别。

（2）布置钻孔时要考虑"一孔多用"，如既是水文地质勘探孔，又可保留作为地下水动态观测孔；或者既是勘探孔，又可留用为开采井。

（3）无论是查明水文地质条件、求取水文地质参数，还是进行地下水动态观测，在确定其钻孔位置时，均应考虑其代表性和控制意义。

（4）为分析、认识区域水文地质条件的变化规律，水文地质钻孔应布置成勘探线的形式。

就区域水文地质勘察和供水水文地质勘察任务而言，可将上述原则理解如下：

（1）为查明区域水文地质条件布置的钻孔，一般都布置成勘探线的形式。主要勘探线应沿着区域水文地质条件（含水层类型、岩性结构、埋藏条件、富水性、水化学特征等）变化最大的方向布置。对区内每个主要含水层的补给、径流、排泄和水量、水质不同的地段均应有勘探钻孔控制。如在山前冲洪积平原地区，主要的勘探线应沿着冲洪积扇的主轴方向布置；在河谷地区和山间盆地，主要勘探线应垂直河谷和山间盆地布置；在裂隙岩溶地区，主要勘探线应穿过裂隙岩溶水的补给、径流、排泄区和主要的富水带。

（2）主要为地下水资源评价布置的勘探孔，其布置方案必须考虑拟采用的地下水资源评价方法。勘探孔所提供的资料应满足建立正确的水文地质概念模型、进行含水层水文地质参数分区和控制地下水流场变化特征的要求。

当水源地主要依靠地下水的侧向径流补给时，主要勘探线必须沿着流量计算断面布置。对于傍河取水水源地，为计算河流侧向补给量，必须布置平行与垂直河流的勘探线。

当采用数值模拟方法评价地下水资源时，为正确地进行水文地质参数分区，正确给出预报时段的边界水位或流量值，勘探孔布置一般呈网状形式并能控制住边界上的水位或流量变化。

（3）以供水为勘察目的的勘探孔，按总原则布置钻孔时，应考虑勘探与开采结合，钻孔一般应布置在含水层（带）富水性最好、成井把握性最大的地段。

三、具体布置

1. 松散沉积区（包括山间盆地、山前倾斜平原地区、河流平原地区和滨海平原地区等）

（1）山间盆地。主要勘探线应沿山前至盆地中心方向布置。对于盆地边缘的钻孔，主要控制盆地的边界条件，特别是第四系含水层与岩溶含水层的接触边界，以查明山区地下水对盆地新生代含水层的补给条件。对于盆地内部的勘探钻孔，应控制主要含水层在水平和垂直方向上的变化规律。在区域地下水的排泄区，也应布置一定量的钻孔，以查明其排泄条件。

（2）山前倾斜平原地区。勘探线应控制山前倾斜平原含水层的分布及其在纵向（从山区到平原）和横向上的变化特点，即主要勘探线应平行冲、洪积扇轴，而辅助勘探线则垂直冲、洪积扇轴。对大型冲洪积扇，应有两条以上垂直河流方向的辅助勘探线，以查明地表水与地下水的补排关系。

（3）河流平原地区。勘探线应垂直于主要的现代及古代河道方向布置，以查明古河道的分布规律和主要含水层在水平和垂直方向上的变化。对大型河流形成的中下游平原地区，应布置网状勘探线来查明含水层的分布规律。

（4）滨海平原地区。勘探线应垂直海岸线布置，在海滩、砂堤，各级海成阶地上均应布有勘探孔，以查明含水层的岩性、岩相、富水性等的变化规律。在河口三角洲地区，为查明河流冲积含水层分布规律和咸淡水界面位置，则应布置成垂直海岸和垂直河流的勘探网。

2. 基岩区（主要指裂隙岩层分布区和岩溶区）

（1）裂隙岩层分布区。该地区地下水主要赋存在风化和构造裂隙之中，形成脉网状水流系统。为查明风化裂隙水埋藏分布规律的勘探线，一般沿着河谷至分水岭的方向布置，孔深一般小于100m。为查明层间裂隙含水层及各种富水带的勘探线，则应垂直于含水层或含水带走向的方向布置，其孔深取决于层状裂隙水的埋藏深度和构造富水带发育深度，或者一般为100～200m。

（2）岩溶区。对于我国北方的岩溶水盆地，主要的勘探线应沿区域岩溶水的补给区到排泄区的方向布置，以查明不同地段的岩溶发育规律。从勘探线上钻孔的分布来说，应随着近排泄区而加密，或增加与之平行的辅助勘探线，以查明强岩溶发育带的范围。从垂直方向来说，在同一水文地质单元内，钻孔揭露深度一般亦应从补给区到排泄区逐渐加大，以揭露深循环系统含水层的富水性和水动力特点。查明岩溶水补给边界及排泄边界，对岩溶区域水资源的评价十分重要，为此，勘探线应通过它们，并有钻孔加以控制。

在以管道流为主的南方岩溶区布置水文地质勘探孔时，除考虑上述原则外，尚应考虑有利于查明区内主要的地下暗河位置。

第四节　水文地质钻孔结构设计与成井工艺要求

一、水文地质钻探特点

水文钻孔的结构比一般地质钻孔要复杂得多，这是因为水文钻探的任务不仅是取出岩芯，探明地层剖面，还必须取得许多水文地质数据，或将井孔保留下来，作为供水井或地下水动态观测井长期使用。为了实现上述多种功用，对水文钻孔的结构和钻进方法就必然有多方面的要求。水文地质钻探的主要特点如下：

（1）钻孔的直径（口径）较大。一般地质勘探孔的主要任务是取岩芯，故口径较小（直径一般小于 150mm）。水文钻孔除取岩芯外，还必须满足抽水试验或作为生产井取水的要求。为保证抽出更多的水量和便于下入水泵，当前水文地质钻孔或水井的直径一般为 300~500mm，最大孔径可达 1000mm 或更大。

（2）钻孔的结构复杂。在水文钻孔过程中，为了分层取得不同深度含水层的水质、水量及动态资料，或为阻止开采层以外含水层中的劣质地下水进入水井之中，常需对揭露的各个含水层采取分层止水的隔离措施。变径下管止水则是最有效的隔离方法（图 3-1）。有时，为减轻随钻进深度增加而加大的钻机荷载或为节省井壁管材，也需变径。

为了保证地下水顺利地进入钻孔（水井），同时又能阻止含水层中的细颗粒物质进入钻孔或防止塌孔，在钻孔揭露的含水层段，常需下入复杂的滤水装置，即过滤器；而对孔壁与井管之间的非含水层段，则需用黏土、水泥等止水材料进行封堵，以阻止地表污水或开采含水层以外的劣质地下水沿孔壁和井管之间的空隙流入

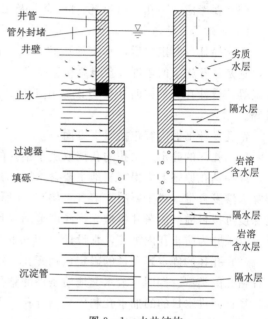

图 3-1 水井结构

开采含水层中。因此，水文钻孔的结构是较复杂的（图 3-1）。

（3）冲洗液要求严格。为了防止钻进时所用的泥浆（即冲洗液）堵塞含水层，影响水井的出水量，对水文钻孔钻进时所用的冲洗液质量（密度、稠度等）有严格要求。一般要求尽量用清水钻进；在砂砾石含水层钻进时，泥浆稠度要求在 18~25s。在钻进结束后，必须认真进行洗井工作。对城市生活和工业用水井，正常运行时的井水含砂量要求小于百万分之一；农业灌溉水井，应小于五十万分之一。

（4）孔斜要求严格。为保证水泵顺利下入井中，并长期安全地工作，对水文钻孔，特别是将用于供水的井，对其孔身斜度应有严格要求，一般要求孔身斜度每深 100m 小于 1°。

（5）钻孔施工周期长、费用高。

二、钻孔结构设计与成井工艺要求

（一）设计要求

水文地质钻孔设计的总要求是：从最佳的经济效益出发，达到以最少的勘探工程量和最快的速度，获得质量最高、数量最多的水文地质资料，即多、快、好、省。具体要求

如下：

（1）设计前充分收集现有地质、水文地质测绘、水文地质勘探和物探资料，在掌握地区水文地质情况的基础上设计钻孔。把重点放在未查清的地段上。

（2）根据勘探任务和勘探阶段来设计钻孔。

（3）按照不同的水文地质条件所要采用的地下水资源评价或矿井涌水量预测的方法，来设计和布置相适应的水文地质勘探钻孔。

（4）对水文地质条件控制孔应先疏后密，点线结合，深浅结合。

（5）要考虑"一孔多用""供排结合"及水资源管理的需要来设计钻孔。

（二）结构设计与成井工艺

在钻探任务确定之后，水文地质技术人员的重要任务之一，便是编制水文钻孔设计书，它是钻孔施工的依据。孔身结构包括孔深、孔径（开孔与终孔）、井管直径及其连接方式等。设计孔身结构时还要考虑钻孔类型、预测出水量以及井管和过滤器的类型、材料等。

钻孔设计书的内容包括以下方面：

（1）孔深的确定。钻孔的孔深取决于钻孔的目的、要求、地质条件、生产技术条件。

勘探钻孔原则上应揭穿当地主要含水层。其中，基岩孔应穿透主要富水段，岩溶区应揭穿岩溶发育带（或主要的岩溶含水层）。在厚度很大或多层的孔隙含水层分布地区，钻孔深度可按目前一般凿井机械允许深度范围或目前可能开采深度来确定。

开采井为防止孔内沉淀，常设计 3～5m 的沉淀管。

（2）孔径的确定。孔径的确定包括开孔、终孔的直径及孔身变径位置，主要取决于所设计钻孔的类型。探明一般水文地质条件的钻孔和抽水试验或地下水动态观测孔，一般为小口径；而供水目的的抽水孔和探采结合孔，则要求设计较大口径。前者的孔径为 130～250mm，一般为异径到底；而后者的口径，在松散地层中多在 400mm 以上，在基岩层中一般也应大于 200mm，多为同径到底。

开孔孔径应满足最大一级过滤管和填料厚度要求、浅部松散覆盖层和基岩破碎带下入护壁管的要求、供水钻孔下入所用抽水泵体外部尺寸的要求。

孔身直径决定于抽水段和止水段的层数，孔内结构和填料要求。下列情况下往往需要换径：

1）第四纪覆盖的基岩（不稳定，易污染）。

2）基岩中碰到很不稳定的岩层，如破碎带、岩溶发育带等。

3）不同类型的含水层需要进行单独试验时，最好也要换径。

4）动力机械达不到要求时，如 SPJ－300 型钻机换小口径可打到 500m 深。

换径部位应选择在较稳定的硬度较大的岩性段，应将需要隔离的部位隔离开来。

终孔直径在基岩中一般不应小于 130mm，松散层中一般不应小于 150mm。

（3）不同口径井管的下置深度及所选用的井管材料。

（4）钻孔中止水段的位置和止水方法。钻孔遇下列情况往往需要止水：

1）在多层结构含水层中，为获得各个含水层的水文地质参数，需要分层止水以进行分层抽水试验。

2）为防止某个深度或层位的污水、咸水流入孔内。

3）钻进过程中及时隔离强漏水层以保证正常钻进。

4）对废孔的处理。

止水部位应尽量选择在隔水性能好、厚度大及孔壁较完整的孔段。

止水方法及材料选择应根据钻孔的类型、结构、地层岩性、止水要求和钻探施工方法等多种因素来确定。按止水时段可分为暂时性止水和永久性止水；按钻孔结构分为同径止水和异径止水；按止水部位又分为管内止水和管外止水。

水文地质勘探孔只需满足勘探过程中对地下水的分层观测及试验要求时，一般用黏土、海带、橡胶、牛皮、黄豆等进行暂时性止水。开采孔、永久性动态观测孔等需要长期使用的钻孔，一般用黏土、水泥、沥青等进行永久性止水。

一般常采用管外异径止水，效果好，便于检查；但钻孔结构复杂，管材用量大，施工复杂。

止水效果检验方法如下：在止水管内抽水或注水，观测其管外水位变化，若在规定时间内无变化或变化很少，则止水效果达到要求；否则要重新进行止水工作。

（5）过滤器的类型设计和下置深度。

1）过滤器的作用。过滤器是安装在钻孔中含水层（段）的一种带孔井管，它的作用是保证含水层中地下水顺利进入井管中（进水），同时防止井壁坍塌（护壁）、防止含水层细粒物质进入井中造成水井淤塞（挡沙）。

2）过滤器材质要求：①具有较大的孔隙率和直径，减小进水阻力；②具有足够的强度，保证起拔安装；③具有抗腐蚀能力，经久耐用；④成本低廉，取材方便。

3）过滤器基本结构和类型。过滤器的基本结构包括骨架和过滤层两部分。

骨架起支撑作用，为带网眼的管子或者钢筋间隔排列焊接而成的框架，材质可以是钢材、铸铁、水泥、塑料等，网眼可以是圆孔、条孔、钢筋笼。不同材质的骨架由于其强度不一，网眼的孔隙率也不一样，如圆孔钢管孔隙率可达 $30\%\sim35\%$，铸铁管为 $20\%\sim25\%$，水泥管为 $10\%\sim15\%$。

骨架也可以直接作为过滤器，称为骨架过滤器，一般适用于井壁不稳定的基岩井。

过滤层的作用主要是挡沙过滤，可以采用包网（滤网）、缠丝、填砾等构成过滤层。一般包网过滤器适用于细粒含水层，缠丝和填砾过滤器适用于粗粒含水层。

骨架和过滤层组合成不同类型过滤器，过滤器可用金属或各种非金属材料制作，其结构有的简单（如穿孔骨架过滤器），也有的复杂（如缠丝、包网或填砾过滤器），视含水层性质、钻孔的用途而定。不同含水层适用的过滤器类型见表 3-6。

表 3-6　　　　　　　　　　不同含水层适用的过滤器类型

含水层	适用的过滤器类型	含水层	适用的过滤器类型
坚硬、半坚硬稳定岩层	不安装井壁管和过滤器（裸孔）	中砂	缠丝＋包网＋填砾过滤器
坍塌掉块不稳定岩层	穿孔（圆孔、条状孔）骨架过滤器	细砂	缠丝＋包网＋填砾过滤器
卵石、砾石含水层	缠丝＋填砾过滤器	粉砂	缠丝＋包网＋填砾或笼状过滤器
粗砂	缠丝＋包网＋填砾过滤器		

4）常用过滤器的设计。

a. 圆孔过滤器。孔眼梅花状排列，孔眼直径设计如下：含水层颗粒均匀（$d_{60}/d_{10}<2$），$d=（2.5\sim3）d_p$；含水层颗粒不均匀（$d_{60}/d_{10}>2$），$d=（3\sim4）d_p$。其中，d_{60}、d_{10}分别为含水层小于该粒径的颗粒所占比例，d为孔眼直径，d_p为含水层颗粒粒径加权平均值。

缠丝、包网过滤器骨架网眼直径$d=10\sim25\text{mm}$，孔眼间距为（$1\sim2$）d。

b. 填砾过滤器。填砾过滤器以缠丝过滤器为骨架，外围填砾，适用于卵石、砾石、粗砂、中砂、细砂、粉砂。

填入砾石规格：砂类含水层中，宜按含水层标准粒径的$6\sim8$倍确定；砾石、卵石按$6\sim10$倍确定。

填入砾石形状和成分：圆形、卵圆形的石英质、石灰岩质砾石。

5）过滤器直径、长度。

a. 直径。试验发现当过滤器的直径在$203.2\sim254\text{mm}$以上时（钻孔直径设计为$355.6\sim406.4\text{mm}$），出水量增加的比例相应变小，对抽水影响不大，因此一般松散层中过滤器内径不小于200mm，基岩不小于100mm，观测孔不小于75mm。

b. 长度。过滤器的长度，一般应与含水层（段）厚度相一致。尤其当含水层厚度较薄（小于30m）时，过滤器长度应与含水层厚度接近。当含水层很厚时，应设计非完整井抽水，每段过滤器长度一般不超过$20\sim30\text{m}$。

（6）对于水井中的非开采含水层段，提出孔壁与井管间隙的回填封堵段的位置，使用材料及要求。

（7）冲洗液的要求。水文地质钻孔钻进过程中一般需要使用冲洗液，冲洗液的作用是：冷却钻头、润滑钻具、循环排渣和保护孔壁。

由于泥浆钻进或者自浆作用，钻井过程中的冲洗液通常为一定成分的泥浆，其主要性能指标为：①比重（密度）；②稠度（黏度）。比重和稠度分别用泥浆比重计和稠度计（图3-2）测量控制。

使用如图3-2所示的漏斗稠度计进行稠度的测量。用手指堵住漏斗下面的出口，用量杯将700mL泥浆通过滤网倒入漏斗，然后打开出口，让泥浆从漏斗管中流出，用秒表测定流出500mL泥浆所需的时间（s），即为泥浆的稠度。清水的标准流出时间应为15s，可据此对稠度计进行校正。

水文地质钻进使用的泥浆稠度最好小于18s。泥浆稠度大，易形成泥皮充填和堵塞过滤器及含水层孔隙、裂隙，影响水井出水量和水文地质参数的准确性。因此钻进结束后要进行洗井，以清除冲洗液的影响，恢复含水层性状。

（8）孔斜要求。孔斜是钻孔中心线偏离垂线的现象。水文地质钻孔孔斜要求：孔深不大于100m时，孔斜不得超过$1°$；当孔深大于100m时，孔斜最大不超过$3°$。

（9）钻进方法及技术要求，包括对岩芯采取率、岩土水样采集、洗孔、封孔等的要求，以及对观测和编录方面的技术要求。

设计书应附有设计钻孔的地层岩性剖面图、井孔结构剖面图和钻孔平面位置图。

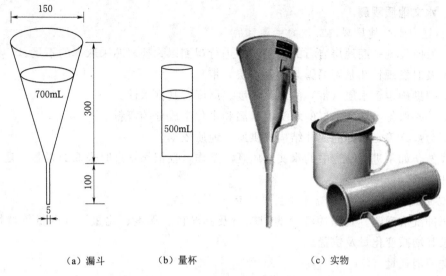

（a）漏斗　　　　（b）量杯　　　　　（c）实物

图 3-2　漏斗稠度计尺寸图及实物（单位：mm）

第五节　水文地质钻进过程中的观测与编录

为获得各种水文地质资料，除在终孔后进行物探测井和抽水试验外，核心的工作就是在钻进过程中随时进行观测和编录。

一、岩芯的描述和相关物理量的测量

1. 岩芯的描述和取样

岩芯取出后，应在现场及时进行观察测量。岩芯描述的内容基本上与地表露头上的岩性特征描述相似，需特别注意岩石的某些特征可能会因风化而改变，着重对岩芯裂隙、岩溶进行观察和描述，注意观察裂隙面上地下水活动的痕迹，如铁质、泥质、钙质充填及薄膜，灰岩裂隙面上的溶坑、溶槽等。

按设计的层位或深度，从岩芯或钻孔内取一定规格（体积的或重量的）或一定方向的岩样或土样，以供观察、鉴定、分析和实验之用。

2. 岩芯采取率的测量

$$K_u = \frac{L_0}{L} \times 100\% \qquad (3-1)$$

式中　K_u——L 段岩芯采取率，%；

　　　L_0——L 段所取岩芯总长度，m；

　　　L——进尺长度，m。

3. 裂隙率及岩溶率的统计

$$y = \frac{\sum b_i}{LK_u} \times 100\% \qquad (3-2)$$

式中　y——L 段线裂隙率或线岩溶率，%；

　　　$\sum b_i$——L 段内在平行岩芯轴线上测得的裂隙或岩溶的总宽度，m。

二、水文地质观测

1. 钻进中水文地质观测工作的主要目的

（1）及时发现孔底地层岩石的变化，并进行观测以弥补岩芯采取率的不足。

（2）及时发现钻孔是否揭露某个含水层（带）。

（3）帮助确定含水层（带）的埋藏深度、厚度及其富水性。

（4）分别取得不同含水层的水头、水温和水化学成分的资料。

（5）为最终确定水井的成井结构提供所需地质依据。

很显然，如不进行钻进中的水文地质观测工作，仅依靠钻进时采取的岩芯，是无法完成上述任务的。

2. 钻进过程中水文地质观测的主要项目

（1）冲洗液观测。观测冲洗液的消耗量及其颜色、稠度、比重、含砂量等特性的变化，记录其增减变化量及位置。

冲洗液消耗量（Q）为

$$Q = Q_1 + Q_2 - Q_3 \tag{3-3}$$

式中　Q_1——钻进前泥浆槽内冲洗液的体积，m^3；

Q_2——钻进中加入泥浆槽中的冲洗液体积，m^3；

Q_3——提钻后泥浆槽内冲洗液体积，m^3。

（2）钻孔中水位观测。在干钻的情况下，孔中开始出现的水位，称为初见水位；停钻后连续进行观测，直至相邻三次所测得水位相差不大（一般不超过 2mm），且无系统上升或下降的趋势，即可视为稳定水位。很显然，对潜水来说，其初见水位和稳定水位相差无几；对承压水而言，其稳定水位均高于初见水位。因此对水文地质钻孔在未揭露第一个含水层之前，一般要求干钻，以便确定含水层的水力特征。在使用冲洗液钻进时，会对水位等观测造成很大困难。一般要求钻进中每次提钻后、下钻前各观测一次孔内水位（液面高度），因故停钻期间，每隔 1~4h 观测一次，并根据孔内水位的变化，间接发现和判断含水层。当发现含水层并要求必须取得含水层天然水位资料时，则要求在揭露含水层顶板以下 1.5~2.0m 之后立即停钻，并采取下管止水和换浆洗孔等措施，排除冲洗液和相邻含水层干扰之后，方可测得其天然稳定水位。

（3）涌水现象的观测。钻进过程中，孔口突然涌水是孔底揭露自流含水层最可靠的标志，应立即记录其发生涌水时的钻孔深度，并接套管或压力表测量其水头高度和涌水量。

当 f 小于 5m 时有

$$Q = \frac{\pi}{4} d^2 \sqrt{2gf} = 11 d^2 \sqrt{f} \tag{3-4}$$

当 f 大于 5m 时修正为

$$Q = 11 d^2 \sqrt{f(1 + 0.0013f)} \tag{3-5}$$

式（3-4）和式（3-5）中　Q——自流孔涌水量，L/s；

f——自流孔涌（喷）水高度，dm；

d——孔口管内径，dm；

g——重力加速度，$9.8 m/s^2$。

（4）水温的观测。水温是判断孔内新含水层出现的标志之一，一般在孔内水位和流量有显著变化时，才进行水温测量，观测钻孔的水温变化值及其位置，同时观测气温。但是对每个含水层在钻进过程中至少测温一次。如含水层很厚，可分段观测。

（5）其他现象的观测。当钻孔中出现气体逸出（冒气）、钻具陷落（掉钻）、孔壁坍塌、缩径、涌砂等现象时，应记录其发生的起止深度、数量及发生的状况，对钻进速度、孔底压力等进行观测和记录。

（6）按钻孔设计书的要求及时采集水、气、岩、土样品。

（7）在钻进工作结束后，按要求进行综合性的水文地质物探测井工作。

按要求（一般在终孔后）在孔内进行综合物探测井，以便准确划分含水层（段），并取得有关参数资料。

三、水文地质钻探的编录工作

水文地质钻探编录就是将钻探过程中观察描述的现象、测量的数据和取得的实物准确、完整、如实地进行整理、编绘和记录的工作。编录资料可作为技术资料保存和使用。

编录以钻孔为单位进行，每一个钻孔都要有完整的编录资料，内容如下：

（1）钻孔类型与钻孔位置。钻孔的类型反映钻孔的用途（地质孔、抽水试验孔、勘探开采孔、长期观测孔等）。钻孔位置则说明钻孔的地理位置、地质与地貌位置、坐标位置及孔口地面高程。

（2）钻进情况。说明使用钻机种类、钻探工作类型、钻头种类、施工起止时间、施工单位、取样方法、取样深度与编号、岩芯采取率等。

（3）地层情况。描述地层名称、地质时代、变层深度、地层厚度及地层的岩性。

（4）观测与试验。说明冲洗液的消耗量，漏水位置，孔壁坍塌、掉块、掉钻、涌砂与气体逸出等的情况，取水样的位置，各含水层地下水的水位与水温、自流水水头与自流量。

通常将各含水层抽水试验的延续时间、水位下降、出水量、恢复水位高度与水位恢复时间，含水层颗粒的筛分结果，水质分析成果，隔离封闭含水层的止水效果，洗井方法及洗井台班数等，也完整地编录在钻孔综合图表当中。

（5）钻孔结构。钻孔深度、钻孔直径（开孔直径、终孔直径及各部位直径）、钻孔斜度、下套管位置、套管种类与规格、井管材料种类与规格、滤水管位置、填砾规格、管外封闭位置、封闭材料及钻孔回填情况等。

最后将钻进过程中所有的成果资料汇总成钻孔综合成果图表上报。完成各项任务的水文钻孔，应严格按要求封闭。

四、水文地质钻进中含水层或含水带的判断

水文地质钻进过程中，根据以下条件判断含水层或含水带：

（1）岩芯破碎，裂隙发育，有水蚀、氧化锈斑、溶孔及次生矿物吸附、沉淀的孔段。

（2）钻进中涌水或严重漏水及水位突变的孔段。

（3）坍塌、掉块严重，钻具陷落，冲洗液大量漏失的孔段。

（4）岩芯采取率低，进尺相对加快的孔段。

复习思考题

1. 简述水文地质钻探的任务、特点。
2. 简述水文地质勘探线布置原则。
3. 简述水文地质钻孔设计施工要求。
4. 简述水文地质钻探过程中应该观测和编录的内容。
5. 简述钻孔换径、止水部位、方法和要求。
6. 如何判断含水层或富水段？
7. 在一山区河谷中打有一眼钻孔，孔中地下水位能高出地表，试解释其原因。
8. 简述水文地质物探应用的原则和方法选择。
9. 简述过滤器的作用、结构与设计要求。

第四章 水文地质试验

水文地质试验是水文地质调查中不可缺少的重要手段，许多水文地质资料，皆需通过水文地质试验方能获得。一般在水文地质钻探完成后，除进行水文地质物探测井外，更重要的工作就是要进行水文地质试验。

第一节 水文地质试验类型

在生产实践中经常要求对地下水的水质、水量进行定量评价，对地下水形成、运动及其变化过程进行分析、模拟等，因而需要获得为评价地下水水质、水量等有关的各种水文地质参数。水文地质试验则提供了在一定条件下测定这些水文地质参数（如渗透系数 K、涌水量 Q 等）的基本方法。试验工作的好坏直接影响水文地质勘察报告结论的正确性，从而影响报告的使用价值。

水文地质试验类型见表 4-1。

表 4-1　　　　　　　　　　　　　水文地质试验类型

试验类型	试 验 名 称
野外试验	抽水试验、注水试验、渗水试验、压水试验、流速流向测定、连通试验、均衡试验、弥散试验等
室内试验	模拟试验（电模拟、裂缝模拟等）、水质分析、同位素测定、岩土水理力学性质测定等

野外试验工作一般在野外现场进行，考虑了各种自然条件的综合影响，其成果能比较真实地反映客观情况。由于野外现场条件限制，室内试验只能在室内进行。

本章主要介绍野外抽水试验，其他试验方法则简要介绍。

第二节 抽水试验的任务和类型

一、抽水试验的任务

抽水试验是通过从钻孔或水井中抽水来定量评价含水层富水性，测定含水层水文地质参数和判断某些水文地质条件的一种野外试验工作。随着水文地质勘察阶段由浅入深，抽水试验在各个勘察阶段中都占有重要的比重。其成果质量直接影响着调查区水文地质条件的认识和水文地质计算成果的精确程度。在整个勘察费用中，抽水试验的费用仅次于钻探工作，有时整个钻探工程主要是为了抽水试验而进行的。

抽水试验是以地下水向井的运动理论为基础，而在野外现场进行的一种水文地质试验，主要完成下列任务：

（1）直接测定含水层的富水程度和评价井（孔）的出水能力，测定井的涌水量 Q、水位降深 ΔH 及其与抽水时间 t 之间的关系。

（2）确定含水层及越流层水文地质参数：渗透系数 K，导水系数 T，压力传导系数 $\alpha = T/S$（储水系数），给水度 μ 或弹性释放系数 μ^*，越流系数 K'/M'（弱透水层导水系数/弱透水层厚度）。

（3）揭示含水层降落漏斗的形状、大小及扩展过程，为取水工程设计提供所需水文地质数据，如影响半径 R、单井出水量、井间距、开采降深、合理井径、井间干扰系数等，并可根据水位降深和涌水量选择水泵型号。

（4）通过抽水试验直接评价水源地的可（允许）开采量。

（5）通过抽水试验查明某些手段难以查明的水文地质条件，如地表水、地下水之间及含水层之间的水力联系，以及地下水补给通道和强径流带位置等。

（6）揭示含水层边界条件、边界性质（补给边界、隔水边界）及其简单边界位置。

例如，根据图4-1所示抽水条件下的地下水流场图可以判断 F_1、F_2、F_3 断层具阻水性质，F_4 断层是透水的，水从北东和北西补给。根据图4-2所示等水位线可准确地判断含水层的各向异性、断层的导水性和抽水孔西南存在的岩性隔水边界。

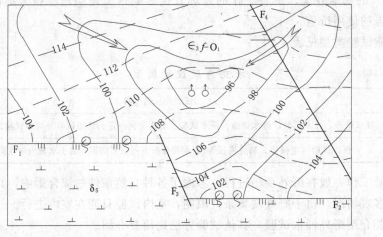

图4-1 山东省济南市莱芜区某岩溶水源地抽水条件下地下水流场图（单位：m）

二、抽水试验类型

抽水试验按布孔方式、试验方法与要求、井流公式原理等可分为很多类型。在实际工作中应根据勘探试验目的、任务、勘探阶段、精度要求以及水文地质条件复杂程度等选取不同类型的试验。

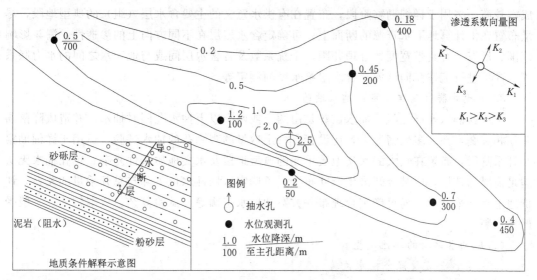

图 4-2　吉林省长岭县城北郊新近系太康组含水层抽水试验水位降深等值线图（单位：m）

（一）稳定流和非稳定流抽水试验

1. 稳定流抽水试验

稳定流抽水试验是运用稳定渗流场的井流理论而进行的抽水试验，要求流量和水位同时相对稳定。只适用于补给相对稳定和充沛的条件下，能获得稳定渗透场的流量、水位、影响范围等资料。由于多数情况下含水层能获得补给，长期供水或排水都可以在适当条件下造成近似稳定的渗流，因此，稳定流抽水试验有其实际意义，而且它的实施、成果资料解译均较简易。

2. 非稳定流抽水试验

非稳定流抽水试验是运用非稳定流井流理论而进行的抽水试验，要求流量或水位其中一个保持常量（稳定），测另一个数据随时间而变化的关系。地下水流的非稳定运动是绝对的，稳定运动则是相对的，因此较之稳定流抽水试验，非稳定流抽水试验更能接近实际且有更广泛的适应性，能考虑更多的因素，如越流因素、弹性释水因素等，也能判定简单条件下的边界，能充分利用整个抽水过程所提供的资料。但解释、计算较难，观测技术要求较高。非稳定流抽水试验在我国还是最近几十年来才发展推广起来的。

（二）单孔、多孔及干扰井群（孔群互阻）抽水试验

1. 单孔抽水试验

单孔抽水试验是只有一个抽水井（主孔）、无观测孔的抽水试验。单孔抽水试验方法简单、成本低，但所能担负的任务有限，成果精度较低，且只适用于稳定流抽水试验。多用于普查和初步勘察阶段，布置在对面上水文地质条件起控制作用的地段，并考虑到不同地貌单元及不同含水层（组）、确定含水岩层的富水性、渗透性及流量与水位下降的关系。

2. 多孔抽水试验（群孔）

多孔抽水试验是在一个抽水孔周围配置有一定数量的水位观测孔，观测其周围试验层中地下水位变化的一种抽水试验方法，可较准确地确定水文地质参数，成果精度较高，但成本较高，多用于详细勘察阶段，布置在有供水意义的主要含水层（组）的典型地段，尽量布置在供计算地下水资源的断面上；可确定含水岩层在不同方向上的渗透性，漏斗影响范围、形态、补给带宽度、合理井距、干扰系数及各含水层间或与地表水之间的水力联系等；尚可进行流速流向试验及含水层给水度的测定等。

3. 干扰井群（孔群互阻）抽水试验

干扰井群（孔群互阻）抽水试验是由两个或两个以上抽水孔同时抽水，并造成降落漏斗互相重叠，在大多数情况下，还设置有一定数量的观测孔的抽水试验，适用于详细勘察和开采阶段，布置在较大的水文地质单元的典型地段及水文地质条件复杂、单孔抽水无法满足需要的地段，应结合开采生产井布置。可确定区域性水位下降与总开采量的关系，评价地下水开采资源；尚可确定合理布井方案和取水定额等。试验复杂，成本较高，一般受严格控制。

（三）抽水试验的其他类型

1. 分层、分段及混合抽水试验

以含水层为单位进行的抽水试验称为分层抽水试验。对不同性质的含水层（潜水、承压水或孔隙水与裂隙水层），参数、水质差异大的以及新研究区，均应分层抽水以分别掌握各自的水文地质特征。

同一井对数个含水层同时进行抽水的试验称为混合抽水试验，其结果只能反映多层的平均状况。对已有水文地质参数、地质资料，分层情况已掌握，只需掌握整个断面总的数据，或难于单层抽水时可以采用混合抽水试验。混合抽水通常是单孔抽水，如需设置观测孔，则必须分层设置。

当含水层厚度较大，但是由透水性不同又不稳定的多层组合而成，因之不同岩性段渗透性有差异时，或一厚层含水层不同深度内透水性有差异时，对各岩性段分别进行的抽水试验，称为分段抽水试验。

2. 完整井和非完整井抽水试验

完整井是指抽水井揭穿整个含水层，并在全部含水层厚度上都安装有过滤器且能全断面进水的井。完整井的井流理论较为完善，故在一般情况下均用完整井做试验。但当含水层厚度很大且均匀时，为了节省勘察费用，或用抽水做过滤器"有效长度"试验时也进行非完整井抽水试验。非完整井是井筒没有穿透最下含水层的整个厚度，井底坐落在含水层内，一般并不在含水层全部厚度内，而只在其中的一段设置滤水管而构成的井。非完整井的井流特征与完整井有明显的差异，但在一些大厚度的含水层中，水井常采用非完整井的形式。

3. 正向抽水和反向抽水试验

正向抽水是降深由小到大进行抽水，适用于弱透水性细粒岩层，有利于抽水井周围天然过滤层的形成。

反向抽水是降深由大到小进行抽水，适用于强透水性粗粒岩层或基岩，有利于对井壁及裂隙进行清洗。

4. 试验抽水及专门性抽水试验

在正式抽水试验之前，一般先开展试验抽水，其目的如下：①在正式抽水试验前检查设备、洗井、了解最大降深（称试抽）；②在普查阶段往往只进行试验抽水，可以延续时间及使稳定时间稍长（称简易抽水）。

专门性抽水试验通常指的是模拟开采、疏干以及为取得生产井群设计所必需的数据的那些抽水试验，如干扰抽水试验、试验开采抽水试验等。

按抽水试验所依据的井流公式原理和主要目的任务，将抽水试验划分为表4-2所列的各种类型。由表4-2所列的各单一抽水试验类型，又可组合成多种综合性的抽水试验类型，如稳定流单孔抽水试验和稳定流多孔干扰抽水试验，非稳定流单孔抽水试验和非稳定流多孔干扰抽水试验等。

表 4-2 抽 水 试 验 分 类

分类依据	抽水试验类型	亚　类	主　要　用　途
按井流公式的稳定流和非稳定流理论	稳定流抽水试验		（1）确定水文地质参数 K、$H(r)$、R。 （2）确定水井的 Q-S 曲线类型：①判断含水层类型及水文地质条件；②下推更大降深时的开采量
	非稳定流抽水试验	定流量非稳定流抽水试验	（1）确定水文地质参数 μ^*、μ、K'/m'（越流系数）、T、α、B（越流因素）、$1/a$（延迟指数）。 （2）预测在某一抽水量条件下，抽水流场内任一时刻任一点的水位下降值
		定降深非稳定流抽水试验	
按井流公式的干扰和非干扰理论	单孔抽水试验	单孔抽水，无水位观测孔	（1）确定水文地质参数 K、$H(r)$、R。 （2）确定水井的 Q-S 曲线类型：①判断含水层类型及水文地质条件；②下推更大降深时的开采量
	多孔抽水试验	单孔抽水，有水位观测孔	（1）提高水文地质参数的计算精度：①提高水位观测精度；②避开抽水孔三维流影响。 （2）准确确定 r-s 关系，求解出 R、μ、a。 （3）了解某一方向上水力坡度的变化，从而认识某些水文地质条件
	干扰抽水试验	带观测孔的孔组干扰抽水试验	（1）求取水工程干扰出水量。 （2）求井间干扰系数和合理井距
		大型群孔干扰抽水试验	（1）求水源地允许开采量。 （2）暴露和查明水文地质条件。 （3）建立地下水流（开采条件下）模拟模型
按抽水试验任务	试验抽水（一次降深稳定流单孔抽水，试验性）		概略评价含水层富水性
	抽水试验（2～3次降深稳定或非稳定流多孔抽水试验）		求水文地质参数，确定 Q-S 关系
	专门性抽水试验	一般开采性抽水试验	求水源地允许开采量或求水文地质参数或判明水文地质条件
		生产性群孔大型抽水试验	
按抽水试验的含水层数目	分层抽水试验		单独求取各含水层的水文地质参数
	混合抽水试验		求多个含水层综合的水文地质参数

至于在具体的水文地质调查工作中选用何种抽水试验，主要取决于调查工作进行的阶段和调查工作的主要目的任务。比如，在区域性水文地质调查及专门性水文地质调查的初始阶段，抽水试验的目的主要是获得含水层具代表性的水文地质参数和富水性指标（如钻

孔的单位涌水量或某一降深条件下的涌水量），故一般选用单孔抽水试验即可。当只需要取得含水层渗透系数和涌水量时，一般多选用稳定流抽水试验；当需获得渗透系数、导水系数、释水系数及越流系数等更多的水文地质参数时，则须选用非稳定流的抽水试验方法。进行抽水试验时，一般不必开凿专门的水位观测孔，但为提高所求参数的精度和了解抽水流场特征，应尽量利用已有更多的水井作为试验的水位观测孔。

在专门性水文地质调查的详细勘察阶段，当希望获得开采孔群（组）设计所需水文地质参数（如影响半径、井间干扰系数等）和水源地允许开采量（或矿区排水量）时，则须选用多孔干扰抽水试验。当设计开采量（或排水量）远较地下水补给量小时，可选用稳定流的抽水试验方法；反之，则选用非稳定流的抽水试验方法。

第三节 抽水试验场地布置要求及设备用具

一、抽水孔（主孔）的布置要求

（1）布置抽水孔的主要依据是抽水试验的目的和任务，目的任务不同其布置原则也各异。

1）为求取水文地质参数的抽水孔，一般应远离含水层的透水、隔水边界，布置在含水层的导水及储水性质、补给条件、厚度和岩性条件等有代表性的地方。

2）对于探采结合的抽水井（包括供水详细勘察阶段的抽水井），要求布置在含水层（带）富水性较好或计划布置生产水井的位置上，以便为将来生产孔的设计提供可靠信息。

3）欲查明含水层边界性质、边界补给量的抽水孔，应布置在靠近边界的地方，以便观测到边界两侧明显的水位差异或查明两侧的水力联系程度。

（2）在布置带观测孔的抽水井时，要考虑尽量利用已有水井作为抽水时的水位观测孔；当无现存水位观测井时，则应考虑附近有无布置水位观测井的条件。

（3）抽水孔附近不应有其他正在使用的生产水井或地下排水工程。

（4）抽水井附近应有较好的排水条件，即抽出的水能无渗漏地排到抽水孔影响半径区以外，特别应注意抽水量很大的群孔抽水的排水问题。

二、水位观测孔的布置

1. 布置抽水试验水位观测孔的意义

（1）利用观测孔的水位观测数据，可以提高井流公式所计算出的水文地质参数的精度，具体原因如下：

1）观测孔中的水位不受抽水孔水跃值和抽水井附近三维流的影响，能更真实地代表含水层中的水位。

2）观测孔中的水位不受抽水主孔"抽水冲击"的影响，水位波动小，水位观测数据精度较高。

3）利用观测孔水位数据进行井流公式的计算，可避开因 R、a 值选值不当给参数计算精度造成的影响。

（2）利用观测孔的水位观测数据，可用多种作图方法求解稳定流和非稳定流的水文地质参数。

（3）利用观测孔水位观测数据，可绘制出抽水的人工流场图（等水位线或下降漏斗），从而可帮助判明含水层的边界位置与性质、补给方向、补给来源及强径流带位置等水文地质条件。

（4）对于一般大型孔群抽水试验，观测孔观测资料提供的渗流场的时空变化特征可作为建立地下水流数值模拟模型的基础。

2. 水位观测孔的布置原则

观测孔在平面上和剖面上的布置取决于试验的任务、精度要求、规模大小、试验层的特征，以及资料的整理和计算方法等因素。不同目的的抽水试验，其水位观测孔布置的原则是不同的。

一般而言，各向异性含水层，观测孔平行于各向异性轴布置；非均质含水层，按非均质的块段布置观测孔；查明含水层的边界性质和位置时，观测线应通过主孔、垂直于欲查明的边界布置，并应在边界两侧附近都布置观测孔。

对欲建立地下水水流数值模拟模型的大型抽水试验，应将观测孔比较均匀地布置在计算区域内，以便能控制整个流场的变化和边界上的水位和流量。

当抽水试验的目的在于查明垂向含水层之间的水力联系时，则应在同一观测线上布置分层的水位观测孔。

水工建筑物的水文地质勘察，在规划选点阶段应在主要坝段选代表性坝址布置勘探线，对第四系松散层做一定量的单孔抽水试验；在初步设计阶段，对正常高水位以下的松散覆盖层进行抽水试验。对渗透性强且岩性不均的地段应做群孔抽水试验，试验孔的多少取决于河谷宽度及其构造的不均匀程度。在不大的淹没河岸一般设两个试验孔；淹没河岸宽时，试验点可达4～6个。在河床上一般不做抽水试验。

为求取含水层水文地质参数的观测孔，一般应和抽水主孔组成观测线，所求水文地质参数应具有代表性。因此，要求通过水位观测孔观测所得到的地下水位降落曲线，对于整个抽水流场来说，应具有代表性。一般应根据抽水时可能形成的水位降落漏斗的特点，来确定观测线的位置。

多孔抽水时，可沿四个方向布置观测孔，如图4-3中①、②、③、④四条观测线，从节约工作量考虑，可根据不同水文地质条件选择观测线。

（1）水力坡度小、均质、等厚、无限边界含水层抽水试验降落漏斗的平面形状为圆形，即在通过抽水孔的各个方向上，水力坡度基本相等［图4-4（a）］，可垂直于地下水流向布置一条观测线［图4-3（a）］，在垂直方向难以布孔时，可沿45°方向布置［图4-3（b）］。

（2）水力坡度大、均质、等厚、无限边界含水层抽水试验降落漏斗形状为椭圆形，上游一侧的水力坡度远较下游一侧大［图4-4（b）］，故除垂直地下水流向布置一条观测线外，尚应在上游或下游方向上平行地下水流向布置一条水位观测线，为排水目的进行的抽水试验其平行地下水流向的观测线一般布置在抽水孔的上游［图4-3（c）］，而为供水目的进行的抽水试验其平行地下水流向的观测线一般布置在抽水孔的下游［图4-3（d）］。

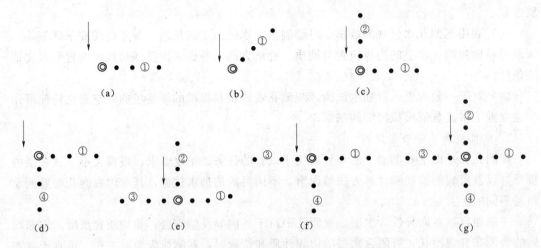

图 4-3 多孔抽水试验观测线布置示意图

↓—地下水流向；◎—抽水孔；·—水位观测孔

（3）非均质、有限边界、水力坡度不大的含水层一般布置三条观测线，垂直于地下水流向两条，平行于地下水流向一条。同样的，为排水目的进行的抽水试验其平行地下水流向的观测线一般布置在抽水孔的上游［图 4-3（e）］，而为供水目的进行的抽水试验其平行地下水流向的观测线一般布置在抽水孔的下游［图 4-3（f）］。

（4）非均质、有限边界、水力坡度大的含水层则布置四条观测线［图 4-3（g）］。

以水工建筑物水文地质勘探为例，同样可沿四个方向布置观测孔，从节约工作量考虑，一般布置①、④两条观测线（图 4-5）。各观测线的作用：①判定绕坝渗漏的渗透性；②判定河道方向上的渗透性；③判定岸坡基岩的渗透性；④表示绕坝渗漏的最短途径。

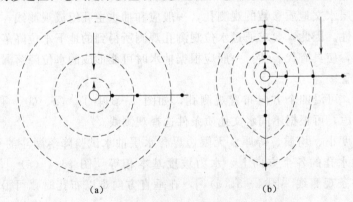

图 4-4 抽水试验降落漏斗的平面形状示意图

——地下水天然流向；·—水位观测线及水位观测孔；╲╯╱—抽水时的等水位线；⌀—抽水主孔

3. 观测线上观测孔数目、距离和深度

观测线上观测孔数目、距离和深度主要取决于试验的任务、精度要求和抽水试验类型。

（1）描述降落漏斗，一条线上的观测孔不应少于 3 个；仅求参数，稳定流试验一条线上的观测孔应不少于 2 个，非稳定流试验一条线上的观测孔可取 1～3 个，但多数取 3 个，以便使用多种方法，如水位降深 S 与时间 t 的关系曲线 S - $\lg t$、水位降深 S 与观测孔距主孔的距离 r 的关系曲线 S - $\lg r$ 等方法整理和解译资料。对于判定水力联系及边界性质等，观测孔都不应少于 2 个。

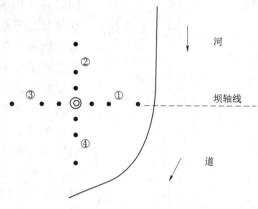

图 4－5 水工建筑物抽水试验观测线布置示意图
◎—抽水孔；●—水位观测孔；↓—地表水流向

（2）观测孔间距应近抽水孔者小，远抽水孔者大。地层均一，结构简单，密度小，间距大。潜水疏、承压水密，稳定流疏、非稳定流密。

离开抽水孔的第一个观察孔距抽水孔的距离很重要，为避开抽水孔三维流的影响，一般 $r_1 \geqslant M$（含水层厚度），至少应大于 10m，$r_2＝1.5M$，$r_3＜0.178R$（影响半径）。最远的一个观测孔也有要求，应能观测到明显水位下降或下降值不少于允许观测误差的 10 倍。一般降深要大于 10cm，相邻两个观测孔在抽水时，水位降深也要相差 10cm 或 20cm 以上。

（3）观测孔的口径要求放下测量仪器，一般为 2in（1in＝2.54cm）。

（4）观测孔的孔深一般要求揭穿含水层，至少深入含水层 10～15m。在非均质含水层中最好同抽水孔深度。均质含水层中观测孔的深度应大于抽水孔中最大降深 5m 以上。

三、排水系统布置要求

应根据地形坡度、含水层埋深、地下水流向和地表渗透性能等因素确定排水方向和排水距离，排水时应使水流畅通，防止抽出的水渗入到抽水含水层中。

四、抽水试验设备用具

（一）抽水设备

抽水设备类型繁多，有提桶、水泵、空气压缩机、射流泵等，应根据地下水埋深、钻孔涌水量、孔径、设计动水位、动力条件及运输条件等进行选择。一般涌水量小于 0.1L/s 时，可用提桶；钻井深度大，涌水量在 1～10L/s，可用空气压缩机；涌水量在 5～20L/s，试验段孔径大于 200mm，且要获得较大降深值时，可选用深井潜水泵。

空气压缩机抽水对水质含砂量要求不高，不仅常用作洗井工具，同时也是抽水试验常用的抽水设备之一，技术要求相对较多，故作详细介绍。

1. 扬水原理

空气压缩机抽水结构安装如图 4-6 所示，主要包括向井下输送压缩空气的风管，风管下端带密集小孔的管状物称为混合器，主要使压缩空气与水充分混合形成水气混合物，水流上升排出井口的出水管。工作时，压缩空气气压必须大于静水压，由压风机将压缩空气输送到井中。如压缩空气气压大于天然水位到混合器之静水压时，压缩空气通过混合器均匀地进入水管。当空气量很小时，压缩空气只能以孤立的气泡逸出，不能扬水。增大空气量，可以使压缩空气在井中聚集形成空气塞，空气塞膨胀做功，使其上液柱抬升扬水，

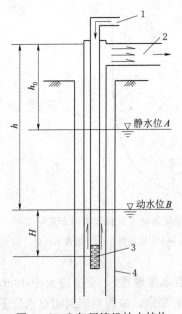

图 4-6 空气压缩机抽水结构
安装示意图

1—风管；2—出水管；3—混合器；
4—井壁管

同时其下井水向上流动补充。但因空气量不够大，不能及时与上升水流充分混合，只能待重新聚集成另一空气塞，膨胀才将液柱上推直至出水管口造成流动。显然此时之流动是不均匀的，是一股股的脉冲式流动。风量继续加大至适中，空气塞间距变短，进而达到空气与水充分混合，形成较连续而稳定的水气混合液的出流，表现为过渡式结构，此时为较为理想的工作状态。风量更大，则形成所谓的杆式结构。此时空气集中在水管中快速流动，而水却绕其周围，由于空气快速流动所形成的负压把水以水珠形式携出管外，这种状态下出水效率必然很低。如再增大风量，则全部断面为气流占据。在水气不断出流的情况下，井中水位由天然水位 A 下降到动水位 B，而且混合器以上的水气混合物柱的重量将小于混合器到动水位的水柱重量。因此，水气混合物由压缩空气的膨胀和水管内外压力差所驱动上升。

2. 装置

使用空气压缩机抽水时，应根据钻孔直径（或滤水管口径）、钻孔涌水量大小和水位深度等合理地确定风管和出水管的直径及其安装方式，否则将影响抽水试验质量。空气压缩机抽水结构安装主要有同心式〔图 4-7（a）〕和并列式〔图 4-7（b）〕两种基本形式。同心式安装适合于孔径小、出水量小的钻孔；并列式安装要求钻孔口径

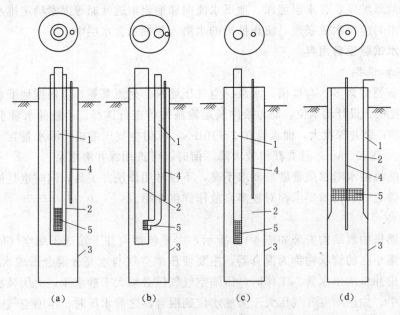

（a）　　　　　（b）　　　　　（c）　　　　　（d）

图 4-7 空气压缩机抽水结构安装类型示意图（每个分图中上面为俯视图，下面为侧视图）

1—风管；2—水管；3—井壁管或过滤管；4—测水管；5—混合器

大，抽水效率高，用气量小，出水量大。

当含水层埋藏较深，以及对一些承压含水层或不完整井抽水时，可直接利用孔壁管作为出水管〔图 4 - 7（c）〕；或利用孔壁管与出水管之间的环状间隙作为风管〔图 4 - 7（d）〕。

3. 有关数据计算

空气压缩机抽水的出水量较不均匀，对井水的扰动很大，空气压缩机的效率及扬水工作正常与否，在很大程度上取决于风管沉没比。选择空气压缩机时还需计算风量和空气压力。

（1）风管沉没比 α。

$$\alpha = \frac{H}{H+h} \times 100\% \tag{4-1}$$

式中　H——混合器沉没于动水位以下的深度，m，称为沉没深度，H 值越大越好，但是 H 越大，所需压缩空气的压力也越大；

　　　h——气水混合物从动水位算起的上升高度，m；

　　$H+h$——水气混合物的提升高度，从混合器中心算起，m。

α 越大，抽水效率高，气水比耗小，但启动压力大。一般要求 $\alpha \geqslant 50\% \sim 60\%$，否则出水量小且不连续，甚至抽不上水来。

（2）风量计算。每抽 $1m^3$ 水所需压缩空气量 V_0（m^3）用下式计算：

$$V_0 = K \frac{h}{23\lg\dfrac{H+10}{10}} \tag{4-2}$$

式中　K——经验数，可按 $K = 2.17 + 0.016h$ 计算，它是为校正用理想气体推导出的式（4-2）而设的经验校正系数。

V_0 取决于扬程及沉没比等。

总风量为

$$V = Q_{\max} V_0 \tag{4-3}$$

式中　$Q_{\max}$——抽水最大出水量，m^3/h；

　　　V——抽水量为 $Q_{\max}$ 时所需的压缩空气量，m^3/h。

（3）空气压力的计算。抽水时所需的压缩空气压力为

$$P = 0.1H + \Delta P \tag{4-4}$$

式中　P——压缩空气压力，kg/cm^2；

　　　ΔP——压力沿途损失（$< 0.5kg/cm^2$）。

从式（4-4）可以看出，抽水所需压缩空气的压力值与风管沉没深度有关，当开始抽水时，沉没深度最大，所需的压力也最大，此称为启动压力。随着抽水进行，动水位逐渐下降并趋于稳定，沉没深度也趋向稳定值，抽水正常进行，此时压力称为工作压力。故选用空气压缩机抽水时，首先要求空气压缩机的允许工作压力必须大于抽水启动压力，否则就不能应用。研究和实践证明，只要空气压缩机的允许工作压力大于抽水启动压力，在适当的风管、出水管的配合下，空气压缩机完全可以适用地下水埋藏深、含水微弱岩层中的

抽水，而不受沉没比大小的束缚。

（二）测水用具

1. 水位计

（1）测钟。测钟为一种金属钟状物，靠接触水面的振响提示，适用于水位埋藏较浅、井孔容隙大、水面波动小、无其他音响干扰的条件，误差可小于 1～2cm。

（2）电测水位计。利用电线构成回路，仅探头处断开，当探头接触水面时回路连通，通过电流，会有安培表指针偏转、电灯发光、电铃发声等提示信号。一般探头小，2～3cm 间隙即可放下，深可达 100m，误差小于 1cm。由于电线的拉伸，探头太深会使误差加大。

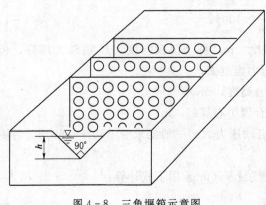

图 4-8　三角堰箱示意图

（3）自记水位计。目前使用较多的是 TD-Diver 自记水位、水温监测仪，监测频率为 0.5s～99h，测量精度高，使用方便，大大减轻了水位观测的劳动强度。

2. 流量计

（1）容器。通过装满已知容积的容器所需的时间计算流量。

（2）三角堰箱（图 4-8）。堰箱前方为三角堰切口，箱中有 2～3 个带孔隔板，促使水流稳定，水从箱后部进入，前方切口流出，适用于流量 1～100L/s，连续但不很稳定的空气压缩机抽水时的流量测定，运用三角堰流量计算公式［式（2-2）］计算流量。

（3）水表。在出水管上安装水表记录水量，适用于水质清澈、不含泥沙杂物的水井，否则水表易于堵塞，造成流量不准，甚至损坏水表。

第四节　抽水试验技术要求

一、稳定流抽水试验的技术要求

1. 对水位降深的要求

为提高水文地质参数的计算精度和预测更大水位降深时井的出水量，正式的稳定流抽水试验一般要求进行三次不同水位降深（落程）的抽水，要求各次降深的抽水连续进行，以保证试验的正确性和确定正确的 $Q-S$ 关系；对于富水性较差的含水层或非开采含水层，可只做一次最大降深的抽水试验。对松散孔隙含水层，为有助于在抽水孔周围形成天然的反滤层，抽水水位降深的次序可由小到大安排；对于裂隙含水层，为了使裂隙中充填的细粒物质（天然泥沙或钻进产生的岩粉）及早吸出，增加裂隙的导水性，抽水降深次序可由大到小安排。为便于含水层富水性的横向对比，某些水文地质生产规范对抽水试验的最大水位降深值和相邻二次水位降深的间隔已作出规定。

一般抽水试验所选择的最大水位降深值（S_{max}）如下：潜水含水层，$S_{max} \leqslant (1/3\sim1/2)H$

（H 为潜水含水层厚度），即最大水位降深不得超过潜水含水层厚度的一半；承压含水层，$S_{max} < H$（承压含水层顶板以上的水头高度），即最大水位降深可接近但不得低于含水层的隔水顶板。当进行三次不同水位降深抽水试验时，其余两次试验的水位降深，应分别等于最大水位降深值的 1/3 和 1/2。但是，在一般情况下，当含水层富水性较好，而勘探中使用的水泵出水量又有限时，则很难达到上述抽水最大降深的要求。此时，要求 S_{max} 等于水泵的最大扬程（或吸程）即可。当 S_{max} 降深值不太大时，相邻两次水位降深之间的水头差值也不应小于 1m。

2. 对抽水试验流量的要求

由于水井流量的大小主要取决于水位降深的大小，因此一般以求得水文地质参数为主要目的的抽水试验，无须专门提出对抽水流量的要求。但为保证达到试验规定的水位降深，试验进行前仍应对最大水位降深时对应的出水量有所了解，以便选择适合的水泵。其最大出水量，可根据同一含水层中已有水井的出水量推测，或根据含水层的经验渗透系数值和设计水位降深值估算，也可根据洗井或试验抽水时的水量来确定。

欲作为生产水井使用的抽水试验钻孔，其抽水试验的流量最好能和需水量一致。

3. 对水位降深、流量稳定标准和稳定延续时间的要求

按稳定流抽水试验所求得的水文地质参数的精度，主要决定于抽水试验时抽水井的水位和流量是否真正达到了稳定状态。生产规范（或规程）一般是通过规定的抽水井水位和流量稳定后的延续时间保证。

稳定标准如下：抽水孔水位波动不超过降深的 1%，同时涌水量的波动不超过抽水量的 5%，且无系统上升或下降的趋势，即为稳定；但当降深较小，如小于 10m 时，则以 3～5cm 为限，当用空气压缩机抽水时，主孔水位波动允许达到 20～30cm。观测孔的水位波动以不超过 2～3cm 为准。

在确定抽水试验是否真正达到稳定状态时，必须注意：①稳定延续时间必须从抽水孔的水位和流量均达到稳定后开始计算；②要注意抽水孔和观测孔水位或流量微小而有趋势性的变化。比如有时间隔两次观测到的水位或流量差值，可能已小于生产规程规定的稳定标准，但是这种微小的水位下降现象，却是连续地出现在以后各次的水位观测中。此种水位或流量微小而有趋势性的变化，说明抽水试验尚未真正进入稳定状态。如果抽水试验地段水位虽出现匀速的缓慢下降，其下降的速度又与不受抽水影响地段的含水层水位的天然下降速度基本相同，则可认为抽水试验已达到稳定状态。

稳定延续时间是指井的渗流场达到近似稳定后的延续时间。从抽水开始到整个渗流场稳定所需要的时间取决于地下水类型、含水层参数、边界条件及补给条件、抽水降深值等。

如果抽水试验仅为获得含水层的水文地质参数，水位和流量的稳定延续时间达到 24h 即可；如抽水试验的目的除获取水文地质参数外，还必须确定出水井的出水能力，则水位和流量的稳定延续时间应达到 48～72h 或者更长。当抽水试验带有专门的水位观测孔时，距主孔最远的水位观测孔的水位稳定延续时间应不少于 2～4h。根据我国抽水试验的经验，卵石、砾石及粗砂含水层稳定延续时间为 8h；中砂、细砂、粉砂含水层稳定延续时间为 16h；基岩含水层（带）稳定延续时间为 24h，且最远观测孔水位稳定时间不少于

2～4h，即可满足技术要求。

4. 对水位、水温和流量观测时间的总要求

抽水试验前需进行天然稳定（静水位）水位观测，一般地区每小时观测一次，2h所测数值（3次）不变或4h内水位相差不超过2cm，方可作为稳定。如天然水位波动，则可取一个或几个周期中水位的平均值作为天然水位。

抽水过程中抽水主孔的水位和流量与观测孔的水位，都应同时进行观测，不同步的观测资料可能给水文地质参数的计算带来较大误差。水位和流量的观测时间间隔，应先密后疏，如开始5～10min观测一次，以后则15～30min观测一次，即按1min、3min、5min、10min、15min、30min、60min、90min…（以后每隔30min观测一次）的时间观测。

抽水试验终止或因故中断时，均应观测恢复水位，中断时应测至恢复抽水，而不是测至稳定恢复水位。停抽后恢复水位的观测，直到水位的日变幅接近天然状态为止。

每2～4h观测一次水温，并同时观测气温。

二、非稳定流抽水试验的技术要求

非稳定流抽水试验，按泰斯井流公式原理，可设计成定流量抽水（水位降深随时间变化）和定降深抽水（流量随时间变化）两种试验方法。由于在抽水过程中流量比水位容易固定（因水泵出水量一定），在实际生产中一般多采用定流量的非稳定流抽水试验方法。只有在利用自流钻孔进行涌水试验（即水位降低值固定为自流水头高度，而自流量逐渐减少、稳定），或当模拟定降深的疏干或开采地下水时，才进行定降深的非稳定流抽水试验。仅以定流量抽水为例，介绍非稳定流抽水试验的技术要求。

1. 对抽水流量值的选择要求

在定流量的非稳定流抽水中，水位降深是一个变量，故不必提出一定的要求，而对抽水流量值的确定则是重要的。在确定抽水流量值时，应考虑三种情况：①对于主要目的为求得水文地质参数的抽水试验，选定抽水流量时只需考虑以该流量抽水到抽水试验结束时，抽水井中的水位降深不致超过所使用水泵的吸程；②对于探采结合的抽水井，可考虑按设计需水量或按设计需水量的1/3～1/2的强度来确定抽水量；③可参考勘探井洗井时的水位降深和出水量来确定抽水流量。此外对于试验的流量、降深值的选择还应考虑流量、降深延续时间以及与设备能力间的配合关系。

2. 对抽水流量和水位的观测要求

当进行定流量的非稳定流抽水时，要求抽水量从始至终均应保持定值，而不只是在参数计算取值段的流量为定值。对定降深抽水的水位定值要求亦是如此。

与稳定流抽水试验要求一样，流量和水位观测应同时进行；观测的时间间隔应比稳定流抽水为小；一般开泵的头10～20min内，应观测到较多数据，按1min、2min、3min、4min、6min、8min、10min、15min、20min、25min、30min进行观测，以后每隔30min观测一次，或按间隔1min、2min、2min、5min、5min、5min、5min、5min、10min、10min、10min、10min、10min、20min、20min、20min、30min、30min、…进行观测。

停抽后恢复水位的观测，应一直进行到恢复水位变幅接近天然水位变幅时为止。由于利用恢复水位资料计算的水文地质参数常比利用抽水观测资料求得的可靠，故非稳定流抽水恢复水位观测工作更有重要意义。

3. 对抽水试验延续时间的要求

对于非稳定流抽水试验的延续时间，目前还没有公认的科学规定。但可从试验的目的任务和参数计算方法的需要，对抽水延续时间作出规定。

当抽水试验的目的主要是求得含水层的水文地质参数时，抽水延续时间一般不必太长，只要求水位降深（S）—时间对数（$\lg t$）曲线的形态比较固定和能明显地反映出含水层的边界性质即可停抽。我国一些水文地质学者在研究含水层导水系数（T）随抽水延续时间的变化规律后得出结论：根据非稳定流抽水初期观测资料所计算出的不同时段的导水系数值变化较大；而当抽水延续到 24h 后所计算的 T 值与延续 100h 后计算的 T 值之间的相对误差，绝大多数情况下均小于 5%。故从参数计算的结果考虑，以求参为目的的非稳定流抽水试验的延续时间一般不必超过 24h。

抽水试验的延续时间，有时也需考虑求参方法的要求。例如，当试验层为无界承压含水层时，常用配线法和直线图解法求解参数。前者虽然只要求抽水试验的前期资料，但后者从简便计算取值出发，则要求 S-$\lg t$ 曲线的直线段（即参数计算取值段）至少能延续 2 个以分钟为单位的对数周期，故总的抽水延续时间应达到 3 个对数周期，即达 1000min。如有多个水位观测孔，则要求每个观测孔的水位资料均符合此要求。

当有越流补给时，如用拐点法计算参数，抽水至少应延续到能可靠判定拐点（即 S_{max}）为止。如需利用稳定状态时段的资料，则水位稳定段的延续时间应符合稳定流抽水试验稳定延续时间的要求。

当抽水试验目的主要在于确定水井的出水量（对定流量抽水来说，应为在某一出水量条件下，水井在设计使用年限内的水位降深）时，试验延续时间应尽可能长一些，最好能从含水层的枯水期末期开始，一直抽到丰水期到来；或抽水试验至少进行到 S-$\lg t$ 曲线能可靠地反映出含水层边界性质为止。如为定水头补给边界，抽水试验应延续到水位进入稳定状态后的一段时间为止；有隔水边界时，S-$\lg t$ 曲线的斜率应出现明显增大段；当系无限边界时，S-$\lg t$ 曲线应在抽水期内出现匀速的下降。

三、大型群孔干扰抽水试验的技术要求

（1）此类型（主要指表 4-2 中的大型群孔干扰抽水试验，所述内容也适用于表 4-2 中生产性群孔大型抽水试验，即指群孔抽水、大流量、大降深、强干扰、长时间的模拟生产条件的大型抽水试验）抽水试验的主要目的在于求得水源地的允许开采量或求矿井在设计疏干降深条件下的排水量，或对某一开采量条件下的未来水位降深作出预报。因此，大型群孔干扰抽水试验的抽水量，应尽可能接近水源地的设计开采量。当设计开采量很大（如 $5 \times 10^4 \text{m}^3/\text{d}$ 以上）或抽水设备能力有限时，抽水量至少也应达到水源地设计开采量的 1/3 以上。

（2）对大型群孔干扰抽水试验水位降深的要求，基本上与对抽水量的要求一样，即应尽可能地接近水源地（或地下疏干工程）设计的水位降深，一般或至少应使群孔抽水水位下降漏斗中心处达到设计水位降深的 1/3。特别是当需要通过抽水时地下水流场分析（查明）某些水文地质条件时，更必须有较大的水位降深要求。

（3）此类型抽水试验可以是稳定流的，也可以是非稳定流的。对于供水水文地质勘察来说，为获得水源地的稳定出水量，一般多进行稳定流的开采抽水试验。此稳定出水量，

可以通过改变抽水强度直接确定出水源地最大降深时的稳定出水量（适用于地下水资源不太丰富的水源地）；也可通过进行三次水位降深的稳定流抽水试验，据流量（Q）－水位降深（S）关系曲线方程，下推设计条件下的稳定出水量。

（4）为提高水源地允许开采量的保证程度，抽水试验最好在地下水枯水期的后期进行；如还需通过抽水试验求得水源地在丰水期所获得的补给量，则抽水试验要求一直延续到丰水期到来之后的一段时间。

（5）为了实现大型群孔干扰抽水试验的各项任务，其抽水延续时间往往较长。一般要求稳定流抽水试验的水位下降漏斗中心水位的稳定延续时间不应少于一个月，但根据试验任务的需要，可以更长（如2～3个月或以上）。非稳定流抽水试验抽水时间宜延续至下一个补给期。此外，还需注意的是，各抽水孔的抽水起、止时间应该是相同的；对抽水过程中水位和出水量的观测应该是同步的；对停抽后恢复水位的观测延续时间的要求，与一般稳定或非稳定流抽水试验相同。

第五节　抽水试验现场工作与资料整理

一、抽水试验的现场工作

（一）准备工作

（1）掌握试段水文地质情况，主要包括：试验层的埋藏、分布、补给，与其他层地下水或地表水的联系，它们的边界条件、水质及试验层地下水的流向等。

（2）掌握抽水孔和观测孔位置、距离、结构、孔深、止水及过滤器的位置，以及它们连线方向的水文地质剖面。

（3）检查抽水设备、动力装置，以及井中和场地上其他设备的质量和安装情况。

（4）检查各种用具、记录册是否齐备和可用。

（5）安置、构筑和检查排水设施。

（6）试抽或试验抽水，目的有以下3个：

1）全面检查各项准备工作。

2）预测最大降深及其相应的涌水量，分配各次降深值。对非稳定流抽水试验推测正式抽水时可能获得的曲线类型，以及确定正式抽水时的涌水量。

3）进一步加强洗井，恢复天然渗流条件。

（二）现场观测

1. 测量抽水试验前、后的孔深

核查抽水段深度、层位，排除井孔是否坍塌和淤塞，确定抽水后沉淀和堵塞情况，如淤塞严重，可影响资料精度，引起井类型的变化。

2. 观测天然水位、动水位及恢复水位

主孔和观测孔的水位应同时观测。

天然水位受设备、动力、机车行驶的冲击、爆破、地震和降水等因素影响会发生波动，应校正天然水位对动水位的影响。

抽水井附近影响范围内所有水体（水塘、泉水、矿坑水、井）必须提前一个月就要观测。

3. 流量的观测

动水位与流量应同时观测。

4. 气温、水温观测

水温、气温同时观测，试验开始时观测一次，然后每隔 2~4h 观测一次。

5. 取样

进行水化学和细菌分析，试验结束前取样即可。了解含水层之间水力联系或咸淡水之间关系等则应系统取样。水样采取后应立即密封，粘贴标签，妥善保存，并及时送有关部门检测。

二、抽水试验的资料整理

(一) 现场整理

1. 现场资料整理的目的

在抽水试验进行过程中，需要及时对抽水试验的基本观测数据——抽水流量（Q）、水位降深（S）及抽水延续时间（t）进行现场检查与整理，并绘制出各种规定的关系曲线。现场资料整理的主要目的如下：

(1) 及时掌握抽水试验是否按要求正常地进行，水位和流量的观测成果是否有异常或错误，并分析异常或错误现象出现的原因。须及时纠正错误，采取补救措施，包括及时返工及延续抽水时间等，以保证抽水试验顺利进行，避免出现设备搬迁后才发现试验成果不合要求的情况。

(2) 通过所绘制的各种水位、流量与时间关系曲线及其与典型关系曲线的对比，判断实际抽水曲线是否达到水文地质参数计算取值的要求，并决定抽水试验是否需要缩短、延长或终止。

(3) 为水文地质参数计算提供基本的可靠的原始资料，为室内资料整理打下基础。

2. 稳定流抽水试验的资料整理

(1) 绘制水位降深、涌水量与时间（S-t、Q-t）的过程曲线。

(2) 绘制涌水量与水位降深（Q-S）、单位涌水量与降深（q-S）关系曲线。

(3) 绘制水位恢复曲线（S'-t）。

对于稳定流抽水试验，除及时绘制出 Q-t 和 S-t 曲线外，尚需绘制出 Q-S 和 q-S 关系曲线（q 为单位降深涌水量）。Q-t、S-t 曲线可及时帮助了解抽水试验进行得是否正常；而 Q-S 和 q-S 曲线则可帮助了解曲线形态是否正确地反映了含水层的类型和边界性质，检验试验是否有人为错误。图 4-9 和图 4-10 所示为抽水试验常见的各种 Q-S 和 q-S 曲线类型。图中曲线 Ⅰ 表示承压井流（或厚度很大、降深相对较小的潜水井流）；曲线 Ⅱ 表示潜水或承压转无压的井流（或为三维流、紊流影响下的承压井流）；曲线 Ⅲ 表示从某一降深值起，涌水量随降深的加大而增加很少，可能是因为水位已降至含水层以下；曲线 Ⅳ 表示随 S 加大 Q 反而减少，反映含水层枯竭或水流受堵；曲线 Ⅴ 通常表明试验有错误，但也可能反映在抽水过程中，由于洗井不彻底或者原来被堵塞的裂隙、岩溶通道被突然疏通等情况的出现。出现后面三种情况均需进一步分析明确产生不正常曲线的原因，及时改正，如减小抽水量和水位降深、重新洗井后再进行抽水试验。

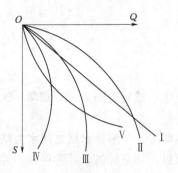
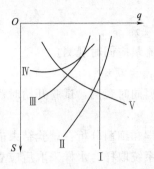
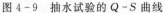

图 4-9　抽水试验的 Q-S 曲线　　图 4-10　抽水试验的 q-S 曲线

3. 非稳定流抽水试验的资料整理

(1) 绘制 S-t 过程曲线。

(2) 绘制 S-$\lg t$ 曲线。

(3) 绘制 $\lg S$-$\lg r$ 曲线。

(4) 绘制 $S'-\lg\left(1+\dfrac{t_p}{t_r}\right)$ 关系曲线。

对于定流量的非稳定流抽水试验，在抽水试验过程中主要是编绘出水位降深和时间的各类关系曲线，这些曲线，除用于及时掌握抽水试验进行的是否正常和帮助确定试验的延续、终止时间外，主要是为计算水文地质参数服务的。故须在抽水试验现场编绘出能满足所选用参数计算方法要求的曲线。在一般情况下，首先编绘的是 S-$\lg t$ 或 $\lg S$-$\lg t$ 曲线；当水位观测孔较多时，尚需编绘 S-$\lg r$ 或 S-$\lg(t/r^2)$ 曲线（r 为观测孔至抽水主孔距离）；对于恢复水位观测资料，须编绘出 $S'-\lg(1+t_p/t_r)$ 和 $S^*-\lg(t/t_r)$ 曲线。其中，S' 为剩余水位降深；S^* 为水位回升高度；t_p 为抽水井抽水开始到停抽的时间；t_r 为从主井停抽后算起的水位恢复时间；t 为从抽水试验开始至水位恢复到某一高度的时间。

4. 群孔干扰抽水试验的资料整理

除编绘出各抽水孔和观测孔的 S-t（对稳定流抽水）、S-$\lg t$（对非稳定流抽水）曲线和各抽水孔流量、群孔总流量过程曲线外，尚须编绘试验区抽水开始前的初始等水位线图、不同抽水时刻的等水位线图、不同方向的水位下降漏斗剖面图及水位恢复阶段的等水位线图，有时还需编制某一时刻的等降深图。

(二) 室内整理

(1) 原始数据、草图的检查、校对整理。

(2) 计算参数 R、K、μ、T、a 等。

(3) 绘制综合成果图表，包括钻孔位置图，钻孔结构图，水文地质综合柱状图，抽水试验的技术资料表，Q、S、$t(\lg t)$、$r(\lg r)$、q 间各种关系图表，抽水试验成果数据、参数和最大涌水量计算成果表，水质分析成果表等。

(三) 工作小结

工作小结包括试验的目的、要求、方法及过程；获得的重要成果，成果的质量评述；重要的经验教训（试验中的异常现象及处理）；结论等。

第六节　其他水文地质试验方法简介

除抽水试验外，还有其他的野外试验，现择常用的进行介绍。

一、渗水试验

渗水试验是野外测定包气带非饱和土层渗透系数的简易方法。尽管方法有多种，但实用的都是在浅试坑中进行有薄水层的稳定渗入。得到数据后根据古典毛细管理论确定渗透系数。这种试验有助于研究灌溉水、渠水、暂时性地表水流、大气降水尤其是大雨对地下水的入渗补给量。

代表性的渗水试验装置如图 4-11 所示。整个装置置于试验坑中，装置由内、外圆环及马利奥特瓶组成。因土类岩石有着明显的侧渗，外环用以防止内环水通过毛细管向侧方的渗入，促使内环水竖直下渗，以便利用成果。马利奥特瓶为定水头自动给水装置。为防止冲刷，环内还应铺设 2cm 左右厚的砾石层。试验时，用两个马利奥特瓶分别向内、外环注水，并记录渗入量，直至流量稳定并延续 2～4h，即可停止注水。此时，通过内环的稳定渗透速度即为包气带岩石的渗透系数。

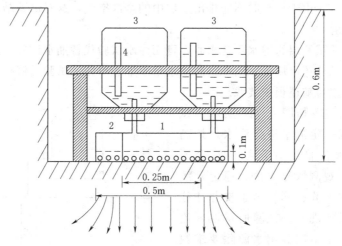

图 4-11　双环法渗水试验装置

1—内环；2—外环；3—马利奥特瓶；4—水标量尺

假设包气带岩石由均匀的竖直向下的毛细管组成，则渗透速度

$$V = Q/\omega = K(H_k + h_0 + Z)/Z \tag{4-5}$$

式中　Q——内环稳定渗入流量，m^3/d；

ω——内环所限定的过水断面积，m^2；

K——渗透系数，m/d；

H_k——包气带岩石毛细上升高度，m；

h_0——环内水层厚，m；

Z——水从坑底向下渗入的深度（可通过试验前、后钻孔取样测定不同深度含水量变化，经对比后确定），m。

渗入初期 Z 是变量，注水不稳定，当渗入达稳定潜水面后，$H_k = 0$，又因 $Z \gg h_0$，则 h_0 可忽略，式（4-5）变为 $V = K$。虽然通常情况下潜水面一般不易稳定，但当潜水面埋藏深，Z 足够大，则 $H_k + h_0 + Z \approx Z$，水流可近似稳定，$V \approx K$，因此，此法常用于潜水埋藏较深处。

为反映试验过程和稳定 V 值，要求在试验现场及时绘出 $V - t$ 过程曲线（图4-12），其稳定后的 V 值即为包气带土层的渗透系数（K）。

确定试验结束时的 Z 值，需通过试验前在试坑外 3~4m 处以及试验后在内环中心处，打两个小口径钻孔取土样，

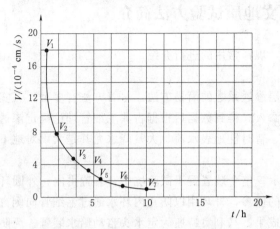

图4-12 渗水试验中 $V - t$ 过程曲线

测定不同深度土层湿度值的变化对比确定。在粗粒土层中进行渗水试验时，也可用单环或直接在试坑中渗水。由于入渗时不能排出土层中的全部空气，这对试验结果有一定影响。

二、注水试验

当扬程过大或试验层为透水不含水时，可用注水试验代替抽水试验，近似测定岩层的渗透系数。注水试验还可用于人工补给和废水地下处理研究。试验的依据是吸收井井流理论。但不稳定注水目前还很少实践。

注水试验的装置如图4-13所示。试验时可向井内以一定流量进行注水，抬高井中水位，待水位稳定并延续至符合要求，停止注水，观测恢复水位。稳定延续时间要求与抽水试验相同。由于洗井往往不彻底或不能进行洗井，试验所得注入流量往往较抽水偏小。试验用水源除要求数量足够外，水质应满足卫生要求，并不影响试验层的性质。资料整理与抽水试验相似。

三、地下水实际流速、流向测定

仅以孔隙、裂隙岩石中地下水实际流速测定进行说明。岩溶，尤其是管道型水流则在连通试验中阐述。测定实际流速可用以确定含水层的一些参数，计算通过某一断面的

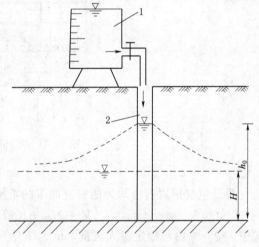

图4-13 注水试验装置示意图
1—水源箱；2—试验井

流量，判断水流属层流或紊流，研究化学物质在水中的弥散，以及作为决定地下灌浆中一些技术措施的依据。测定实际流速的方法有两种：示踪试验和物探方法，此处仅说明前者。

1. 工作布置

测定流速前先测定流向。为此，大体按等边三角形布置三个钻孔，并测定天然水位，根据所测水位进行插值，绘出等水位线可判定流向（图 4-14）。流向已知，则在三角形内沿流向布置两个钻孔。上游孔为投示剂孔或注入孔（孔 1），下游孔为主要流速观测孔或接收孔（孔 2）。为防止流向偏离，可在孔 2 两侧按圆弧相距 0.5～1.0m 各布置一个辅助观测孔（孔 3、孔 4）。孔 1 与孔 2 间距离取决于岩石透水性，如细砂为 2～5m，透水性好的裂隙岩石为 10～15m。

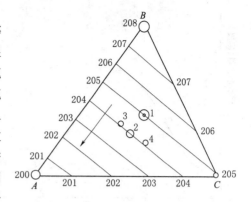

图 4-14　地下水流向、流速测定钻孔
布置示意图（单位：m）
A、B、C—地下水位观测孔及其水位；
1—投试剂孔；2—主要流速观测孔；
3、4—辅助观测孔；→—地下水流向

2. 示踪剂的选择

示踪剂的选择是一项重要工作，往往是试验成败的关键。理想的示踪剂应是无毒、价格低廉、能随水流动，且容易检出，又不改变天然水流速、流向，在一定时间内稳定和不易为岩石吸附和过滤。完全理想的示踪剂并不存在，只能根据试验条件和要求进行选择。

目前我国测定实际流速所用的示踪剂主要是化学试剂和染料。化学试剂有 NaCl、$CaCl_2$、NH_4Cl、$NaNO_3$ 等。氯化物便宜，但检验灵敏度低，用量大，可改变水的比重、流速、流向。较浓的 $CaCl_2$、NH_4Cl 及硝酸盐类有毒，且不能用于高氯、高氮水。

国外用于这方面的示踪剂较多，如微生物、同位素、氟碳化物（氟利昂）等。微生物中值得提出的是酵母菌，它无毒、便宜，易检出，既可用于孔隙，又可用于较大的岩溶通道。更重要的是它在水中的运动与病菌相似，在国外受到提倡，此法在我国贵州也已试验成功。稳定同位素中有 ^2H、^{13}C、^{15}N、^{18}O 等可用，但以 ^2H 为优。放射性同位素中有 ^3H、^{60}Co、^{198}Au 等可用，但毒性问题未解决。其中 ^3H 组成水分子，与水一起运动，如无毒，则较理想。这种方法需专门仪器检出，较费时费钱，尤其是稳定同位素。国外最近还发展一类氟碳化合物作示踪剂，如 CCl_3F、CCl_2F 等。它们毒性低、便宜、极稳定，有高灵敏度的检出方法，是极有前途的，其缺点是易被有机物吸附，不能用于煤、油页岩、含油气层中。氟碳化合物在 20 世纪 20 年代才大量用于工业，并使大气和水圈中氟碳化合物含量增高。因此，氟碳化合物在地下水中的存在说明自 40 年代以来有着补给。由于氟碳化合物对全球大气环境及气候变化有一定影响，目前也逐渐弃用，因此寻找更加高效、环保、便捷的示踪剂仍很紧迫。

3. 实际流速的确定

确定实际流速的问题可归结为确定示踪剂从注入孔到达观测孔的时间。示踪剂在孔隙和裂隙中的运动是以弥散方式进行的，投入示踪剂后，它就向注入孔四周转移。在流动显著、以机械弥散为主的含水层中，由于空隙通道的复杂性，观测孔中示踪剂浓度历时曲线将会复杂多样。它取决于岩性、示踪剂类型及注入孔和接收孔间的距离等。图 4-15 所示

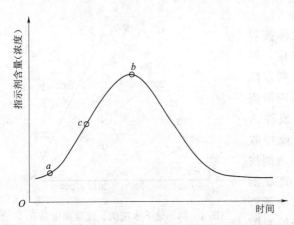

图 4-15　观测孔中指示剂含量变化过程曲线

是一种较理想的曲线。当所测流速用于供水时，常取 b 点对应的时间 t_b 进行计算；当用于疏干时，常取 a、b 间 c 点所对应的时间 t_c 进行计算。渗透流速等于渗透长度除以时间。

四、连通试验

连通试验是确定研究地段上，地下水流经具体途径的一种有效方法。当前主要用于研究岩溶地下水（地下河系）和寻找矿井涌水通道两个方面，此处主要介绍前者。连通试验也有助于判断地下分水岭的位置、补给范围、水流方向、流速、流量、地下水与地表水间的水力联系，以及有助于判断水库漏失途径及拟定防治措施等方面。

连通试验也是利用各种地下水（或某些地表水）露头，投放和观测指示剂或其他方式完成的。连通试验方法很多，大致有以下几种。

1. 水位传递法

对天然地下水流进行堵、闸、放或截断补给之河溪、渠道水源，或在钻孔中抽、注水（作为始点），而在其他点上观测水位、流量之变化，以确定两点间水流的连通与否及其途径。使用水位传递法应考虑到，由于地下水位的上述人为作用可能引起的天然流动方向的改变。

2. 示踪试验法

多利用天然岩溶水点投放和接收示踪剂，也常采用多点投放和接收的方法开展试验。除前述流速测定中所提到的以外，由于岩溶通道较大，示踪剂使用得更广泛。

（1）固体颗粒法。我国常用的固体颗粒有谷糠、木屑、黄泥浆等，国外也常用编码纸片，这些只适用于大通道，而且它们与水的流动可能有很大的差别。石松孢子近年来也成功地得到应用，应用时将孢子染成各种颜色，分别投向若干点，它的优点在于颗粒小，较水略轻，能随水流动，稳定，但需专门染色，捞网及检验使用显微镜则稍有不便。石松孢子方法在我国广西、贵州、云南等多处试验成功，作者在云南文山德厚水库宽达 6.2km 的河间地块间成功进行连通试验，为确定水库渗漏通道提供了可靠的依据。

（2）食用酵母菌法。用食用酵母菌作示踪剂，在我国也获得成功的应用。为确定贵州怀仁县东费河水库渗漏的岩溶通道，使用 100kg 染色酿酒酵母，经过 20 天观测，获得单位体积水中酵母菌数的单峰曲线，效果良好，而且酵母原料较便宜。

（3）小型定时炸弹法。小型定时炸弹可随水漂流到一些人不可接近的地方爆炸，在地面接收爆炸地震波信号，可判断通道途径。此法目前还处于试验阶段，国外有成功的报道。

（4）烟雾法。对于无水或未充满水的通道，还可用烟熏、放置烟幕弹等方法，但一般只能做近距离试验。

复习思考题

1. 简述水文地质试验种类。
2. 简述抽水试验的目的、任务。
3. 简述抽水试验的类型及用途。
4. 简述观测孔的布置原则。
5. 简述空气压缩机抽水原理及参数计算。
6. 简述抽水试验的技术要求。
7. 简述抽水试验的现场工作及资料整理要求。
8. 简述渗水试验、注水试验、地下水流速流向测定、连通试验等的基本原理和方法。

第五章　地下水动态观测与均衡研究

第一节　地下水动态和均衡的概念

地下水资源和其他矿产资源的最主要区别是其量和质总是随着时间而不停变化。所谓地下水动态，即表征地下水数量与质量的各种要素（如水位、泉流量、开采量、溶质成分与含量、温度及其他物理特征等）随时间而变化的规律。其变化规律可以是周期性的，也可以是趋势性的。变化的周期可以是昼夜的（如月球引力导致的固体潮），也可以是季节性的或者是多年的（如气候因素影响）。其变化的速率，在天然状态下一般具较明显的周期性，或具极为缓慢的趋势性。在人为因素（开采或排除地下水）的影响下，其变化速率可大大加强。这种迅速的变化，可能对地下水本身和环境带来严重的后果。

地下水的质与量之所以变化，主要是由于水量和溶质成分在补充和消耗上的不平衡所造成的。所谓地下水均衡，就是指这种在一定范围、一定时间内，地下水水量、溶质含量及热量等的补充（流入）与消耗（流出）量之间的数量关系。当补充与消耗量相等时，地下水（量与质）处于均衡状态；当补充量小于消耗量时，地下水处于负均衡状态；当补充量大于消耗量时，地下水处于正均衡状态。在天然条件下，地下水一般多处于均衡状态；在人为活动影响下，则可能出现负均衡或正均衡状态。

从上述概念可知，地下水动态与均衡之间存在着互为因果的紧密联系。地下水均衡是导致动态变化的实质，即导致动态变化的原因；而地下水动态则是地下水均衡的外部表现，即动态变化的方向与幅度是由均衡的性质和数量所决定的。

第二节　地下水动态与均衡研究的意义

研究地下水动态与均衡，对于认识区域水文地质条件、水量和水质评价，以及水资源的合理开发与管理，都具有非常重要的意义。任何目的、任何勘察阶段的水文地质调查，都必须重现地下水动态与均衡的研究工作。由于对地下水动态规律的认识往往要经过相当长时间的资料积累才能得出结论，因此在水文地质调查中应尽早开展地下水动态与均衡研究。

其研究意义具体表现在以下方面：

（1）在天然条件下，地下水的动态是地下水埋藏条件和形成条件的综合反映。因此，可根据地下水的动态特征分析、认识地下水的埋藏条件、水量、水质形成条件和区分不同类型的含水层。如通常情况下潜水的动态变化较为强烈，而承压水的动态则较为稳定。

（2）地下水动态是均衡的外部表现，故可利用地下水动态资料去计算地下水的某些均衡要素。如根据次降水量、潜水位升幅和潜水含水层给水度计算大气降水的入渗系数；根据潜水位的升幅或降幅计算地下水的储存量及潜水的蒸发量等。

（3）由于地下水的数量与质量均随时间变化，因此一切水量、水质的计算与评价，都必须有随时间变化的概念。如对同一含水层，在雨季、旱季、丰水年、枯水年，其水资源数量与水质都可能大不一样。因此地下水动态资料是地下水资源评价和预测时必不可少的依据。

（4）用任何方法计算的地下水允许开采量，都必须能经受地下水均衡计算的检验；任何地下水开采方案，都必须受地下水均衡量的约束。为尽可能减少开采地下水引起的副作用，开采量一般不能超过地下水的补给量，即不应破坏地下水的均衡状态。

（5）研究地下水的均衡状态，可预测地下水水量、水质及与地下水有关的环境地质作用的变化及总体发展趋势。

第三节　地下水动态和均衡研究的基本任务

一、地下水动态研究的基本任务

1. 正确布设地下水动态监测网点，对动态监测的频率、监测次数及监测时间作出科学的规定

地下水动态监测点的布置形式和位置，主要决定于水文地质调查的主要任务。动态监测成果要满足水文地质条件的论证，地下水水量、水质评价及水资源科学管理方案制定等方面的要求。对于不同的勘察阶段，对以上要求各有侧重。

为阐明区域水文地质条件服务的动态监测工作，其主要任务在于查明区域内地下水动态的成因类型和动态特征的变化规律。因此，监测点一般应布置成监测线形式。主要的监测线应穿过地下水不同动态成因类型的地段，沿着区域水文地质条件变化最大的方向布置。对不同成因类型的动态区，不同含水层，地下水的补给、径流和排泄区，均应有动态监测点控制。

为地下水水量、水质计算与资源管理服务的动态监测工作，其主要任务是为建立计算模型、水文地质参数分区及选择参数提供资料。鉴于地下水数值模型在地下水水量、水质评价与管理工作中的广泛应用，要求将相应的动态监测点布置成网状形式，以求能控制区内地下水流场及水质变化。对流场中的地下分水岭、汇水河谷、开采水位降落漏斗中心、计算区的边界、不同水文地质参数分区及有害的环境地质作用已发生和可能发生的地段，均应有动态监测点控制。

地下水动态的监测点，除井、孔外，还应充分利用区内已有的地下水天然及人工水点。对有关的地表水体、各种污染源以及有害的环境地质现象，亦应进行监测。

科学规定地下水动态项目的监测频率、监测次数和时间，对于获得真实、完整的动态资料十分重要。对于不同的监测项目，监测的频率、次数和时间的具体要求虽有不同，但其总的原则是一致的，即要求按规定的监测频率、次数和时间所获得的地下水动态资料，应能最逼真地反映出年内地下水动态变化规律。

以上问题的具体要求，可参阅有关水文地质勘察和地下水动态观测规范。需强调的

是，为了能从动态变化规律中分析出不同动态要素（监测项目）间的相互联系，对各监测项目的监测时间，在一年中至少要有几次是统一的。

2. 根据所获得的地下水动态监测资料，分析地下水动态的年内及年际间的变化规律

动态变化规律，主要是指某种动态要素随时间的变化过程、变化形态及变幅大小等的水文地质意义，变化的周期性及趋势性，并通过不同监测项目动态特征的对比，确定它们之间的相关关系。

3. 确定研究区地下水动态成因类型

根据所获得的各种动态资料，考虑各种影响因素（水文、气象、开采或人工补给地下水等）的作用，确定区内地下水动态成因类型，为认识区域地下水的埋藏条件，水质、水量的形成条件及有害环境地质作用的产生和发展原因等，提供动态上的佐证。

二、地下水均衡研究的基本任务

1. 确定均衡区

为进行均衡研究，要确定均衡区的范围及边界的位置与性质。当区域较大，各地段的地下水均衡要素组成又不相同时，应划分均衡亚区。为便于均衡计算，每个均衡区（或亚区）最好是一个相对独立的水文地质单元。均衡区的边界最好是性质比较明确、位置比较清楚的某一自然边界（或地质界线）。

2. 建立均衡方程

确定均衡区内地下水均衡要素的组成及地下水水量或水质均衡方程的基本形式。在建立方程时，应考虑到同一均衡区在不同的时段，其均衡要素的组成可能是不同的。因此，在均衡计算之前，还应划分出均衡计算的时段，即确定出均衡期。

3. 确定均衡要素值

通过直接（野外实测或室内测定）或间接（参数计算）方法，确定出地下水各项均衡要素值，为地下水水量、水质的计算与预测提供基础数据。

4. 均衡计算和确定均衡状态

通过区域水均衡计算，确定出区内地下水的均衡状态，预测某些水文地质条件的变化方向，为制定合理的地下水开发方案及科学管理措施提供基本依据。

第四节　地下水动态与均衡的监测研究内容

影响地下水动态变化的因素可以分为两大类：天然因素和人为因素。天然因素包括气象、水文、地质、土壤、生物及天文等因素，其中气候、水文因素是影响潜水动态形成的主要因素，而地质因素对深层承压水动态形成的作用则显著增强，其他因素一般处于次要地位。人为因素主要表现为通过各种取水建筑物（井、钻孔等）和各种排水工程（包括矿山排水、地下工程排水等）来降低地下水位，通过人工补给、灌溉、修建水库等对地下水进行补给，抬高地下水位。

一、地下水动态监测项目及要求

对大多数水文地质勘察任务而言，地下水动态监测的基本项目都应包括地下水水位、水温、水化学成分和井、泉流量等。对与地下水有水力联系的地表水水位与流量，以及矿

山井巷和其他地下工程的出水点、排水量及水位也应进行监测。

　　水质的监测一般以水质简分析项目作为基本监测项目，再加上某些选择性监测项目。选择性监测项目是指那些在本地区地下水中已经出现或可能出现的特殊成分及污染质，或被选定为水质模型模拟因子的化学指标。为掌握区内水文地球化学条件的基本趋势，可在每年或隔年对监测点的水质进行一次全分析。

　　地下水动态资料常常随着观测资料系列的延长而具有更大的使用价值，故监测点位置确定后，一般都不要轻易变动。

二、地下水动态成因类型

　　地下水动态成因类型，主要是根据地下水的水位动态过程曲线的特点予以鉴别，一般是根据对地下水动态影响最大的天然及人为因素对地下水动态成因类型予以命名。综合国内外一些地下水动态成因类型分类方案，根据地下水动态形成的主要因素，可以将地下水动态划分为四大类、九种类型，特征见表5-1。由基本类型又可组成多种混合成因类型。

表5-1　　　　　　　　　　　　　　地下水动态成因类型及其主要特征

地下水动态成因类型		主　要　特　征
气象因素控制型	降水入渗型	分布广泛，地下水位埋藏较浅，包气带岩石的透水性好；地下水位及其他动态要素，均随着降水量的变化而变化；水位的峰值与降雨的峰值一致或稍有滞后；年内地下水位变幅大，季节性变化十分明显
	蒸发型	主要分布于干旱、半干旱的平原区；地下水位埋藏浅（3m之内），地下径流滞缓；地下水位随蒸发量的加大有明显的下降，并随着干旱季节的延长而缓慢下降；地下水位的年变幅小（一般小于2～3m）
	冻结型	分布于有多年冻土层的高纬度地区或高寒山区，冻结层下水年内水位变化平缓，变幅不大，水位峰值稍滞后于降水峰值，或水位峰值不明显；冻结层上水水位起伏明显，出现与融冻期和雨期对应的两个峰值
水文因素控制型	沿岸型	主要分布于河、渠、水库、湖泊等地表水体的沿岸或河谷中；地表水位高于地下水位，对地下水产生补给作用；地下水位随地表水位的升高而升高，地下水的补给量随河水的流量和过流时间的延长而增大，地下水位的峰值和起伏程度随远离地表水体而逐渐减弱
地质因素控制型	越流型	分布在垂直方向上有含水层与弱透水层相间的地区；当某一含水层的水位低于其相邻含水层时，相邻水层中的地下水就越流补给开采层；相反，当上部水层因获得补给而水位上升时，上部含水层中的地下水也会通过越流补给下伏含水层；地下水的动态与相邻含水层的关系密切
	岩溶型	分布于岩溶发育的地区；地下水动态变化迅速；降雨时，地下水通过落水洞、岩溶管道获得灌入式补给；从峰林平原补给区到排泄区水位抬升通常在降雨开始后1～3天渐次开始；地下水位相对降水的滞后时间很短，补给区仅1天，径流区1～2天，排泄区3天左右；水位急剧抬升多数在3～5天内完成；地下水位过程曲线上升支很陡，下降支相对平缓
	径流型	主要分布于地下水径流条件较好，补给面积辽阔，地下水埋藏较深或含水层上部有隔水层覆盖的地区。地下水位变化平缓，年变幅很小，水位峰值多滞后于降水峰值
人为因素控制型	开采型	主要分布于地下水开采强烈的地区；地下水的动态要素主要随开采量的变化而变化；当开采量大于地下水的年补给量时，地下水位出现逐渐下降
	灌溉型	分布于引入外来水源的灌区；包气带土层有一定的渗透性，地下水位埋深不大；地下水位明显地随着灌溉期的到来而上升，年内高水位期与灌溉期吻合

三、地下水均衡方程

地下水的均衡包括水量均衡、水质均衡和热量均衡等不同性质的均衡。不同性质均衡方程的均衡项目（均衡要素），也就必然有所区别。在多数情况下，人们首先关注的还是水量问题，而水量均衡又是其他两种均衡的基础。因此着重讨论水量均衡的组成项目。

根据质量守恒定律，在任何地区，在任一时间段内，地下水系统中地下水（或溶质或热量）的流入量（或补充量）与流出量（或消耗量）之差，恒等于该系统中水（溶质或热）储存量的变化量。据此，均衡区在某均衡期内的各类水量均衡方程如下。

（1）总水量均衡方程的一般形式为

$$\mu\Delta h+V+P=(X+Y_1+Z_1+W_1+R_1)-(Y_2+Z_2+W_2+R_2) \qquad (5-1)$$

式中　$\mu\Delta h$——潜水储存量的变化量，其中 μ 为潜水位变动带内岩石的给水度或饱和差，Δh 为均衡期内潜水位的变化值；

V、P——地表水体和包气带水储量的变化量；

X——降水量；

Y_1、Y_2——地表水的流入和流出量；

Z_1、Z_2——凝结水量和蒸发量（包括地表水面、陆面和潜水的蒸发量）；

W_1、W_2——地下径流的流入量和流出量；

R_1、R_2——人工引入和排出的水量。

（2）潜水水量均衡方程的一般形式为

$$\mu\Delta h=(X_f+Y_f+W_1+Z_1'+R_1')-(W_2+W_g+Z_2'+R_2') \qquad (5-2)$$

式中　X_f——降水入渗量；

Z_1'、Z_2'——潜水的凝结补给量及蒸发量；

W_g——泉的流出量；

Y_f——地表水对潜水的补给量；

R_1'、R_2'——人工注入量和排出量；

其余符号意义同前。

（3）承压水的水量均衡方程比潜水简单，常见形式为

$$\mu^*\Delta h=(W_1+E_1)-(W_2+R_{2k}') \qquad (5-3)$$

式中　μ^*——承压含水层的弹性补给水系数（储水系数）；

E_1——越流补给量；

R_{2k}'——承压水的开采量；

其余符号意义同前。

对于不同条件的均衡区及同一均衡区的不同时间段，均衡方程的组成项可能增加或减少。例如，对于径流迟缓的平原区，W_1、W_2 可忽略不计；当地下水位埋深很大时，Z_1' 和 Z_1 常常忽略不计；在封闭的北方岩溶泉域（均衡区），其雨季的水量均衡方程的一般形式是

$$\mu\Delta h=(X_f+Y_f)-(W_g+R_2) \qquad (5-4)$$

而在旱季，地表水消失，一切取水活动停止，此时常将水量均衡方程简化为

$$-\mu\Delta h=W_g \qquad (5-5)$$

即岩溶水的减少量等于岩溶泉水的流出量。

分析上述各水量均衡方程，可清楚地看到，一切水量均衡方程均由三部分组成，即均衡期内水量的变化量、地下水系统的补给量和消耗量。在补给量中，最为重要的是 X_f、Y_f、W_1；在某些情况下，E_1 和 R_1' 也有较大意义；在消耗量中，最重要的是 Z_2'、W_2、地下水的人工排泄量（R_2'、R_{2k}'）；有时 W_g 也很有意义。

地下水各均衡要素的测定可参阅相关水文地质手册、规范规程，采用先进的方法进行。

复习思考题

1. 简述地下水动态和均衡研究的意义和基本任务。
2. 简述地下水动态监测的内容。
3. 简述地下水动态成因类型和特征。
4. 简述地下水均衡方程的建立。

第六章 水文地质综合研究与成果

第一节 水文地质综合研究

一、资料整理

野外所获得的各种资料，是按规定要求用数字、文字和图表来表达的一种水文地质信息，它是研究水文地质条件、计算和评价地下水资源的基础资料，因此必须经过检查和审核，确认无误后才能进行整编。原始资料是在野外直接观测和试验取得的第一手材料，各种原始记录发现遗误时，应在野外工作结束前进行弥补或纠正，达到资料准确、系统和完整，为编写勘察报告提供可靠依据。对搜集来的资料，经检查后，应对其可靠性作出评价，符合要求的充分利用，并说明其来源。

原始资料的整理应符合下列要求：

（1）各种原始资料均应统一编号，分类整编。

（2）原始资料严禁涂改、撕毁。

（3）原始资料应在综合分析研究基础上进行数理统计、计算和编制各种图表。

二、综合研究内容

水文地质综合研究是水文地质调查工作中十分重要的工作之一，应与调查工作同步进行，并贯穿调查工作的全过程，必须密切结合调查工作的实际需要开展研究，并对调查工作起指导作用。

综合研究应针对调查区地质、水文地质研究程度，存在的主要水文地质问题和技术方法难点有目的地进行。可以有针对性地选择下列问题开展研究。

1. 在水文地质方面

（1）地层岩性、地质构造尤其是新构造、地貌类型及特征对地下水形成的影响。

（2）岩相古地理特征对地下水形成的影响。

（3）地下水成因及其年龄。

（4）岩溶发育规律对岩溶地下水形成的控制作用。

（5）含水层系统结构特征。

（6）地下水系统边界类型及子系统划分。

（7）地下水化学特征、变化规律及其成因，劣质地下水分布规律研究。

（8）地下水补给、径流、排泄条件。

（9）地下水资源计算与评价，城市应急（后备）水源地选址。

（10）供、排水等示范及模式研究。

2. 在水文地质勘察技术方法方面

(1) 遥感及空间信息分析技术的应用。

(2) 物探技术在调查水文地质条件中的应用，利用物探资料综合确定井位。

(3) 新型物探设备及勘探技术开发。

(4) 利用物探或遥感遥测技术测定大气降水入渗量、蒸发量等水文地质参数。

(5) 同位素技术在水文地质调查中的应用。

(6) 含水层空间非均质性的模拟研究。

(7) 利用示踪技术调查地下水径流特征，测定水文地质参数。

(8) 单孔多层取样及水头、流速、流量测量技术。

(9) 地下水动态自动监测技术等。

对于关键性问题，宜设立专题，开展专题研究。

水文地质综合研究是在水文地质勘察获得的大量数据和资料的基础上，以地下水系统理论为指导，综合运用水文地质基本理论，以分析研究岩性富水特征为基础，以地质构造的水文地质作用和条件为主线，综合水文气象、地形地貌等条件，探讨研究和形成对研究区地下水形成、分布、富集和循环等水文地质条件和规律的正确认识；针对不同专门目的和任务，计算和评价地下水水量，分析评价地下水水质、污染状况和水文地质环境质量，解决相关水文地质问题，提出水文地质环境问题发展趋势及防治措施的建议。因此，水文地质综合研究是一项具有综合性、贯穿水文地质调查研究全过程的工作，是认识和了解水文地质条件、获得水文地质调查成果的必然过程。

第二节　水文地质综合研究成果图件

任何一项水文地质调查，在其野外工作结束之后，都必须全面、系统地编写调查成果。只有在调查成果经主管部门审查批准后，方可正式结束该阶段的调查工作。

在正式编写调查成果前，应先做好对野外测绘、勘探、试验、动态观测及室内实验等资料的校核和整理。在资料的审查中要特别注意各种实际材料在数量、控制程度和精度上是否满足相应调查阶段规范的要求。如发现不足，应及时进行必要的野外补充工作，以保证编写成果的质量。

水文地质调查的成果可以是某个调查阶段的综合性成果，也可以是某个单项的调查成果（如专门的水文地质测绘报告、大型抽水试验报告、地下水动态观测报告等）。本节主要以水文地质普查阶段的综合水文地质图和报告书的编写要求为例作相应介绍。

图件是反映调查成果的主要方式。任何目的的水文地质调查，皆需依据野外获得的测绘、勘探、试验和长期观测工作的实际材料编制成果图件。由于地下水是一种多变的编图对象，因而较编制其他类型地质图件复杂。通常要用表示地下水各方面特征的一系列图件——水文地质图系来阐明调查区的地质、水文地质条件以及对地下水的利用、改造规划等。

一、水文地质图系的图幅种类

水文地质图系包括以下四类图件。

（1）基础性图件，即反映区域地下水形成基础的各类地质图件，如地质图、第四纪地质图和地貌图等。

（2）综合或专门性水文地质图件，即直接反映地下水埋藏、分布规律和形成条件的图件，如综合性水文地质及分区图、供水水文地质图、矿床水文地质图、环境水文地质图等。

（3）地下水单项特征性图件，即主要反映地下水某一项（有时为几项）特征的图件，如地下水等水位（压）线及埋深图、地下水化学成分或某些离子成分等值线图、地下水水量（或富水性）分布图、岩溶水文地质图、某种水文地质参数分区图等。

（4）改造利用性图件，即为解决某些与地下水有关的生产实际问题而编制的图件，如地下水开发利用条件分区图、土壤改良水文地质分区图、开采动态预测图、矿区突水预测图等。

需要说明四点，如下：

（1）上面全系指平面图件而言，实际上每一幅图件常常都要求编制主要方向的剖面图，用以说明某个方向或深部的水文地质变化规律。

（2）任何调查阶段和不同目的水文地质调查，所编制的图并不是固定或同一的，需要根据调查目的、调查阶段、地区水文地质条件特点，所取得资料的数量和质量来决定所应编制的具体图件。但一般中、小比例尺的图系中，以基础性和综合性的图件为主，视地区的具体条件来取舍单项特征性图件，而改造利用性图件常在必要时编制成较小比例尺的镶图，附于综合水文地质图旁侧。而在较大比例尺的图系中，基础性图件仍是必需的，但要以编制专门性和单项特征性图件为主，并突出专门性图件。至于改造利用性图件（或某些单项特征性图件），仍可作为镶图附于专门性图中。

（3）应注意同一图系中各图幅之间所表示的基本地质-水文地质内容应一致，不能彼此矛盾。

（4）在每项调查成果的图系中，实际材料图都是不可缺少的。它不仅反映了布置的调查工作量是否已达精度要求，也反映了调查工作量布置得是否科学合理。

上述各类图件的编图原则和方法，可参考国家相关部门发布的相应规范规程。编制前还要详细分析和选择全部资料，以便在正确和足够的资料基础上进行编图工作。

二、综合水文地质图

综合水文地质图是把野外各种水文地质现象用特定的符号和方式，缩小反映到图纸上的一种综合性地质-水文地质图件。但它又不是野外现象的简单罗列，而是去伪存真、由表及里地把所收集的资料进一步系统化和从理论上提高，更深刻地反映出区域的地质-水文地质条件的规律性。如编绘得好，就可在图上明确地反映出该地区地下水形成和赋存的地质环境、地下水类型、分布、补径排区位置与方式，以及地下水水质与水量的分布规律。按照中华人民共和国地质矿产部颁布的《区域水文地质普查规范补充规定》的编图原则，这张图首先要求划分五种基本类型地下水，即松散岩类孔隙水、碎屑岩类裂隙孔隙水、岩溶水或裂隙溶洞水、基岩裂隙水和冻结层水，每类型还可分为若干亚类；其次按基本类型划分富水性等级；再者要把地下水埋藏条件和水化学资料等表示在图上。

1. 松散岩类孔隙水

松散岩类孔隙水一般分为潜水和承压水两个亚类，每亚类又可按单井涌水量（一般以按一定口径与降深值换算后的单井涌水量来划分）划分为若干个富水等级，并圈定其界限。同一含水岩组，也要区别其富水程度，一般分为以下几种：

（1）水量极丰富：单井涌水量大于 5000m³/d。

（2）水量丰富：单井涌水量为 1000～5000m³/d。

（3）水量中等：单井涌水量为 100～1000m³/d。

（4）水量贫乏：单井涌水量为 10～100m³/d。

（5）水量极贫乏：单井涌水量小于 10m³/d。

和岩溶水与裂隙水一样，也可按地下径流模数来划分孔隙水的富水等级。

多层结构含水组一般可归并为潜水与承压水或浅层水与深层水两组，可用双层结构的方法表示。绘制等水位（压）线时，还应表示潜水位或承压水顶板的埋深。

2. 碎屑岩类裂隙孔隙水

本类型指分布在中、新生代陆相沉积盆地内，且比较稳定的裂隙孔隙承压水。在同一含水组的不同地段，其碎屑承压水按单井涌水量划分为三个富水等级：

（1）单井涌水量大于 1000m³/d。

（2）单井涌水量 100～1000m³/d。

（3）单井涌水量小于 100m³/d。

层状承压水的分布面积应予表示，其顶板埋深按小于 50m、50～100m、大于 100m 表示。如下部水质变咸，还应反映出咸淡水分界面的埋深。

3. 岩溶水或裂隙溶洞水

应分别表示出由分布较均匀、相互连通的网（脉）状溶蚀裂隙或蜂窝状溶孔构成的统一含水层（体）和由溶蚀管道发育而成的暗河水系，还应划分出富水带。大泉（域）和暗河（水系）按流量可分为 100～1000L/s、10～100L/s、小于 10L/s 三个富水等级；按地下径流模数亦可分为小于 3L/(s·km²)、3～6L/(s·km²)、大于 6L/(s·km²) 三级。岩溶水埋深分为小于 50m、50～100m、大于 100m 三级。

覆盖或埋藏型岩溶水可用双层结构的方法表示。各种岩溶形态亦应表示在图中。

岩性、岩相变化复杂的裂隙岩溶水首先应划分四个亚类：

（1）碳酸盐岩裂隙溶洞水，碳酸盐岩占 90％以上。

（2）碳酸盐岩夹碎屑岩裂隙溶洞水，碳酸盐岩占 70％～90％。

（3）碎屑岩、碳酸盐岩裂隙溶洞水，碳酸盐岩占 30％～70％。

（4）碎屑岩夹碳酸盐岩裂隙溶洞水，碳酸盐岩占 10％～30％。

然后据其中岩溶水的富水性来划分其富水等级。

4. 基岩裂隙水

基岩裂隙水可分为构造裂隙水、脉状裂隙水、风化网状裂隙水、孔洞裂隙水等亚类。其富水等级按多数常见泉水流量分为小于 0.1L/s、0.1～1L/s、大于 1L/s 三级，按地下径流模数则分为小于 1L/(s·km²)、1～3L/(s·km²)、大于 3L/(s·km²) 三级。对于接触带、岩脉等富水带和向斜或背斜富水构造，皆应标出其富水部位。

5. 冻结层水

冻结层水可划分为松散岩类冻结层水和基岩冻结层水两个亚类。采用双层结构方法表示冻结层上水和冻结层下水的富水等级。一般将冻结层间水归并到冻结层上水内。必要时要反映出冻结层厚度和冻结层下水的顶板埋深。圈出岛状冻结区的范围，将一些冰丘等物理地质现象表示在图上。还应表示出现代冰川及其沉积物、冰雪覆盖范围等，各类岩层（体）中的隔水及相对隔水层（体）亦应表示在图上。

在综合水文地质图上，除反映上述各项内容外，还应表示出以下内容：

（1）地下水水质。可采用水点、等值线等方法反映两种情况：一是按矿化度分为淡水（<1g/L）分布区、微咸水（1～3g/L）分布区、半咸水（3～10g/L）分布区、咸水（>10g/L）分布区和盐卤水分布区（>50g/L）；二是有害离子或化合物（包括污染的和天然的有害物质）的分布情况。

（2）控制性水点（泉、井、孔）及地表水系。

（3）承压区地下水流向，地表水与地下水补排关系，水源地的开采量，海水入侵界限，开采区降落漏斗范围等。

（4）某些重要地貌现象，如阶地、溶洞、暗河等。

综合水文地质图除平面主图外，一般主图上方为图名，左侧为地层柱状图，并附水文地质特征说明，右侧为图例，下方为剖面图、比例尺、图幅索引、责任表等，并视需要配置1～2幅镶图。

三、编图要求

1. 水文地质图

水文地质图种类很多，按其内容可分为两大类：①综合性水文地质图，反映多种水文地质要素，以及影响这些水文地质要素的其他要素；②单项性水文地质图，反映单一的水文地质要素。两类图件要根据实际情况编制。

如水文地质条件简单，用2～3项要素就可反映水文地质特征时，则一般只作综合性水文地质图；如水文地质条件复杂，各种要素都应反映出来或需要单独研究某一个水文地质要素时，则除了综合性水文地质图外，还需作单项性水文地质图。

在编制水文地质图时，应在区分地下水类型（孔隙水、裂隙水、岩溶水等）的基础上，突出表现以下三个方面内容：

（1）富水性或开采程度。在一般地区应根据钻孔单位出水量划分富水性等级，在开采地区应根据单位面积内的开采量划分开采强度等级。

（2）地下水埋藏条件和渗流状况。重点反映潜水位或承压水头的埋藏深度，各类双重结构下部含水层的顶板埋深，以等水位线或等水压线反映地下水渗流状况。

（3）水质。重点按矿化度反映微咸水、咸水以及含量超标的有害物质的分布状况。在水质受到污染的地区，一般可划分未污染区、轻度污染区、中等污染区和重度污染区。

2. 水文地质剖面图

在水文地质图中，一般应有一个或数个能代表区域地质结构的水文地质剖面图。除横穿全区的剖面外，也可选择少量局部地区有代表性的剖面。在剖面图上要反映地质构造、岩性变化、含水层与隔水层分布规律、地质体及岩性的界线、含水层之间水力联系等。为此，剖面的长度与深度应尽可能保持其完整性。

剖面图垂直比例尺以能表明含水层为准，一般情况下垂直比例尺可比水平比例尺放大10～20倍。附在平面图上的剖面图，两端距离与平面图上剖面线两端投影的距离相等。

水文地质剖面图上的井、钻孔的孔口标高要准确标出，各种水文地质资料（如水位、出水量、过滤器位置及口径等）也要尽可能标出。含水层及隔水层要分别涂上不同颜色。

第三节　水文地质综合研究成果报告

文字报告是调查成果的重要组成部分，主要用以说明和补充水文地质图系，阐述调查区地质、水文地质规律以及讨论利用或疏干地下水等问题。

研究报告应注意精选材料，不罗列现象，抓住核心问题，论据充分，条理分明，语言精练。

一、报告的文字组成及一般要求

报告由封面、扉页、正文等组成。正文是报告的核心，叙述要清楚，层次要清晰，文字要简练，名词术语要规范统一。

（1）名词术语、符号、量纲均应符合有关标准规范的规定。

（2）计量单位一律用法定计量单位。

（3）报告章节统一编号，采用以下两种形式：

1）中式体例。

第一章　××××

第一节　××××

一、××××

（一）××××

1.××××

（1）××××

2）西式体例。

第1章　××××

1.1　××××

1.1.1　××××

1.××××

（1）××××

（4）标点符号要按原出版总署公布的"标点符号使用法"准确使用。

（5）表格的表序号和表名应标写在表的上方，按章或节编号，如表3-1-1表示第3章第1节第1个表。

（6）插图的图序号和图名应标写在图的下方，按章或节编号，如图2-1-1表示第2章第1节第1张插图。

二、报告编写内容

报告应根据勘察任务要求，在详细阐述水文地质条件的基础上，进行水量、水质评价，得出科学的结论，并重点论证水源开采后是否引起环境地质问题，对水源方案要进行经济技术比较。各勘察阶段内容有所不同，但一般情况下应包括以下内容：

1. 序言

序言包括调查工作的任务，地质及水文地质研究程度，投入的工种和工作量，工作概况，存在的问题及其解决情况等（应附交通位置图、研究程度图等）。

（1）说明勘察工程的委托单位、工作范围、勘察阶段，需水量及水质要求等。

（2）说明城市地下水开采现状、污水排放及污染情况及以后水源开发利用规划。

（3）叙述本区的水文地质研究程度和已有资料利用情况，本次勘察需要解决的问题。

（4）简述本次勘察过程投入的主要工作量、设备及人员情况，所取得的成果及其质量评述。

2. 自然地理条件

（1）地形、地貌。概述研究区的地表形态，相对高差，地形的总趋势，各种特征地形的标高和相对高度值。概述区内地貌的形态、成因、年代及其分布特征。注意分析地貌与岩性、构造、新构造运动、气候及地下水等因素之间的相互关系（应附有山川地貌形势图及照片等）。要用"地形控制地下水分布"的观点来介绍地形。必要时还应介绍土壤、土壤冻结深度、植被及自然灾害等情况。

（2）水系、水文。介绍区内地表水流域的划分，各流域内各种地表水体的分布特征，水系和主要河流名称、位置，发源地、汇水面积（研究区以上），河流形态及河床渗透、冻结情况、枯、洪水期的水位、流量变化情况，断流天数，洪水淹没范围，开发利用及水质污染情况等。说明月平均与年平均径流量，水位及其变化值，水质，流速，含沙量，冲刷、搬运及堆积等（附河流动态曲线图等）。还应分析地表水与地下水间的补排关系。说明最近水文站的地点和观测期限。

（3）气候。简述研究区的气候类型、所属气候区，区内各流域的降水量、蒸发量（度）、气温、湿度等多年月平均值与年平均值及历年最高、最低值（列表）等各种特征值及其出现的时间（应附气象要素图表）。应着重说明上述因素与地下水的关系。

3. 地质条件

（1）地层岩性。简述地层顺序、接触关系及出露情况、岩性、产状、岩层厚度、成因类型和分布规律。

可由老到新介绍各时代沉积岩地层的分布、产状、岩性、结构特征。分析其岩相和厚度的变化规律，各层间的接触关系和所含的动植物化石等。还应介绍各时期各种侵入及喷出岩体的分布、岩性、结构特性及与围岩间的关系，以及变质岩的分布、时代、岩性结构及变质程度等特征。

凡第四系发育的地区，应单列"第四纪地质"部分。着重介绍其成因类型、岩性结构特性、分布、厚度、时代及沉积特征等方面的内容。

在讨论各种岩层（体）时，要求注意分析它们的原始孔隙及成岩裂隙情况，胶结和风化程度，为确定含（隔）水层（体）和探讨其透水性提供依据（应附典型剖面、柱状图、照片、素描等）。

（2）地质构造。简述研究区主要地质构造类型、特征、分布及其与地下水赋存和运动的关系。应分别介绍褶皱构造、断裂构造、节理裂隙的主要内容。

1）褶皱构造。褶皱构造是一个地区的主导构造，它不仅决定了含水层存在的空间位置，还控制了区内地下水的形成、运动、富集和水质、水量的变化规律。报告中要对褶皱的类型、形态、分布、组成地层、形成时间、褶皱构造的分级等进行介绍，还应探讨不同构造体系褶皱带的特点和它们的复合关系。

2）断裂构造。断裂构造是控制地区地下水的重要构造。对大型断裂带应介绍其分布、产状、两盘地层、类型、断距、形成时代、活动次数和规模、充填胶结、裂隙等情况。对中、小型断裂带，由于其在供水或疏干中有重要意义，故应对它们做重点介绍，除介绍大型断裂带中所要求的项目外，还要求对断裂的力学性质、断面间破碎岩的结构、断层面上的现象和断层两盘的破碎特征等进行系统讨论。特别要注意分析新、老断裂彼此间的关系，断裂构造与褶皱构造间的关系。

3）节理裂隙。这里指的是由构造运动所形成的各种构造节理，它对某些含水层（体）的形成有特殊意义。要求阐明各种节理裂隙的形成条件、形态特征、发育程度、分布规律、充填胶结特征以及后期破坏、力学性质及形成时代等问题。特别要注意节理裂隙密集带的层位和地段。还应分析各种构造体系的节理特点、彼此交接关系，尤其应注意新期未胶结节理的情况。

如区内新构造运动作用强烈，则应单列"新构造运动"部分，加以叙述。对构造的描述应附上典型的断裂或褶皱剖面、裂隙统计图、构造体系纲要图，以及素描、照片等。

（3）岩溶发育规律。由于岩溶作用和岩溶形态是在可溶岩孔隙裂隙的基础上发展而成的，因此，在讨论地区地质条件之后，应探讨岩溶形成规律。如调查区可溶岩分布广泛或编写的是勘探报告，这部分也可列为独立部分进行编写。要阐述区内可溶岩的层组及其分布特征，岩溶发育层位，岩溶形态及地貌特征，岩溶发育因素和发育规律、发育阶段和发育强度等问题，同时应附上各种岩溶图表。

4. 水文地质条件

在水文地质理论指导下，通过对调查资料的综合研究，揭示研究区水文地质条件，正确、全面地反映出野外调查工作的水平。

（1）从讨论地层岩性结构和岩石含水条件出发，阐明区内含水层（组）和隔水层（组）的层位、分布和埋藏规律、岩性、厚度、水位特征、渗透性、富水性及富水部位、地下水类型等地下水赋存规律。

对于岩溶及裂隙-岩溶含水层，应在研究岩溶发育规律的基础上，结合试验及长期观测资料，确定出岩溶或裂隙-岩溶含水层（体）的范围及其各项水文地质特征、动态变化、富水部位，与其他含水层或与地表水间的水力联系。

（2）探讨区内各种地质构造的水文地质特征，具体如下：

1）讨论地区主要褶皱带中地下水的赋存状态、径流条件和富水部位；主要含水层（尤以承压水盆地）中地下水补给、径流、排泄区的分布特征；各含水层间水力联系的部位与联系程度。

2）总结每条断裂带的水文地质特征及富水规律；介绍主要断裂带的透（隔）水性能、补给与排泄部位和富水部位，与地表水和周围层状地下水间的联系部位、联系方式及联系程度；介绍断裂带中及其两侧地下水位的变化情况。

3）介绍各类岩层（体）中节理裂隙的透水性能；讨论节理裂隙层状含水层的分布规律与富水部位，以及节理的性质与富水性关系。还应讨论节理裂隙水与断裂带水之间的联系问题。

4）讨论富水带（地段）的构造类型、分布规律及其水文地质特征。依据区内总的地下水形成运动规律和各种构造特征，提出划分水文地质单元（地下水流域）的原则并划分出主要类型水文地质单元。讨论各类型水文地质单元的分布、主要含水层中地下水的形成条件及各项水文地质特征。

（3）阐述区域及各主要含水层（体、带）中地下水的补给、径流、排泄条件，地下水动态变化规律，各含水层之间水力联系及地表水体与地下水的水力联系。

首先找出地下水的补给来源与地点、补给时间和补给量；其次找出主要的地下径流带；最后确定出地下水的排泄方式、地点和排泄量及其变化规律。

5. 水量评价

对各含水层（体、带）中地下水进行水量评价。普查报告以评价区域地下水的补给量为主；勘探报告则以评价局部水源地的开采量为主。对重点矿区则应采用多种方法对开采时矿坑涌水量和疏干的水位进行预测，以便对比分析。

主要阐述地下水资源评价的原则和方法，参数确定的依据，计算地下水的补给量、储存量，并按拟建水源地的开采方案和取水构筑物的形式计算允许开采量，论证其保证程度，预测其发展趋势。

对调查区进行水文地质分区，指出分区原则和各区的水文地质条件，估算出地下水水量，提出各区利用或排除地下水的规划性意见或提供资料，包括以下方面：

（1）提供可作为未来供水水源地的范围、水量等资料。

（2）为扩大农灌，特别是为干旱、半干旱区"山、水、田、林、草综合治理"，提供地下水资料。

（3）为矿区指出可能的矿井涌水水源、通道、涌水量、需疏干的范围和措施，并对进一步勘探提出建议。

（4）指明已发生或将要发生的环境水文地质问题、地段和防治建议。

（5）在地下水量不足区，还应对人工补给地下水的有关问题提供意见。

6. 水质评价

简述主要含水层（体）地下水的温度、物理性质和化学成分、化学类型、细菌含量、放射性元素及其变化规律，并进行水质评价。普查报告中主要说明区内和主要含水层中地下水化学成分的特点、成因和水文地球化学规律，并对水质进行概略评价，对某些地方病的成因和地下水的污染状况加以讨论。勘探报告中则应依据任务，进行详细水质评价和预测，并注意对利用改造方面的探讨。

根据已查明的地下水水质，按《生活饮用水卫生标准》（GB 5749—2006）及其他水质要求，进行评价和预测。

7. 水文地质专门性问题预测评价

对区内现有供水水源地应重点探讨地下水开采量与动态变化情况，并对扩大供水量的可能性进行预测。对矿区则应重点编写扩大开采区或下部坑道涌水量的预测及提供合理的疏干建议等内容。

在具有大量开采地下水历史的地区，应详细叙述地下水开采现状和污染情况，根据地下水长期观测资料和地下水开采调查资料，说明市政水源地、工业自备井和农业井开采量。说明地下水的补给和消耗情况，地下水降落漏斗的分布范围，漏斗中心水位下降速率和水质变化情况，以及所引起的环境地质问题，查明其原因，分析其发展趋势，并提出防治措施的建议。

在地质矿产部《区域水文地质普查报告编写要求》中，还列有"区域工程地质条件"一节，因此，要对调查区的一般工程地质条件、水利工程和环境工程地质等加以概括性叙述。

根据专门调查研究的性质和要求，结合地区特点，论述有关专门问题。

8. 结论和建议

对调查区主要的水文地质条件作出简要的结论，指出尚存在的水文地质问题，并对今后工作提出具体建议。

（1）概括阐述本区水文地质条件。

（2）提出地下水水量和水质的结论意见。

（3）提出取水构筑物的类型、数量及抽水设备类型、规格的建议。

（4）提出地下水资源合理利用和保护的建议。

（5）根据本次勘察存在的问题，对今后勘察工作提出建议。

报告还应附有：①地层柱状图及实测剖面图；②抽水（渗水、放水）试验成果表；③地下水动态观测成果表；④水质分析图表；⑤水文、气象资料图表；⑥水土岩样分析、实验成果表；⑦物理勘探成果图表；⑧航片及卫片解译图表及资料等。可参考表6-1取舍。

表 6-1　　　　　　　　　　勘 察 报 告 附 图

类　别	图 件 名 称	一般地区		开采地区	
		规划	初勘	详勘	开采
平面图	实际材料图	√	√	√	√
	地质地貌图	√	√	√	
	综合水文地质图（或供水水文地质图）		√	√	√
	地下水水化学图		√	√	√
	地下水污染程度图（××离子等值线图）		○	○	○
	地下水等水位线图（或等水压线图）		√	√	√
	含水层等厚度线图（或埋藏深度图）		○	√	√
	地下水开采现状图（或开采利用规划图）		○	√	√
	数值法计算剖分图			○	○
	地下水资源评价图（地下水资源分布图）	○	○	√	√
	地下水开采强度图			○	√
	地下水位预测图			√	√

续表

类　别	图件名称	一般地区		开采地区	
		规划	初勘	详勘	开采
剖面图及其他图表	水文地质剖面图	○	√	√	√
	综合地质柱状图	○	○	○	
	钻孔柱状图	○	√	√	√
	抽水试验综合成果图		√	√	√
	地下水动态长期观测曲线图	○		√	√
	勘探试验综合成果统计表		√	√	√
	井泉调查统计表		√	√	
	地下水开采量统计表		○	○	√
	地下水污染调查统计表		○	○	○
	水质分析资料汇总表		√	√	√
	地下水动态长期观测资料汇总表		√	√	√
	颗粒分析资料汇总表		√	√	
	历年河流水文观测资料汇总表		○	○	○
	历年气象观测资料汇总表		○	○	○

注　1.√表示应提交的。
　　2.○表示根据需要提交的。

 复习思考题

1. 简述水文地质综合研究的意义和内容。
2. 何为综合水文地质图？其主要表现哪些水文地质内容？
3. 简述水文地质报告的编写要求和主要内容。

第七章　供水水文地质勘察研究

第一节　供水水文地质勘察任务和要求

我国是一个水资源相对缺乏的国家。虽然我国水资源总量为 $2.8 \times 10^{13} m^3$，排在世界第 6 位，但因我国面积辽阔、人口众多，分解指标均低于世界平均值。我国人均占有水量仅 $2400m^3$，相当于世界人均的 $1/4$，居世界第 109 位。我国水资源不仅量少，而且在时空分配上也极不均匀，被列为世界人均水资源 13 个贫水国家之一，其中北方的 9 个省（自治区）人均只有 $500\ m^3$，干旱缺水之严重可想而知。

从 20 世纪 50 年代，在党中央、国务院的领导和关怀下，广大科技工作者做了大量的野外勘察和测量，在分析比较 50 多种方案的基础上，形成了南水北调东线、中线和西线调水的基本方案，通过三条调水线路与长江、黄河、淮河和海河四大江河的联系，构成以"四横三纵"为主体的总体布局，以利于实现中国水资源南北调配、东西互济的合理配置格局。截至 2014 年年底，东、中线一期工程全面建成通水，为缓解我国北方地区，尤其是黄淮海流域的水资源短缺问题发挥了重要作用。

在解决水资源问题上，虽然专家们提出了各种设想，但最现实的方法仍然是进一步开发和合理利用陆地上的地表水和地下水资源。由于长期以来人们已大量利用了地表水资源，使今后可供利用的地表水资源受到限制，故许多水资源专家认为，在满足今后世界上日益增长的用水中，地下水资源将会越来越重要。在地下水中，除了积极参与水循环，不断更新的部分外，还蕴藏着大量的水体。根据美国国家科学院院士利奥博德（Luna B. Leopold）等的计算，地球上仅地面以下 800m 深度内的地下水体积就达 417 万 km^3，其储量大约是世界河流、淡水湖、水库和内陆海水总储量的 17.5 倍。

用地下水作为供水水源，与用地表水相比还有以下优点：

（1）地下水水质比较好。由于岩石的天然过滤或上覆隔水层的保护，一般不需要处理便可使用。

（2）水质、水量受气候影响较小，常能保持较稳定的供水能力。

（3）地下水分布广，便于就地开采使用，故其投资常比修建地表水工程低。

（4）在缺少地表水的地区（如沙漠、干旱的山前地区、岩溶山地等），地下水常常是唯一的水源。

（5）某些地区的地下水具有一定的肥效或有医疗、保健和供热的价值。

（6）可以利用含水层调蓄多余的地表水，增加有效水资源总量。

（7）可利用含水层的增温和散热效应，开展地表水的回灌、循环，从而达到节能、储水和节水的目的。

正因为地下水有以上优点，所以它在很多国家的供水总量中占有重要地位。我国地下水供水量在总供水量中所占的比重约为 18%，虽然比重不太高，但在我国北方许多城市（如北京、沈阳、鞍山、西安、太原、石家庄、济南等），地下水已是主要供水水源。北方的农业灌溉也主要靠地下水，全用地下水的纯井灌面积已占全国总灌溉面积的 20% 以上。

一、供水水文地质勘察的任务

供水水文地质勘察工作的目的可归结为寻找和评价可作为各种用水的地下水源，并为取水工程的设计、地下水资源的保护与管理提供所需的水文地质依据。其具体任务如下：

（1）寻找地下水源，确定具体的开采层位和开发地段。

（2）计算地下水量，提出允许开采量，评价地下水水质。

（3）为取水工程的设计（如取水工程类型选择、工程布局形式、工程结构等）提供所需的水文地质依据。

（4）预测开发地下水水源可能出现的环境地质问题，并提出科学对策和预防措施。

二、供水类型的特点及其对水文地质勘察工作的主要要求

根据取水工程的规模、开采方式和开采强度的区别，可将供水方式分为以下三种类型。

1. 集中式连续供水

集中式连续供水是城市和大型厂矿企业的供水方式。其特点是：开采量常常很大（每天数万吨到数十万吨）；单位面积上的开采强度（开采模数）也很大；井群一般都在互相干扰的情况下连续工作；对水量的保证率要求很高（要求大于 95%）；对水质的要求也很严格。为了便于管理和节省建设投资，常常将取水工程集中布置于含水层（带）的某一地段，进行大降深、大流量的取水。其开采影响范围一般都波及整个含水层的边界。

鉴于这种供水方式开采规模巨大以及它在保证人民生活和生产正常秩序中的重要性，因此对该类供水项目的水文地质勘察工作，必须严格按照规范规定的勘察程序和勘察工作量进行。要求对水源地及其所在水文地质单元的水文地质条件进行全面、深入研究，以便正确选择开采层位和开采地段；作出可靠的水资源数量结论；对地下水水质作出全面评价；并为制定合理的开采方案、水源地卫生防护措施，布置地下水开采动态监测系统提供所需水文地质依据；对开采地下水可能引起的环境地质问题作出预测和提出防治措施。

2. 分散式间歇性供水

分散式间歇性供水是一般平原区农田灌溉供水（包括草原牧业供水）的主要供水方式。其特点是：在大范围内间歇性（或季节性）大量取水，对供水保证率的要求不高（一般为 75%），水质要求也不如集中式连续供水高。为减少输出渠道的渗漏损失，取水井常常是大致均匀地布置在含水层分布的整个范围内，就地开采就地灌溉。这种供水方式在一个点上的开采强度可能不大，但由于井数很多，故总开采量也很大。其开采影响仍将波及含水层的边界。

鉴于该类供水方式间歇性取水和供水保证率要求不高的特点，故只要做到开采量和区域水资源的年平衡（或多年平衡），即可保证取水工程的正常运行。因此该类供水项目水文地质勘察工作的主要任务是：查明区域水文地质条件，对区域地下水资源做出正确评价，并和水利部门共同制定出区域内各类水资源的合理调配方案以及合理开采地下水的井点布局方案，对开采地下水可能引起的环境地质问题也必须作出预测并提出防治措施。

3. 零星供水

零星供水是为解决缺水山区人、畜饮用、灌溉用水，需水量不大的厂矿用水的一种供水方式。其特点是总需水量不大（每日数百吨到两三千吨），一般只需 1～3 口水井（或其他取水建筑物）即可满足需水量要求。该类供水项目水文地质勘察工作的特点是：勘探和开采工作常常结合同步进行。在查明供水点附近地质构造、岩性、地下水补给条件的基础上，结合已有的水文地质勘察和水井资料，即可圈定出富水带范围，确定具体井位，并可探采结合成井。

第二节　基岩地下水富集理论

我国基岩区分布面积占陆地面积的三分之二以上，随着山区工农业生产建设和国防建设的日益发展，寻找、评价和开发山区基岩地下水便成为水文地质工作者的迫切任务。特别是在西部大开发战略和脱贫攻坚战中水往往是关键因素之一，找水打井开发地下水为有效解决当地群众农田灌溉、生产生活用水难题发挥了重要作用。基岩地下水包括基岩裂隙水和岩溶水两个类型，区别于孔隙水具有形成分布的复杂性和极不均匀性，基岩地下水的研究一直是水文地质研究的薄弱环节，找水难度大、成井率低是制约基岩地下水开发利用的关键。我国广大水文地质工作者在长期的生产和科研活动中，逐步探求基岩地下水的形成分布和富集规律，形成了以地质构造为主导，地层岩性是基础，水文气象地形地貌是条件的共同认识，在地质力学理论的引导下，初步形成了具有中国特色、创新的"地下水网络论""蓄水构造论"和"新构造控水论"三大控水理论体系，为我国基岩地下水的开发利用和研究奠定了理论基础，在理论和实践上都走在了世界的前列。

一、影响基岩地下水的主要因素

1. 岩性因素

岩石的岩性特征对裂隙水的形成有很大的影响，岩性特征决定着裂隙的成因类型（如成岩裂隙、构造裂隙、风化裂隙、溶蚀裂隙）、裂隙的发育密度、张开程度，从而影响岩石的含水性能。值得注意的是，岩性的影响只能导致不同类型岩层间含水性能差别，而不能造成同一岩层内部各部位性能的差别，因此岩性严格决定着区域含水性的好坏。即岩性在确定一个地区的层状或似层状含水层时，是一个重要的依据，但岩性不能解答裂隙水在同一岩层具体的富集部位。

2. 构造因素

构造因素对基岩地下水富集的重要影响，主要表现在以下 4 个方面：

（1）构造提供了裂隙水储存的空间。在坚硬岩石中构造成因的裂隙乃是各种成因类型裂隙中数量最多、分布最广、延伸最好、空隙较大的裂隙，所以是最有意义的含水空间。其他成因的裂隙大多只有在构造作用改造下具有含水意义。

（2）不同性质的构造裂隙总是有规律地出现于某一构造体系或某一构造形迹特定部位上，因此，构造条件直接控制着富水带的分布。

（3）构造控制着裂隙水的储存特征。储水环境对裂隙水储存富集、运移的影响是很重要的，假若没有储水的环境条件，裂隙空间也只能成为临时性的过水通道，储水条件对裂隙水富集的影响在补给量较大的地区（如地下水补给区）表现最为明显。没有适宜的储水条件，地下径流就很难相对集中富集。所谓适宜的储水条件，除地形条件外，主要取决于构造条件，如各种有利于地下水富集的向斜盆地或其他构造断陷，各种隔水岩层在空间上所形成的封闭环境，各种阻水界面（岩体、断层等）在垂直地下水流动方向上所形成的阻水墙等，都是明显有利的储水构造环境。

（4）各种构造的空间组合特征，在极大程度上影响着裂隙水的交替、聚集、补给条件，这些条件既控制着富水带的形成，亦控制着富水带的富水性大小。基岩地下水富集过程中构造因素的影响是最主要的因素之一，即区域地下水的分布规律主要受各种构造体系所控制，而裂隙水的局部富集主要受构造形迹所控制。

目前，在国内已形成多种学术观点，如胡海涛等提出的"地下水网络论"就是构造体系控水论的代表；肖楠森提出的"新构造控水论"以及刘光亚等提出的"蓄水构造论"都是属于裂隙水局部富集的构造控水理论。不论哪种观点，必须承认构造条件对裂隙水富集的重要作用，但也不能把构造条件的影响绝对化，忽视补给条件、水交替条件及各种原生结构裂隙对裂隙水富集的影响，如果不考虑这些因素的影响，也就把找水工作置于"张性断裂储水，压性断裂不富水，扭性断裂介于其间"的纯构造控水论的狭窄胡同中。

3. 水交替条件

水交替条件对裂隙水富集的影响，过去人们重视不足，而且常狭义地理解为"补给条件"，其实，水交替条件包括补给条件外，还包括了裂隙水流的循环方式、循环途径、深度及强度等方面，水交替条件对裂隙水富集条件的影响主要表现在以下几个方面：

（1）裂隙水交替强度极大影响着裂隙的张开度和连通性。裂隙提供了地下水流动与赋存空间；相反，地下径流又反过来对裂隙空间的扩展起促进作用。在可溶岩地区，水流的交替强度是促进岩溶发育的极重要因素，从某种意义上看，该因素比碳酸盐岩的矿物成分、化学成分、水的侵蚀性对岩溶发育的影响还重要。在难溶岩地区，地下水流的交替强度是岩石物理化学风化作用和冲刷作用加剧的主要因素。无论哪一种作用，其结果都是促进岩石裂隙进一步增多、扩展，连通性变好，含水性能改善，富水性增大，因此，通常在地下径流的局部或区域排泄区附近，岩石裂隙或岩溶发育条件最好，裂隙水最易密集。从地下水流网图来看，这些地区流线集中，等水头线密集，亦即说明这些地段径流集中，地下水流速大，径流条件好。在地下径流滞缓区、径流的"死角区"常发生水中的碎屑或化学物质沉淀造成裂隙的充填阻塞，如在分水岭地区以及几个径流的汇合区。

（2）水交替深度决定着区域主要含水裂隙带或富水带的分布深度。水交替的深度除与构造带发育的深度有关外，还与地下径流场内岩层的导水性和边界条件有关。也就是说岩石的区域渗透性越好，补给区和排泄区相距越远，水头差越大，则水交替深度越大。在不同地区，交替深度在弱透水岩层地区较小，在强透水的岩溶区较大，在深大断裂带附近交替深度最大，可达数千米。

（3）地下径流的特征直接控制着裂隙水的富集过程。其中最重要的是径流的汇流和阻水条件。汇流条件是指地下水径流经某处和向某处汇集的条件，裂隙水富水带总是出现在汇流条件最好的地方。裂隙潜水的汇流条件主要取决于地形地貌条件；对裂隙承压水除了与地形地貌条件有关外，与构造条件的关系更加密切，同时还与渗流场内的水流运动特征有关。裂隙水的阻水条件（或称储存条件）是指地下水在径流方向上受到阻止而相对集中的条件，表现为水位上升或以泉水溢出地表。地下水径流受阻原因很多，可以是因为某种阻水界面的存在，如阻水断层、岩层裂隙发育程度由强变弱、弱透水岩层、岩体、岩脉等；也可能是因为径流运动方向或速度改变受阻。一般情况下，地下径流越是受阻就越是富集，地下水受阻地带往往是地下水富集带。

（4）地下水流域的面积和补给强度直接影响富水带水量的多少。地下水流域的面积与地形有关，与构造条件关系密切，基岩地区地下水流域的范围常与地表流域范围不一致，经常是前者大于后者，但是若被阻水断裂分割时也可能出现前者小于后者的情况。在岩溶裂隙水地区，地下水流域面积往往出现随着补给强度的季节变化而变化，如岩溶潜水分水岭，在丰水季节出现而在枯水季节消失。在确定岩溶含水系统或进行区域水资源评价时，要特别注意区域内有无深度不同的循环系统，各个岩溶水系统的补给条件是否一致。因此，不能简单地根据浅部循环系统的潜水位来确定区域汇水面积。

从以上分析可以看出，岩性、构造、水交替条件等因素都不同程度对裂隙水的富集起着控制作用。在确定层状、似层状含水层的存在以及计算评价裂隙水资源时，要考虑岩性和水交替条件的影响，但在解决裂隙水特别是脉状裂隙水赋存的具体部位时，构造条件则是首要考虑的条件之一。

二、地质力学控水理论

刘国昌将李四光的地质力学理论应用于水文地质和工程地质研究中，科学系统地分析了构造断裂、构造体系及其复合关系的力学特征对基岩地下水赋存的控制作用和富水性，成为构造控水分析的理论基础。

（一）构造断裂的力学分析

1. 断裂的力学性质

按照力学性质，把断裂分成压性、张性和扭性三种基本类型。此外还有混合类型，如以压为主，带扭的扭压性；以扭为主，带压的压扭性；以张为主，带扭的扭张性；以扭为主，带张的张扭性等断裂。

根据力学分析，在同一构造应力场的作用下，在同一力学强度的岩层或岩体中产生的各种力学性质的断裂，其上的应力性质、大小是不同的，因而其闭合或开敞程度不同。按开敞程度，一般有：

（1）压性断裂＜扭性断裂＜张应力与剪应力配合下产生的张性断裂＜纯张性断裂。

（2）由压力产生的扭性断裂＜力偶产生的扭性断裂＜张力产生的扭性断裂。

不同构造体系都有各自的压性断裂、张性断裂和扭性断裂。按上述规律，在相同的岩层和岩体中，同一构造体系的不同力学性质的断裂和不同构造体系而相同力学性质的断裂的开敞程度不同，因而在有地下水补给来源的条件下，其导水性、富水性是不同的。但岩层或岩体的力学性质是多变的，地下水的补给条件往往也不同。因此，对于具体断裂的富水性还要做具体分析。

2. 断裂的两盘活动

断裂的两盘是相对活动的，但作用力与反作用力是矛盾对立的统一体，因而就有主动与被动之分。一般情况下，压性断裂的上盘是主动的，下盘是被动的，这是由于受力的边界条件引起的，在水平外力作用下，上部边界临空，上盘易向上滑动，因之上盘主动。俯冲断裂则相反，下盘为主动盘。正因为压性断裂上盘一般是主动盘，所以一般低序次的断裂在上盘发育，上盘较下盘富水。而俯冲断裂下盘一般是主动盘，但因上盘下滑还受重力控制，故低序次断裂的发生及其富水情况，应视具体情况而定。如果压性及扭性断裂形成以后还在继续活动，由于断面的弯曲而形成局部的空隙，这种空隙如与低序次的断裂相遇也可富水。

3. 断裂破坏特征

如果岩层或岩体的岩性相同，则不同力学性质的断裂的破坏特征是不同的。

（1）压性断裂。由于断裂面上剪应力及压应力均较大，故岩石被压得很破碎，在断裂面中便形成糜棱岩、断层泥。向两侧，依次常有呈一定规律排列的破碎角砾岩、挤压棱体及低序次的羽状断裂面（断裂、节理、破劈理等），低序次的断裂面比较发育。

（2）张性断裂。由于断裂面上具有张应力（或仅具有张应力），所以在断裂面中有大小不一的断层角砾，排列无序或略具一定规律。两侧低序次的断裂面一般不太发育。

（3）扭性断裂。断裂面上除有剪应力外，有时还有压应力或张应力，所以断裂面中有时有糜棱岩，两侧有时有呈一定规律排列的破碎角砾岩和棱体，有时只有如刀切的断面，但低序次的断裂则较发育。

根据断裂的不同破坏状态可以看出，如岩性一致，则就断裂面或断裂两侧影响带的裂隙率来说，一般都是压性断裂＜扭性断裂＜张性断裂，而张性断裂中尤以纯张的为大。因此，压性断裂阻水（某一盘仍可部分富水），张性断裂富水，纯张者更富水。扭性断裂则介于压性断裂与张性断裂之间。如岩性不一致，破坏状态就更复杂一些。一般弹脆性较大的岩石，裂隙较发育，富水程度较高。

4. 断裂的发育深度

断裂的发育深度，一方面与外力作用的边界条件有关，另一方面也和当时岩层或岩体所处的力学状态有关。由于岩层或岩体所处的力学状态与围压大小、温度高低、外力作用方式及时间等因素有关，所以就整个地壳而言，一般在地表是以弹脆性为主，在地表以下某一深度处则以弹塑性为主，更深则弹性更小。这样，在水平构造力的作用下，在地壳深部将首先出现塑性变形，而且以扭面的形式出现，形成压性断裂的边界条件较少，张性断裂当然更少。从地壳深部向上，压性断裂形成的条件逐渐增多，出现压性断裂，在地壳上部，则以脆性变形为主，多形成张性断裂。所以一般扭性断裂发育较深，纯张性断裂发育较浅，压性断裂介于两者之间。这样，扭性断裂就可能为地下水的深部循环创造条件；而张性断裂特别是纯张性的断裂就为地下水的浅部循环与储存创造条件。

5. 断裂富水的差异性

上述三种基本类型断裂的力学性质不同，其导水性就不同。同一基本类型的断裂，由于断裂面上正应力的性质及大小不同，或因属于不同构造体系，其导水性、富水性也不同；同一断裂中的各个不同部位，由于破坏程度不同，其导水性、富水性也不同。近代断裂活动程度不同，其导水性、富水性也不同。尚须注意断裂的隔水作用，如断裂的一侧为隔水岩层时，则形成隔水界面。

（1）三种基本类型断裂的富水性。

1）压性断裂的富水情况：压性断裂的导水性、富水性很差，因此可以认为压性断裂是阻水的，但在其一侧或两侧有地下水补给时，由于断裂面阻水，其影响带仍可部分富水。

2）张性断裂的富水情况：张性断裂的导水性、富水性很高，属于不同构造体系的张性断裂，无论其所切割的岩层的含水性如何，甚至是含水性极差的泥岩、粉砂岩或花岗岩、流纹岩等岩性中的张性断裂的富水性均较好。

3）扭性断裂的富水情况：扭性断裂的富水情况介于压性断裂与张性断裂之间。有时是富水的，特别是当扭性断裂成束时，有时是隔水的。

总之，压性断裂隔水，断裂带少水或无水，但有时一盘可富水。至于哪一盘富水，除了要看影响带中低序次断裂是否发育外，还要看地下水的补给来源和补给方向。一般上盘低序次断裂较发育，富水性较好；张性断裂富水，特别是上盘；扭性断裂则介于两者之间。上述富水情况是和它们的应力场相适应的，但富水性大小还要看岩性和地下水的补给条件。

（2）同一类型断裂富水的差异性。由于断裂面上所受正应力的性质（压、张）、大小不同，或因属于不同构造体系，其导水性、富水性也不同，表现最明显的就是扭性断裂。一般张扭性断裂的富水性要优于压扭性断裂；属于扭动构造体系的扭性断裂的富水性要优于线性构造体系的扭性断裂；而同一扭动构造体系的两组扭性断裂的富水性，也有优劣之分。

（3）同一断裂中各个不同部位富水的差异性。由于同一断裂不同部位的受力、破坏情况不同，不同部位的导水性、富水性也不同。上、下盘间有差异，距断面远近也有差异。对于压性断裂，断面阻水，但上、下盘的影响带仍可富水，且上盘大于下盘。对于张性或张扭性断裂，一般也是上盘富水。当然，断裂的哪一盘富水，除与两盘的主动、被动有关外，还要看两盘的岩性及地下径流的来源。

在横向上从距离断裂面的远近来看，压性断裂面少水或无水，向两侧还可以部分富水，特别是上盘；张性断裂面附近富水，向两侧逐渐减少；扭性断裂面可富水，也可不富水，一般压扭性断裂面中心不如两侧富水。考虑横向规律布置钻孔时，对于压性断裂，一般布置在上盘，距断裂面要有一适当距离；对于张性断裂，一般布置在断裂面附近及上盘的适当范围内；对于扭性断裂，一般两盘均可布孔，要注意具体情况具体分析。

在纵向上（深度上），富水性一般随深度的加深而变小，张性断裂更为明显。这是因为一般断裂越深越紧闭。

同一断裂由于其各段的力学性质不同，其富水性也不同。

上述断裂富水的一般规律，是就其力学特征而言的，对具体断裂，还需要观察其两盘的岩性特征，考虑含水、隔水空间的部位及其胶结程度，地形地貌特征，以及地下水的补给来源。断裂的力学性质，从其形成之日起，会受不同构造体系应力场的影响发生转化，转化后的力学性质对水文地质关系影响较大。

（4）尚在不同程度活动断裂的富水情况。近期活动或现在仍在活动的断裂，一般是富水的。因为断裂的活动使断裂带及影响带的裂隙率增大，在有补给的条件下，就会富水。不但张性断裂富水，扭压性断裂也富水。

（二）构造体系的力学分析

构造体系是大体上同一构造运动时期所形成的许多不同形态、不同力学性质、不同等级和不同序次的具成生联系的构造形迹的总体。这一系列构造形迹的规模大小不等，但具有一定的展布规律。这个总体是一定方式的区域构造运动的结果。在同一构造应力场所形成的构造体系具有一定的构造形式和构造格架。它们控制了岩体、岩层中地下水的补给、径流、富集和排泄条件。

构造体系的规模大小不一，运用构造体系的力学分析在较大的构造体系中寻找基岩裂隙水，往往具有战略意义。在岩性、补给条件一定的情况下，从同期构造裂隙的力学性质来看，断裂的富水性是：张性＞张扭＞扭性＞压性。运用构造体系的力学分析寻找构造裂隙水，就是以此为依据，寻找应力比较集中、破坏比较剧烈的地方，首先是张应力比较大而集中的地方，其次是剪应力比较集中的地方。如山字形构造的前弧顶、反射弧顶和盾地，帚状构造的突出部分和接近收敛的部位，棋盘格式构造两组扭面的交点，"人"字形构造的主、支断裂的交点等。如果构造体系现在仍在活动，则在有补给来源的情况下，其某些部位就更加富水。

（三）构造的复合关系

构造的复合包括构造形迹的复合和构造体系的复合，而构造体系的复合最终还是要以构造形迹的复合反映出来。

构造复合部位是应力易于集中、岩体易于破坏的地方，这就为地下水的运动、储存或受阻、堵塞创造了条件。

扭性构造归并到张性断裂中，会使地下水富集，但属于先张后压的归并，断裂面不富水。断裂不同形式的交汇部位，比单一地段更富水。在复合关系中，一般断裂越新，导水性越强，富水性越大。

（四）岩层或岩体力学性质差异性分析

由于岩层或岩体的力学性质不同，受相同外力后，产生变形的情况也不同，塑性较大、黏性较小的，易形成褶皱或微小剪切面；弹脆性较大的，则易形成断裂，特别是张性断裂或扭性断裂。因此，如两者相间成层，则受同一构造应力后，弹脆性岩层中便易形成断裂（软硬岩层相间时，应力更易集中于硬层中）。如有地下水的补给，则易形成构造裂隙含水层，甚至承压含水层。

（五）地质力学理论综合运用

运用地质力学方法在一个地区找水时，首先要分析结构面，特别是断裂的力学性质及其历次的转化，确定其最后转化的性质；然后确定构造体系类型及其所属断裂的性质（压性、张性、扭性）及构造体系的等级、结构面在各体系中的等级；进而确定复合类型及构造体系、结构面的形成先后，以及构造体系、结构面与地下水补给、径流、排泄间的关系。在正地形条件下，一般背斜或背斜一翼为补给区，向斜或向斜一翼为径流、汇水区，向斜倾没的方向或地势低下的方向一般为排泄区。高级构造体系往往对地下水起主要控制作用，低级构造体系仅仅在局部起作用。高级结构面控制大区，低级结构面控制小区。如地区只有一个构造体系或一个构造体系较突出，则高级构造体系易确定。如一个地区有几个构造体系，其强度几乎相等，则首先应分析各个构造体系形成的格架布局或组合形式，然后把体系中的结构面分级。从构造格架布局或组合形式可看出大区的补给区、径流区、排泄区，从而圈出汇水区。在汇水区，再结合结构面的分级控制及类型控制，划分富水地带及贫水地带，并根据复合控制、岩性控制划分富水地段及贫水地段，最后按复合关系、岩性、结构面产状及其密集程度找出富水地点及贫水地点。这样，就按构造分级控制、复合控制、结构面类型、岩性、断裂密集程度，把一个找水大区分为区、带、段、点。可以看出，分区等级越小，复合关系、岩性及小断裂影响作用越大。所以在小范围找水，除要详细地鉴定断裂的力学性质外，更多的是根据复合关系、岩性、断裂密集程度。可见，高级构造体系及高级结构面对找水具有战略指导意义，低级构造体系及低级结构面和复合关系则在战术上起作用。

胡海涛等将构造体系理论应用于基岩地下水研究，于 1980 年提出"地下水网络论"。指出地下水网络是由非均匀坚硬岩层中的含水裂隙组成的网层状或脉带状含水结构体，是地下水在岩层、岩体中按一定空间分布的导水结构面赋存、运移所形成的带状、网状或网层状含水结构体的总和，这种含水网络多发育于脆性及可溶性的岩层或岩体之中。带状水流的水动力学特征表现为非均一的各向异性，但具一定连续性；网状水流可视为不同方位、不同富水程度的水带交织构成的导水和蓄（储）水网络；网层则指裂隙及含水岩层。在地下水补给充足的地区，一定形式的导水网络与阻水网络（压性、压扭性断裂及隔水层）的组合配置便形成一定形式的蓄水构造。地下水网络基本平面模式取决于一定的构造形式，可分为"米"字形、"多"字形、"山"字形、"人"字形、棋盘格式构造及旋扭构造等；在构造体系复合地区，则为两种以上构造形式的复合叠加。"地下水网络论"已在水文地质勘察中经受检验，成为基岩地下水运移、富集和找水的基本理论之一。

（六）应用地质力学寻找构造裂隙水的分析工作

（1）确定断裂的力学性质、方位、上下盘，同时观察两盘的岩性及裂隙发育情况。有条件时，可借助抽水试验结果、泉水露头、岩芯破碎情况等确定断裂的力学性质。

（2）确定各种力学性质的断裂所属构造体系，确定存在的构造体系。

（3）确定各构造体系的共轭扭面，特别是扭动构造的扭面和扭面中的张扭面，因为它比压扭面富水。

（4）确定构造体系的复合关系，从中找出：

1）最新的构造体系、张裂面和扭裂面，或断裂面最后转化的力学性质。因为它们对水文地质条件影响最大。

2）张性与张性断裂（特别是同期的）的复合部位（如褶皱轴部），张性与压性断裂的复合部位，共轭扭面的复合部位。因为这些复合部位都是富水地点。

（5）当构造体系及其复合关系确定后，就可依据富水断裂所属的构造体系来寻找相似断裂及相似的复合关系。

（6）如能进一步确定构造体系的近期活动，对于寻找富水性较大的张裂面或扭裂面将更为有利。

（7）在塑性较大与弹脆性较大的岩层相间部位，应特别注意后者有无条件形成裂隙含水层。

运用地质力学分析方法找水，还必须密切结合地下水的补给、径流、排泄条件进行综合分析确定富水地段或部位。

三、蓄水构造控水理论

所谓基岩蓄水构造，是指有利于基岩裂隙水富集的地质构造形式。它不仅包括富水裂隙带本身，而且包括了与富水带形成有关的整个构造形迹或其相关范围。蓄水构造的构成一般需要三个基本条件或三要素。

（1）含水条件：由透水岩层或岩层的透水带构成蓄水构造的含水空间。

（2）隔水边界：由隔水岩层或阻水体构成蓄水构造的隔水边界，把地下水阻挡在透水层中，构成含水层（带）。

（3）补给循环条件：蓄水构造中的透水层必须具备地下水补给、径流和排泄的交替循环条件。

因此，蓄水构造也可以定义为：由含水层（带）、隔水层及补给条件构成的，能够在水循环过程中富集和储存地下水的地质构造。

根据蓄水构造的定义，在实践中总结出基岩蓄水构造主要有以下类型：单斜蓄水构造、褶曲蓄水构造、断裂蓄水构造、侵入-接触蓄水构造、岩脉蓄水构造以及联合蓄水构造等。

（一）单斜蓄水构造的富水规律

单斜蓄水构造是指沉积岩、层状火山岩、层状变质岩和层状侵入体同向倾斜时所构成的蓄水构造形式。其中可以包括若干个不整合面或某些岩层的局部坳曲段。

构造因素对单斜蓄水构造富水规律的控制作用，首先表现在由于构造应力状态的差异，而造成岩石不同的倾斜状态和不同类型的含水裂隙，岩层的不同倾斜状态还将对地下水的运动方式和富集过程产生决定性的影响，见表 7－1。

表 7－1　　　　　　　　不同倾斜状态下地下水的运动和富集条件

构造应力状态	岩层倾斜状态	主要含水裂隙类型	地下水运动方式	岩性组合特征	地下水富集条件
瞬时而轻微的挤压（或挤压初期）	近水平（倾角小于5°～10°）	两组平面X形剪裂隙和追踪张性裂隙	沿着扭裂隙走向或沿着下覆隔水岩层层面向低处运动	由单一的、透水性较强的厚层块状岩石组成（如砂岩、石灰岩或火山岩）	地下水主要富集于扭裂隙比较密集的汇水洼地或谷地中（含水带一般在风化影响的深度内）
				有隔水层存在	富水带可存在于当地侵蚀基准面以上有隔水层顶托的地方
持续而较强烈的挤压	缓倾斜（倾角为10°～45°或小于60°）	主要为层面裂隙，其次是层间滑动产生的张裂隙和两组平面裂隙	主要为与倾斜方向一致的水平径流（当岩层走向和地形等高线一致时）	由厚层塑性岩层、夹薄层硬脆性岩石组成	地下水主要富集于硬脆性岩石夹层中（沉积岩、火山岩、变质岩均适用）
				由单一的厚层透水性较好的岩石组成	地下水主要富集于径流前进方向有区域性隔水岩层阻挡的上游附近

续表

构造应力状态	岩层倾斜状态	主要含水裂隙类型	地下水运动方式	岩性组合特征	地下水富集条件
持续而强烈的挤压	陡斜（倾角大于60°）	层面滑动产生的张性裂隙为主，其次为层面裂隙	地下径流主要沿着岩层走向运动（岩层走向和地形等高线一致时）	厚层塑性岩层夹薄层脆性岩石	地下水主要富集于硬脆性岩石夹层中汇水条件较好的地方
				由单一的、厚层块状透水性较好的岩石组成	地下水主要富集于垂直走向的排水沟谷或横向断裂带中

其次，岩层的倾向和地形坡向的关系，也对基岩裂隙水的富集条件有较大影响。

在山区沟谷的中、上游地段，地下水富集的关键主要在于有无适当的蓄水构造条件。在透水和隔水岩层相间分布情况下，显然隔水岩层倾向上游时，有利于地下水的储存。当倾向下游时，一部分下渗水流易于沿着浅部隔水层坡向排出地表，或者顺层流向下游远方，故不易就地储存。此外，当岩层倾向和地形坡向相反时，层面裂隙在地面出露的数量将比倾向一致时多得多，故前者的补给条件亦比后者好。因此，一般岩层倾向上游将比倾向下游有利于地下水的富集。

但是，在沟谷下游的地势平缓地段，上述地下水的富集条件将产生转化。此时，有无强大的倾向（即上游）补给将是富水带形成的关键，因此岩层倾向下游又比倾向上游有利于地下水的富集。

以上讨论的是岩层走向和沟谷方向相垂直的情况。若岩层走向和沟谷方向一致时，一般地下水的补给和储存条件不如前一种情形。但由于地下水顺层运动的出现，在含水层的下游段或在其横向受阻的地方，地下水亦可产生局部的富集。

单斜岩层蓄水构造水量的大小，主要取决于主要含水层本身的裂隙类型、裂隙发育程度以及补给区大小。一般地，当主要含水层为石灰岩，且补给区较大时，水量最为丰富。已知这一类型水源地的最大开采量可达1万～3万 m^3/d。

（二）褶曲蓄水构造的富水规律

褶曲蓄水构造主要是指由沉积岩或层状火山岩层组成的、两翼比较开阔而对称的褶曲所构成的蓄水构造。对于其他构造形状复杂的褶曲构造，目前还缺少研究。

构造因素对褶曲蓄水构造富水规律的控制表现在两个方面：首先构造形迹的空间形态（如背斜、向斜及轴的倾没等）对地下水的补给、运移和聚积条件有极大的控制作用；其次岩层褶皱变形时，在构造形迹的某些部位出现的局部张性应力裂隙，常是地下水蓄存的良好空间。

褶曲蓄水构造可分为背斜和向斜两大类，两者的地下水运移和富集特征有本质上的区别，但又可相互依存并遵循一些共同规律。例如两翼比较开阔的褶曲的富水性将比两翼紧密时好；不对称的褶曲，缓倾斜翼的富水性较陡翼好；褶曲构造中含水层所占比例越大，则富水带水量一般也大；对于等斜褶曲，富水特征则和单斜岩层相似。

对于背斜构造，轴部和倾没端是两个最主要的富水部位。轴部富水主要是由于纵向张裂隙发育，并在地形上常为侵蚀谷地，故具备比较理想的储水空间和补给条件。由于纵向张裂隙随着深度增大而减弱，所以这类含水裂隙的深度一般均较小。在轴部富水带中水井的深度一般小于 100m。

对于构成分水岭地形的大型背斜，轴部纵向张裂隙带多被剥蚀，故无意义。此时在其翼部具有和单斜岩层蓄水构造一样的富水规律。

背斜构造不论级别大小，其倾没端常是最有利的富水部位，在这里既有各种张性裂隙发育，在地形上又比较低洼，因而整个背斜构造形迹中的地下水流都沿着层面和纵向张裂隙向着倾没端汇集，尤其是当有上覆隔水岩层阻挡时，更可形成理想的富水带。在我国这种类型的富水带相当常见，水量也很可观。

从供水意义上来说，向斜蓄水构造是最有价值的一种蓄水构造。由于两翼对称的向斜构造，地下水一般都是从两翼接收补给而向轴部富集，因此向斜蓄水构造总是给人们以轴部富水的印象。实际上，向斜蓄水构造的富水部位，视其构造形态、岩性特征、主要含水层在轴部的埋深等因素而有所不同。

（1）对于各种透水性比较均匀的含水层，当其在轴部埋藏不深时，则轴部普遍富水。反之，当其埋藏较深，则地下水将主要富集于盆地边缘、主要含水层与上覆隔水层接触面附近。至于主要含水层在轴部富水时的埋深界限，目前尚难具体确定。一般地，规模较大、两翼较缓的向斜构造，含水层在轴部之富水深度可以大一些；反之，两翼较陡、规模较小的向斜，主要含水层在轴部富水时的深度则小。在轴部主要含水层的构造隆起部位或上覆隔水层缺失的"天窗"区，常常既是地下水的排泄通道，也是较好的富水部位。

（2）对于含水性较差又不均匀的岩层（如某些粉砂岩、细砂岩、石英岩、层状火山岩），在向斜轴部虽普遍具有较高水头压力，但并不普遍富水，分散细小的水流，常常要借助轴部的张性或张扭性断裂破碎带，才可能构成富水带。

（3）当向斜轴部的主要含水层位高出当地侵蚀基准面时，只有在主要含水层以下具有较好的隔水垫层时，其轴部方能富水。

（4）当向斜两翼出露地面的标高悬殊，而产状又比较平缓时，可能出现一翼补给、另一翼排泄的情形，此时富水带一般位于排泄区一翼。

（三）断裂蓄水构造的富水规律

断裂蓄水构造是基岩山区打井时利用得最多的一类蓄水构造，它对于不同透水性的岩石都有富水的意义。其富水带水量大小，主要决定于断裂的力学性质、规模、岩石的区域含水性和补给条件等因素。已知该类富水带的开采量由每天几百立方米到数万立方米不等。

断裂蓄水构造富水的原因，首先是断裂作用所产生的密集裂隙或破碎带，提供了地下水富集的场所；其次是某些断裂的阻水作用，使地下水产生相对富集。

一般而言，压性断裂破坏程度最大，构造岩带物质细碎而结构紧密，故其蓄水条件最差；扭性断裂次之；在拉伸应力作用下，张性断裂破坏程度最小，构造岩带物质粗大而结构疏松，故其储水条件最佳。而断裂旁侧裂隙带发育的情况和储水条件正好与之相反——压性断裂最好，扭性断裂次之，张性断裂较差。但是某些上盘下落的张性断裂，在其拖曳弯曲段，由于更次级张裂隙发育，亦可存水。至于扭性断裂，当其密集成束出现时，也可构成良好的富水带。

对于不同的断裂，由于应力状态不同，旁侧裂隙的发育程度可以差别很大。当破碎带规模较大时，旁侧裂隙也相应较发育；对于同一条断裂，旁侧裂隙分布情况也不一样，多数断裂上盘较下盘发育；硬脆性岩石盘较塑性岩石盘发育；层状岩石盘较整体块状岩石盘发育。对于压性断裂，断裂面舒缓段较陡直段发育。这些规律也相应地体现在断裂两盘富水条件的差异上。

此外，从各类断裂在各种构造体系中所处地位来看，压性断裂富水带的规模常常最大，扭性断裂次之，张性断裂相对较小。

断裂除提供地下水储存空间外，某些断裂的阻水作用也是富水带形成的重要条件。例如压性断裂或一盘为隔水岩层的某些断裂，当其走向与地下径流方向相垂直时，将对补给区流来径流起着阻挡和相对富集作用，常常造成上游一侧地下水位显著抬高或呈泉水溢出。

在区域地下径流强烈的地区，判断断裂的具体富水部位时，应该特别重视上述断裂和区域径流的相互关系。如石灰岩地区，由于径流条件是岩溶发育的主要因素，因此凡是具有阻水作用的断裂，一般多在上游一盘富水。当其上游盘为弱透水地层，而又缺乏沿断裂带走向的补给时，下游石灰岩的富水性则显著变差。当断裂走向和地下径流方向一致时，一般只能在下游地区的上盘富水。

在区域地下径流微弱的地区（如花岗岩和片麻岩等），由于断裂带的侧向径流微弱，故在断裂富水带形成过程中，径流条件的影响相对较小，此时断裂的富水部位与旁侧裂隙发育盘位一致。

以上各种力学性质断裂所具有的储水特征，一般都只有在较近期构造运动（如燕山运动以来）形成或再次活动的断裂，才能最完善地表现出来，对于古老的断裂，应特别注意破碎带和旁侧裂隙带被胶结的程度和对富水性的影响。

断裂之间的复合关系对地下水富集条件的影响也很大。首先，不同方向断裂的交接部位（平面或剖面），经常构成较好的富水区；其次，不同时代、不同性质断裂重合时（即断裂结构面的归并），断裂破碎带的性质将发生改变。一般而言，压性断裂是各次构造运动的主结构面，规模最大、破坏程度最深，因此当压性断裂和其他性质断裂重合时，压性断裂的特征总是起支配的地位。后期的扭动不易改变前期断裂的性质，但先扭后张时，断裂则主要表现为张性特征，这种现象在平面和剖面上均可见到，并具有较大的富水意义。

（四）侵入-接触蓄水构造的富水规律

侵入-接触蓄水构造是指火成岩体和围岩之间所形成的蓄水构造。按接触的性质可分为侵入接触和沉积接触两大类。两类接触构造主要富水原因都在于火成岩体透水性较差，对围岩中的地下径流起着相对阻挡和汇集作用。对于沉积接触，它的储水裂隙就是围岩中的各种裂隙；对侵入接触，它的储水裂隙成因比较复杂，除围岩原有的各种裂隙外，还有侵入体的成岩裂隙和岩浆挤压作用下产生于围岩中的肿胀裂隙。此外，很多侵入体本来就是沿着断裂带侵入的，而后断裂又再次活动，因此增添了更多的储水空间。

侵入-接触蓄水构造的富水性，主要决定于接触的性质、围岩的区域含水条件和补给条件。很显然，在相同的围岩条件下，侵入接触的储水条件比沉积接触有利得多。在侵入接触中，接触面与断裂面一致时的储水条件又比单纯侵入接触时好。

围岩的区域含水条件直接影响富水带水量的大小。在我国富水意义最大的莫过于石灰岩和酸性岩浆岩侵入体所形成的蓄水构造，由于接触蚀变带内有金属硫化矿物存在，使活动于该带内的地下水酸度较高，侵蚀性较强，有利于岩溶作用的进行。在我国北方这种类型的水源地很多，某些水源地的已知开采量可达一昼夜 20 万 m^3 以上。

火成岩侵入体与变质岩或沉积碎屑岩之间，以及火成岩与火成岩之间的侵入接触蓄水构造由于围岩的区域含水性较差，在无断裂构造参与下，富水带的规模一般较小。

最后，补给条件也是该类富水带形成的重要因素，当接触带与地下径流方向垂直，侵入体位于下游一侧时，富水条件最为有利；反之则差。某些情况下，当下游一侧围岩透水性极差（如为板岩、片岩等）时，甚至可出现侵入体一侧富水的现象。当接触带与地下径流方向一致时，一般只能在接触带的下游地区或径流受阻的地方形成地下水的局部富集。

（五）岩脉蓄水构造的富水规律

岩脉蓄水构造主要是指一切岩石中的岩墙所形成的蓄水构造。在大面积弱透水地层分布地区和地下水深埋的石灰岩补给区，岩脉蓄水构造常常是地下水富集的主要形式。在我国的基岩山区中，已有成千上万的水井开采岩脉中的地下水资源。

岩脉的储水裂隙主要有：①岩脉侵入过程中挤压围岩形成的局部压扭和张扭性裂隙；②岩脉本身冷凝过程中形成的横向张性裂隙；③在后期构造运动中，脉壁两侧岩体常产生相对运动，出现低序次的羽状张性或扭性裂隙。以上几种裂隙经常是互相迁就、互相重叠。很明显，经过再次断裂作用的岩脉的储水条件较之无断裂作用的岩脉要好得多。山东地区一些岩脉水井的开挖资料说明，在无构造因素影响下，岩脉含水裂隙带的宽度一般仅0.1～0.3m。

岩脉蓄水构造按岩脉本身的透水性和对区域地下径流的阻挡作用，可分为阻水岩脉和汇水岩脉两大类。

岩脉脉体本身裂隙发育（接触带附近围岩裂隙亦较发育），对两侧透水性较差的围岩中的地下水起汇集作用，即为汇水岩脉。多数厚度不大，抗风化能力较强，以浅色矿物为主的酸性岩脉属于这种类型，常见的汇水岩脉有石英岩脉、花岗伟晶岩脉、钾长岩脉、重晶石岩脉和部分矿物成分较单一的辉长岩脉和苦橄岩脉等。

岩脉的裂隙主要发育在围岩接触带或脉体的外缘，而脉体本身裂隙不发育，岩脉对区域地下径流起相对阻挡作用，即为阻水岩脉。阻水岩脉的富水带一般位于岩脉上游一侧。多数力学强度较低，抗风化能力较弱，以暗色矿物为主的基性或中性岩脉——辉绿岩脉、煌斑岩脉、玢岩岩脉和华北地区石灰岩中常见的闪长岩脉都属于阻水岩脉。此外对于前述一些汇水岩脉，当其厚度较大（一般在 3～5m 以上）时实际上也是阻水的。因此在自然界阻水岩脉要比汇水岩脉分布广泛得多。

关于岩脉蓄水构造的富水性，对于汇水岩脉，因围岩透水性较差，故其富水性主要决定于岩脉本身的裂隙发育程度和分布长度；对于阻水岩脉，主要取决于围岩的区域含水条件和补给区大小。山东省水利部门的研究人员在分析大量实际材料的基础上，对岩脉中布井时的构造和补给条件提出一些具体的定量指标，如下：

（1）对于汇水岩脉，岩脉厚度一般不能大于 3m，下限可达 0.2m（小于 0.2m 时，汇水量有限）。对于阻水岩脉，厚度一般不小于 1～1.5m。

（2）在岩脉中布井时要求岩脉的长度不得小于 200m，补给区不小于 $0.5km^2$。

（3）岩脉走向和地形等高线平行时补给条件最好，斜交时的角度不能小于 45°。地面坡度一般不能大于 40°。岩脉走向和地形坡向一致时，只有在岩脉的低洼段富水。

（4）岩脉倾向上游时的汇水和阻水效果最好。向下游倾斜的角度一般不能小于 45°。

此外，在我国近年的勘探中还发现，大片侵入体中的石灰岩捕房体和透镜体、某些硅化或蛇纹石化的热液蚀变带以及混合岩中规模不大的瘤状侵入体也具有较好的富水意义，可暂把它们列入汇水岩脉蓄水构造。

（六）联合蓄水构造的富水规律

由两种以上蓄水构造共同构成某一富水带时，则为联合蓄水构造。联合蓄水构造是多数大型富水带的主要形式。它对地下水的富集特别有利，常见而意义较大的联合蓄水构造有：①单斜-断裂蓄水构造；②单斜-侵入接触蓄水构造；③褶曲-断裂蓄水构造；④单斜-岩脉蓄水构造；⑤岩脉-断裂蓄水构造。

以上几种联合蓄水构造，均是依靠前面一种蓄水构造完成地下水的主要富集过程，而后一种蓄水构造主要起强化富水带的作用。例如单斜-断裂蓄水构造中，地下水富集过程主要由单斜蓄水构造完成，而断裂附近的次级构造（如牵引背斜轴部、低序次裂隙带）常常是强富水段，是主要的宜井区。

除了上述与地质构造密切相关的蓄水构造外，对于水平岩层，主要形成滞水式和浸没式蓄水构造。滞水式水平岩层蓄水构造的透水岩层位于排泄基准面以上，靠底板隔水层阻挡，地下水滞留其上，形成上层滞水或悬挂潜水；浸没式水平岩层蓄水构造的透水岩层位于排泄基准面以下，处于浸没饱水状态；岩层风化壳由于风化裂隙发育，在一定的地形汇水条件下也能形成风化壳蓄水构造。

蓄水构造是地下水富集和储藏的场所，因此山区找水主要是寻找蓄水构造，查明蓄水构造的富水条件。

地层岩性是形成蓄水构造的物质基础，由于各地区分布的主要岩石类型不同，所以形成蓄水构造的条件也有差异，在各类岩石分布区寻找蓄水构造的方向也就不尽相同。

在可溶性碳酸盐岩类岩石大面积分布的山区，岩石透水性强，地形的控水作用显得不重要，地下水主要受含水层底板隔水层及侧向阻水体的地质构造形态的控制。没有隔水层及阻水体的阻挡，含水层不能蓄积地下水。这种地区缺水的原因主要是缺少隔水层及阻水体，所以寻找隔水层和阻水体是寻找蓄水构造的关键。这种地区最可能形成的蓄水构造有：水平岩层的滞水式及浸没式蓄水沟造、岩体阻水式蓄水构造、断层阻水式蓄水构造等。如果侧向阻水条件良好，往往可形成大型供水水源。由于可溶性岩石的透水性有很大的不均匀性，所以找到蓄水构造以后还要进一步研究它的富水带，形成富水带的部位通常为断层破碎带、褶曲轴部张力带、可溶岩层与非可溶岩层的接触带等。

在非可溶性的层状岩石大面积分布的山区，岩石的成层性是形成蓄水构造的重要因素。当透水岩层与隔水岩层互层时，最可能形成的蓄水构造有：水平岩层的滞水式及浸没式蓄水构造、单斜蓄水构造、向斜蓄水构造、背斜蓄水钩造、断层蓄水构造、岩脉及侵入接触带蓄水构造、风化壳蓄水构造等。如果地层岩性单一，则形成蓄水构造的条件较为不利，但若能注意在不透水岩层中寻找透水岩层，也有可能找到单斜型或褶皱型的蓄水构造。

在结晶的块状均质岩石大面积分布的山区，例如花岗岩地区，裂隙只发育在岩石风化带及局部的构造断裂带中，一般不具备形成大型蓄水构造的条件，但小型蓄水构造比较容易形成。最可能形成的蓄水构造主要有：风化壳蓄水构造、断裂带蓄水构造、岩脉蓄水构造及侵入岩体边缘的侵入接触带蓄水构造，尤其风化壳蓄水构造分布较普遍，在这种地区，供居民饮用的小型水源一般并不缺乏，缺少的是大中型水源，找水时应多注意研究风化壳、构造断裂带、岩脉穿插情况及地形汇水条件。

四、新构造控水论

（一）新构造与新构造分析

1. 新构造的概念

"新构造"一词最早由苏联地质学家舒尔茨（С. С. Шульц，1937）提出，1948年奥勃鲁切夫（В. А. Обручев）正式提出"新构造学"。我国新构造运动研究始于20世纪50年代初期，1956年中国科学院组织了第一次新构造运动座谈会，1957年中国第四纪研究委员会第一届学术会议，专门讨论了新构造运动及编制中国新构造运动图的问题。南京大学肖楠森在广泛实践的基础上，于1956年召开的第一届全国水文地质工程地质工作会议上发表了"新地质构造与水文地质条件"的报告，首次提出了新构造控制地下水活动的观点，经过数十年的研究和探索，逐步创立和完善了"新构造控水论"，在水文地质勘察，特别是基岩地下水找寻和开发利用方面取得了卓越成效。

地球自形成以来，经历了多次强烈的构造运动，就我国而言，研究的比较清楚、涉及范围较广的地壳构造运动有六次，即吕梁运动、加里东运动、海西运动、印支运动、燕山运动和喜马拉雅运动。通常把喜马拉雅运动简称为"喜山运动"，并定为新构造运动，指地球最晚一期的地壳构造运动。这一运动从大约7000万年以前的古近纪开始，直到现在还在活动。在这个漫长的地质年代里，地壳构造运动相当复杂。由于各地区地质发展的历史不同，地壳构造的基础不一，地质构造应力场组合应力作用的情况亦有所差异，再加上研究者的工作范围和所见到的新构造运动的现象有限，因此对新构造运动的起始时间和新构造的概念理解也有所不同。归纳起来有以下几种观点。

（1）第四纪时期发生的地壳构造运动称为新构造运动。

（2）新近纪到第四纪前半期发生的地壳构造运动称为新构造运动。

（3）从新近纪到现在的地壳构造运动称为新构造运动。

（4）从新生代以来到现在的地壳构造运动称为新构造运动。这是因为就全球范围来说，最新一次的地壳构造运动开始于古近纪，在新近纪末到第四纪初期乃是地壳构造运动最显著的时期，这一运动在整个地球上已经延续了7000万年，而且现在还在继续活动。

由新构造运动所造成的地层岩石和地貌的变形和破坏，如褶皱、拱曲、挠曲、断裂、掀斜等构造形态，以及随之伴生的岩浆侵入、火山喷发、地震活动等各种地质构造作用所留下的痕迹和形象，称为新地质构造（简称新构造）。毫无疑问，新构造控制着现代地形地貌的发育、冰川活动、河流迁移、海陆变迁、地下水的活动、油气藏的储聚运移、地热和某些矿产的分布，并且对人类社会的生产活动和生活环境也有直接和间接的影响。新构造研究对大型工程建设、核电站、地震预报、城市规划、环境及防灾减灾和砂矿分布等都具有实用价值。

在地震和工程地质领域常用的活动构造，则是现今仍在活动并影响到全新世（Q_4）的构造。燕山期及其之前产生的、新生代无明显再活动的构造称为老构造。

2. 新构造分析

新构造分析是以新生代地层中的地质构造为主要研究对象，同时对其他地质时代地层中的新构造形迹（主要是新构造断裂，也包括新构造运动中再活动的老构造断裂）进行分析研究，了解新构造活动和发生发展的规律及其形成机制，揭示新构造活动的本质，为解决人类生活、生产和科学研究中地质问题提供科学依据。随着人类环境问题的日趋严重，新构造分析方法越来越受到重视，在水文地质、工程地质、地震地质、灾害地质、矿产、油气田、地热等方面都有着广泛的应用。

（二）新构造断裂的基本特征

肖楠森通过长期的调查研究实践，总结了新构造断裂具有以下主要特征。

1. 有一定的方向性

我国位于欧亚大陆之东、太平洋之西，受太平洋板块向欧亚大陆扩张以及印度洋板块与欧亚大陆的强烈碰撞，形成了近东西向和近南北向两组左旋扭动构造应力场的共同作用，我国境内的新构造断裂的发育方向主要表现为 NNE 向（$0° \sim 45°$）和 NWW 向（$270° \sim 315°$），而以 NE20° 和 NW290° 两个方向为优势。新构造断裂一定的方向性对寻找、识别和分析新构造断裂及其特征，开展应用研究具有十分重要的意义。

2. 有特定的旋扭性

同样的，受上述两组左旋扭动构造应力场共同作用下，不管新构造断裂是近东西向还是近南北向，两盘运动方向一般都表现为左旋扭动，甚至新生代以来重新复活的老构造也表现为左旋扭动，这一特征是区别新构造与老构造以及老构造是否重新复活的重要标志。

3. 有不同的等级性

新构造断裂按照其发育的规模和历史，以断裂切割深度为主，配合断裂发育长度和宽度，把新构造断裂分为巨型、大型、中型、小型和微型五个等级。

（1）巨型新构造断裂。巨型新构造断裂发生发展的历史较长，有些是继承古老的构造断裂发展起来的，具有多期、多次活动并伴随各种岩浆上升，最终将导致基性和超基性岩浆侵入以至火山喷发。其切割深度大，一般都进入地幔，深达几十千米，在水平方向上宽可达几十千米至上百千米，长可达几百千米至几千千米，属深大断裂（即地壳断裂或岩石圈断裂）。如我国的台东断裂带、郯庐断裂带、贺兰山—六盘山—横断山断裂带等。巨型新构造断裂是由若干次级新构造断裂组合而成的。

（2）大型新构造断裂。大型新构造断裂切割深度也很大，一般能切穿盖层，达到结晶基底相当大的深度，少有岩浆和火山活动，更少出现基性和超基性岩浆侵入。深几千米至十几千米，宽度可达几千米，长几百千米，甚至更大。如我国的额尔齐斯断裂、黄河河套断裂、渭河地堑断裂、汾河地堑断裂、王屋山—羽山断裂、邢台—安阳断裂、兖州—霍邱断裂、茅东断裂等。

（3）中型新构造断裂。中型新构造断裂主要发育在盖层中，深几百米，甚至千米以上，切割许多地层岩体，宽几十米至百米以上，延伸长度为几十千米，甚至百千米。如我国徐州的废黄河断裂带、茅村断裂带等。

（4）小型新构造断裂。小型新构造断裂的深度一般不超过 500m，宽几米至几十米，甚至更宽，延伸长度可达几千米甚至几十千米。切割几组地层和岩体，分布非常广泛，断裂带错动距离很小，通常称为节理密集带。是基岩山区找水的重要对象，也是山区地下工程的灾害隐患，应予特别重视。如南京的北极阁断裂带、苏州灵岩山断裂带、洛阳龙门断裂带、云南路南石林断裂带、安徽黄山逍遥溪断裂带、江西庐山仙人洞断裂带、广东从化温泉断裂带等。

（5）微型新构造断裂。微型新构造断裂是一组密集细小肉眼不易察觉的平行剪裂面，过去常称为破劈理，大多分布在断裂带及其附近，是断裂多次活动的反应。切割一两组地层或岩体，深度浅，仅几米至几十米，延伸数十米，宽几厘米至几十厘米，多发育在比较软弱的岩层中。同一个断裂带，在薄层软弱岩层中形成劈理，而在厚层坚硬岩石中则往往形成比较宽阔的平行裂隙带，为同一应力场作用下，不同物理力学性质的岩层的不同力学效应。微型新构造断裂对分析构造的新老关系、促进裂隙水补给具有一定的意义。

4. 有一定的等距性

新构造断裂的各级等距性是由新构造运动的各种不同构造应力波腹所引起的。不仅新构造具有等距性，老构造也具有等距性，构造等距性已成为自然界的普遍现象。

不同规模不同等级的新构造断裂具有不同的等距性。

巨型新构造断裂的间距一般为 200～400km 以上，与地幔热对流的深度相当，形成内板块边界；大型新构造断裂的间距一般为 15～20km；中型新构造断裂的间距一般为 1～2km，小型新构造断裂的间距一般为 300～500m，中、小型新构造断裂对于地下水的探寻有着重要的实际意义。例如，南京鼓楼—北极阁断层，为一条近 EW 向压扭与张扭兼备的断层，向西经紫峰大厦、原南京牙膏厂、定淮门穿过秦淮河入长江，向东经海军学院、前湖、原南京手表厂、五棵松继续向东延伸，长度在 10km 以上，在这条断层上打成许多水井，包括：①南京丝织厂（$Q > 800 \mathrm{m}^3/\mathrm{d}$）；②南京鼓楼邮电大楼（$Q > 1000 \mathrm{m}^3/\mathrm{d}$）；③原南京牙膏厂（$Q > 500 \mathrm{m}^3/\mathrm{d}$）。在鼓楼—北极阁断层以南则以 400～500m 等距性分布着南大—北秀村隐伏断层、珠江路—清凉山断层、新街口—汉中门断层等一系列 NWW 向断层。在鼓楼—北极阁断层以北 400～500m 发育十四所—山西路—九华山—钟山南坡断层，在此断层带上，1972—1973 年在十四所办公大楼前红层中打成一眼井，出水量超 400m³/d。

微型新构造断裂的间距在数米以下，有的按 1m 等距，也有的按 0.5m、几十厘米、几厘米或更小的间隔等距。微型新构造断裂主要起透水作用，对基岩地下水补给有一定作用。

5. 直立性

直立性是指断裂面的产状很陡、倾角较高（70°<α<90°）。近乎直立的断裂面容易张开，有利于大气降水和地表水的垂直入渗补给，而且入渗补给的地下水，通过近乎垂直的渗透途径能很快到达地下水面。渗透途径短，渗透强度大，单位时间内补给的量就多。

6. 切割性

新构造断裂发生的地质时代最新，而且它运动的形式以扭错为主，所以它的切穿能力和扭错能力最强，对岩石的破坏能力也最强。如前所述，大的新构造断裂可以切穿新老地层和新老地质体（岩体、岩脉）、老构造单元和老断裂构造，有的甚至能切穿结晶基底进入上地幔。例如，我国东部发育的巨型郯庐断裂带，"逢山过山，逢水过水，一往无前"。不同方向上的新构造断裂也可以互相切割。

7. 有很好的延伸性

新构造断裂发生的时代最新，大型的断裂可以切错一切新老地层、老构造、新老地质体和地质构造单元，在水平方向上能稳定延伸数十千米、数百千米甚至数千千米，中型的断裂也能延伸数千米。新构造断裂的延伸性为追索和推测其在覆盖地段的发育提供了依据。

8. 有很好的连通性

新构造断裂在东西和南北方向上可以互相切错、相互沟通，在平面上形成棋盘格式构造系统，或者是方格网状的构造网络。断裂带一般均未胶结，而且很少有充填，特别是在深部常呈空腔状态，因此，这种断裂在地壳岩石中往往形成天然的地下管道系统，既可为地下水储存提供空间，又可为地下水运移提供通道。如同人体内的血管，大小互相连通。

9. 等深性

同一地区相同级次的新构造断裂，下切的深度大致也相同。例如，小型的断裂带呈400～500m等距分布，其理论上的影响深度是200m左右，实际深度要小于这一数值。1000m等距离分布的中型断裂其理论影响深度约为400m。断裂带随着深度的增加倾角逐渐变缓最后尖灭。

10. 等斜性

同期形成的同方向的新构造断裂，往往具有同斜或者等斜性的特征，它们的结构面产状大致相同。如南京市内北极阁，近SN向构造节理都向东倾斜，这一特征具有很重要的实际意义。有的地方断裂面的倾角很陡，有的是因为风化破坏或露头不好，断裂面的产状不易确定，这时必须扩大调查范围，查清楚附近区域性的新构造断裂的倾向，然后再确定需要定井位的某断层的倾向。如果把断层倾向弄反，则会造成定井失误的后果。在崖边、岸边以及山谷出口处选定井位时，要注意"点头哈腰"断裂或节理所造成的假象。

11. 大型以上的新构造断裂常有基性岩浆活动和地热异常

巨型和大型的新构造断裂常切入地幔或结晶基底，引起岩浆活动、火山喷发和地下热水、气的活动，中型的新构造断裂也深入地下几百米甚至数千米，导致地下水向深部循环。因此在新构造断裂带中常见到基性和超基性岩脉及其伴随的蚀变现象，且多有地热活动或温泉热水出露。

12. 具有一定的地球物理、地球化学和放射性异常特征

新构造断裂由于其岩石破碎、开放性质，具有透气、透水、含水、富水的水文地质特征，在地球物理、地球化学和放射性方面都存在明显的异常。一般在富水新构造断裂带上，电阻率往往呈现低阻异常特征，放射性富氡呈现高异常，同时表现出弱磁性、地震波不连续、微重力低等特征。在新构造断裂带上往往富氢、富汞等。这些特征都为运用地球物理、地球化学和放射性方法测定新构造断裂的存在和准确定位提供了条件和技术方法。

新构造断裂带主要特征见表7-2，为寻找和探测新构造断裂及其富水性提供了证据和技术方法。

表7-2 　　　　　　　　　　　　　　　新构造断裂带主要特征

种类	特征
水平方向	等级性、旋扭性、等距性、定向性、延伸性、连通性
垂直方向	直立性、切割性、等深性、等斜性
其他方面	岩浆活动及地热异常，特殊的地球物理、地球化学、放射性等异常

（三）新构造断裂的水文地质意义

众所周知，从地球发展演化的地质历史来看，不难发现新生代之前形成的沉积地层均已经胶结成岩，形成较为坚硬的基岩，新生代以来的古近纪和新近纪形成的沉积地层则为半胶结半成岩状态，而新生代第四纪的沉积地层除火山岩和化学岩外大多为未胶结未成岩的松散堆积物状态。同样的，不同地质时期的地质构造断裂和裂隙及其构造岩也呈现出充填、胶结、成岩和半充填、半胶结、半成岩以及未充填、未胶结、未成岩等不同状态，因此不同地质时期发育的无论是地层岩石还是构造断裂和裂隙，其含水、富水的空隙介质类型存在极大的差异。从李四光到刘国昌再到胡海涛以及刘光亚、廖资生、钱学溥等，从地质力学到构造体系，从地下水网络论到蓄水构造理论都强调过构造发育时代新构造断裂对地下水的储存和富集的重要意义。从这点出发就不难理解，为什么新构造断裂对基岩地下水的形成、赋存、运移和富集起着十分重要的作用。肖楠森经过几十年研究和实践创立的新构造控水论不仅具有地质历史发展的理论基础，同时也在生产实践中取得了丰硕的成果。

新生代以来发生的新构造运动及其产生的新构造断裂由于其发生发展的历史最新，产生的裂隙空间大多未被充填、未被胶结也未成岩，因此其具有良好的空隙空间，成为地下水形成、赋存、运移和富集的重要场所和通道。

肖楠森通过数十年的调查研究和实践总结新构造断裂具有方向性、旋扭性、等级性、等深性、等距性、直立性、等斜性等发育特征，同时具有切割深、延伸远、连通好、未充填胶结等介质性能，因此其透水、储水、导水条件较好，成为控制基岩地下水的形成、赋存、运移、富集和排泄的重要场所和通道。另外，第四纪以来由于地壳的升降运动和所产生的断块垂直差异运动，也直接控制着松散层地区孔隙含水层的埋藏与分布。新构造控水论的提出，从根本上揭示了地下水分布的普遍规律、埋藏条件和运动特征，为有效地寻找和开发利用地下水资源提供了指导性的理论依据。

（四）新构造断裂的富水特征

新构造断裂的富水特征主要表现在以下方面：

1. 新构造断裂富水性分段特征

新构造断裂虽然是富水优势断裂，也往往只是某些段或某些部位含水，而不一定全部都含水。含水的部位也不是各处富水性都相同。大断裂的各个部位一般受力不均匀，所以其各部位发育的裂隙性也不相同，富水性也就不均匀，这就存在断裂富水性的分段特性。例如压性断裂，在其断裂面的某些部位也有受局部张应力影响的松动带，诸如舒缓波状断裂的平缓段、断裂面转弯的地方、主干断裂与分支断裂交会的地方等。另外，当一条断裂切穿不同岩性的多种地层时，岩性的不同导致断裂不同部位裂隙的发育差异明显。

2. 新构造断裂富水性的水平分带

断裂带的宽度为断裂破碎带宽度与断裂影响带宽度之和，沿断裂两侧岩体的结构（裂隙发育特征）和断层岩的类型呈现明显的分带性（表7-3）。各带的宽度随断裂性质、断裂周围岩体的性质和规模的不同而变化。这种岩体结构和岩石类型的分带性决定了地下水在断裂带内与之相应的分布上的分带性。由表7-3可知，断层影响带的中间带富水条件是较好的。

表7-3　　　　　　　　　　　　断裂带结构水平分带

断裂带结构水平分带		地　质　特　征	
		结构特征	断层岩类型
断裂破碎带		结构面无序分布，组成物为泥夹块、块夹泥	主要为断层泥、断层角砾岩、断层糜棱岩，部分为断层碎块岩
断裂影响带	严重	结构面密网状、碎块状，碎块间有时有泥岩碎屑	主要为断层碎块岩，少量为断层泥
	一般	结构面较发育，碎块大，碎块咬合	主要为断层碎块岩，部分为断层碎裂岩
	轻微	节理间距大，碎块无错位，保持原岩结构	断层碎裂岩

3. 新构造断裂富水性的垂直分带

受断裂带垂向上发育以及地应力差异和分带特征影响，新构造断裂富水带在垂向上同样呈现出不同深度上的富水性以及水动力条件和水化学特征差异，具有明显的分带性特点，自上而下主要分为三个水文地质分带（图7-1）。

（1）入渗带。该带位于地面以下浅部，深0~50m，地下水以垂直运动为主，水量不大，水质浑浊，易被污染。

大气降水、汇集的地表水夹杂着泥沙、固体颗粒和碎屑（包括动植物碎片和

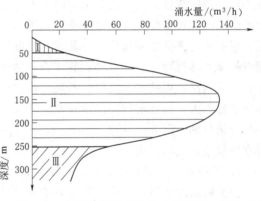

图7-1　新构造断裂富水带垂直分带示意图
Ⅰ—入渗带；Ⅱ—径流带；Ⅲ—滞流带

低等植物孢粉等），沿着张开的构造裂隙和各种风化裂隙垂直下渗补给地下水。水中溶解有大量大气成因的O_2、CO_2等气体，在下渗过程中溶解了有机酸，使水带有侵蚀性和较强的溶蚀能力，加速表层岩石的风化进程。有时能将岩石中的铁、锰物质淋滤以低价离子带走，使裂隙两壁岩石褪色、变色。水经过微细裂隙的过滤、黏土颗粒的吸附、阳离子交替吸附作用、低价金属离子经氧化成高价离子发生沉淀作用等，使水得到净化，水中的固体颗粒和有害物质基本上被消除；同时，当水运动到该带下缘，由于氧气消耗殆尽，在缺氧环境下，有害细菌无法生存，从而使水无菌无毒。通过这一带的过滤、净化使水质澄清、卫生。

（2）径流带。该带一般位于地面以下50~60m至200~250m深度不等，在此范围内，地下水一般以水平径流为主，水量丰富，水质好，不易污染。

由入渗带垂直入渗向下运动的水流，当其达到地下水面以后，即开始做水平运动。由于断裂带中这一段处于空腔状态，有利于地下水的流动，水中溶解的 CO_2 能够对裂隙继续进行侵蚀，再加上地下水流的机械冲刷作用，使得缝隙不断扩大，这不仅拓宽了地下水运动的通道，同时也扩大了地下水储存空间。这一带是断裂带中最富水的地段，水量最多，水质最好，也是打井取水最佳的空间段。个别大的新构造断裂带主要出水段可深达 200～300m。例如南京梅山铁矿，在 200m 深处，裂缝宽达 5～8m，在井下跨过断层要架桥，至 300m 以下才闭合。南京周村石膏矿 1 号竖井，1971 年在 297m 深处遇到 NE20°和 NW290°两组断裂交会点，引起矿井突水，大水冲开 20cm 直径的口子，流量达 305m³/h，很快将矿井淹没，静水位为 42.4m，用 4 台 8JD 泵（每台排水量 80m³/h）抽了好多天才把竖井中的水抽干，结果将邻近西北方向的杨庄泉以及 4km 外的江嵊泉都抽干了。1972年春节，停泵 10 天，泉又恢复了出水，矿井的水位又恢复到原来位置，结果是堵不住，排不干，只好将这口竖井报废。

（3）滞流带。滞流带深度在 200m 或 250m 以下，裂隙中含水很少，水的运动性很差。

在巨大的围岩压力下，断层裂缝逐渐闭合甚至尖灭。地下水本身是一种溶剂，经过 100～200m 深度的渗透途径，水中溶解的物质越来越多，矿化度越来越高，由于此时裂缝小，且裂隙数量少，使地下水运动不畅，水岩作用的时间长，水中溶解的某些矿物或组分不能及时被流水带走，使之逐渐达到饱和，在适当的水文地球化学环境下，开始析离沉淀，在裂隙的两壁形成缟状、钟乳状、纤维状、梳状、晶簇状和无定形的矿物细脉，有时能将裂隙下部填死，形成方解石脉或石英脉等。这些化学沉淀物大多为石膏、方解石、白云石、菱铁矿、褐铁矿、石棉、石英、蛋白石、玉髓、玛瑙等。在这一带中打成的水井，不仅水量不大，而且水质往往也较差。例如 20 世纪 70 年代初，某水文队为南京老山林场平坦分场打的一眼井，井深 352m，地层为寒武系硅质灰岩，抽取的是灰岩岩溶裂隙水，但水质很差，无法饮用。

（五）影响新构造断裂富水性的主要因素

大量的实践证明，新构造断裂只能从总体上对地下水资源蓄积起到控制作用，对于具体的断裂，并不是所有的新构造断裂都富水。清醒地认识到这一点是非常重要的。

在凿井过程中，同样是凿在新构造断裂带上，有的钻井涌水量很大，而有的钻井水量很小，甚至无水。这并不等于新构造控水论有问题，而主要是没有研究清楚哪些因素直接和间接地影响新构造断裂富水，新构造断裂富水与否主要由以下几方面因素所决定。

1. 断裂的力学性质

扭张性断裂即剪张断裂最富水，张扭性断裂次之，尤其是多次活动的扭张性断裂其富水性更佳。实践证明，不论在什么地质条件下，只有具备一定规模的扭张性断裂才能最富水，这是一条最根本的控制因素。无论什么地层岩石，在强大的压扭应力作用下，最容易遭到破坏，其破坏过程首先是岩石块体被压裂破碎，而后被剪应力切错位移，最后张开储水，所以透水性与富水性超过其他性质的断裂是必然的。纯粹由拉张应力所产生的断裂，切割不深，延伸不远，透水性、导水性、富水性均较差，只有扭张性断裂才具有切割深，延伸远，透水性、导水性、富水性均较好等特点。

2. 断裂所通过的岩性

发育在坚硬、脆性岩层中的新构造断裂比较富水。大量事实证明，力学性质相同、规模大小相等的新构造断裂带，如果发育在坚硬、脆性岩层地区，其富水性远好于柔性岩层中断裂带的富水性。如果上述断裂发育在软硬相间的地层中，则富水性也很差。坚硬、脆性岩石往往以破裂形变来释放应力，而柔性岩石往往以塑性形变来消减应力，结果形成上断下连或者下断上连，因而透水性和富水性差。

3. 断裂带规模大小

断裂带的规模越大，即断裂带越宽，切割越深，延伸越远，越富水。不同岩性对于选定井位时所要求的断裂带规模也不同，一般断裂带宽（包括影响带）应在 5～10m 以上。

4. 地下水的补给条件

断裂带中裂隙水补给条件越好越富水。相同性质、相等规模的断裂带在南方潮湿多雨地区与北方干旱少雨地区富水性就不一样，前者优于后者；发育在低洼地区与发育在山顶上的断裂带富水性也不一样，前者也优于后者，因为前者地下水补给条件好。所以，打井取水时一定要考虑地下水的补给条件。

5. 断裂发育的时代

一般而言，古近纪所产生的断裂如果后期没有再活动，则断裂带基本胶结或半胶结，故富水性差；新近纪所产生的断裂，大部分未胶结，局部可能半胶结，富水性较好；第四纪以来所发生的断裂几乎都没有胶结，所以富水性最佳。

五、三大控水理论的水文地质意义及基岩地下水研究发展方向

（一）三大控水理论的水文地质意义

人们习惯地把地下水网络论、蓄水构造论和新构造控水论并称为我国三大找水理论，其实质都是以地质力学理论为核心，具有三个层次上的意义。

1. 地下水网络论

地下水网络论是胡海涛、许贵森先生 1980 年提出的，是以不同构造体系中非均匀坚硬岩层发育的裂隙所组成的网层状或脉带状含水结构体，控制地下水形成、分布、运移和排泄特征。地下水网络论在构造控水理论中具有区域性宏观上的战略意义。

2. 蓄水构造论

蓄水构造论是以刘光亚、廖资生、钱学溥等为代表的一大批水文地质专家多年找水实践理论总结形成的，指由含水层和隔水层相互结合而形成的能够积蓄地下水的地质构造。蓄水构造论在构造控水理论中具有地区性的战术意义。

3. 新构造控水论

新构造控水论是肖楠森毕生找水及地质工程实践的理论总结，指基岩地下水的富集主要受控于新生代以来形成的构造断裂。新构造控水论在构造控水理论中具有局部细观的战术意义。

新构造控水论的必然性和科学性主要体现在以下三个方面：

（1）我国的找水实践统计，基岩区 80% 以上的富水钻孔均打在断裂带上。

（2）地质历史作用的结果，富水介质空间主要为新生代未成岩、未胶结、未充填的断裂破碎带。

（3）构造体系、地质构造在一定程度上控制地下水的区域循环以及补给、汇水条件，新构造断裂则控制着地下水径流汇聚过程和强化富集作用。

（二）基岩地下水研究发展方向

目前，基岩地下水仍是水文地质研究中的薄弱环节，未来基岩地下水研究的发展方向可能包括以下方面。

（1）基岩地下水的形成、运移机理的研究将受到水文地质学者的关注，裂隙水科学体系将更加完善。

（2）基岩地下水控水和富集的理论需要水文地质工作者进一步研究、发展和完善，为人类供水发挥更大作用。

（3）基岩地下水编图方法需要改革过去传统的方法，更有效地指导人们寻找和勘探基岩地下水。

（4）计算机科学技术与水文地质学的有机结合，将使基岩地下水的评价方法有更大突破。

（5）岩溶裂隙水中的水岩作用对碳循环影响程度的研究将会引起水文地质界的关注。

（6）新的遥感技术、同位素技术及地球物理勘探技术将会被广泛地应用到缺水山区找水工作以及基岩地下水研究工作中，发挥更大作用。

第三节　供水水文地质勘察要点

一、供水水文地质测绘的基本要求

供水水文地质测绘的主要任务在于，通过对地面地质现象和地下水露头的调查分析，确定出区域内有无开采价值的含水层位（或富水带），以及这些含水层（带）的分布范围、埋藏条件和边界的特征。并根据含水层（带）的分布规模，孔隙、裂隙、岩溶的发育程度，已有井、泉流量等资料，对含水层（带）的储、导水性能作出定性判断，再结合对地下水补给条件的分析，对测区内地下水资源作出概略的结论。

供水勘察的各个阶段，都离不开测绘工作所提供的地质和水文地质基础资料。但是一般而言，测绘工作将主要用于供水勘察的区域普查（规划或选厂）和初步勘察阶段，它既是初步认识区域地质及水文地质条件的主要手段，又是其他一切勘探、试验、观测工作布置的依据。而详细勘察和开采阶段，除地质条件极复杂的基岩区外，一般都无须再投入测绘工作量。为了完成供水水文地质测绘的主要任务，在水文地质测绘时，任何地质-水文地质现象的研究都必须考虑到它们与地下水埋藏、分布、运移、富集和水资源数量的关系。但是对于不同类型地下水分布区，供水水文地质测绘中调查研究的问题应各有侧重。

基岩山区的水文地质测绘，首先应宏观分析区域构造体系（或构造格局）与区域地下水补、径、排条件和富集条件的关系。然后通过岩性、局部构造、补给条件的分析，确定出地下水赋存的具体部位（地层层位或构造部位）。岩性条件的分析，主要是确定区域内有无层状或似层状含水层存在的可能。地质构造条件的分析在于确定可以存水的张性裂隙发育的构造部位，以及有无有利于存水的构造环境。良好的蓄水空间、有利的储水环境，再加上有利的补给条件，就提供了地下水在某个地层层位或构造部位富集的可能。

对基岩裂隙岩溶水富集条件的研究表明，局部地下水的富集，不仅与大的构造形迹有关，而且经常与一些微小构造形迹有关。如主干压及压扭性断裂旁侧的张性或张扭性断裂、牵引褶曲的轴部，狭窄而延伸并不太长的石英岩脉、伟晶岩脉脉体本身以及许多基性岩脉的旁侧常常是很好的富水部位。因此，对于这些微小而有储水意义的地质体，不管在进行哪一种比例尺的水文地质测绘时，都必须注意研究并在图上加以表示。岩溶地区的供水水文地质测绘，应把工作的重点放在与岩溶发育相关因素的研究上。这些因素主要是岩性、构造、水化学和水动力条件，以及岩溶发育的历史过程。在地面及地下的各种岩溶形态则是这些因素共同作用的结果。岩溶区的供水水文地质条件，主要决定于岩溶发育的强度与分布规律。故在进行水文地质测绘时，除了做好一般的地层、构造、岩溶点调查外，还应该特别重视碳酸盐岩结构、矿物成分与岩溶发育类型和层位关系的研究；重视区域岩溶水动力条件、水循环系统与岩溶发育部位和强度关系的研究；重视古代岩溶与现代岩溶发育关系的研究。也就是说，实验室的工作、综合分析的工作在水文地质测绘中占有很重要的地位。

平原区的供水水文地质测绘，由于地层平缓天然露头剖面较少，因此应该把测绘工作的重点放在地貌条件和代表性地质剖面的研究上。地貌类型可以反映出第四纪沉积物的成因类型、沉积物的分布范围以及内部结构特征。如果再有 1～2 个代表性方向的区域地质及水文地质剖面的配合，就能迅速地判明区域含水层的类型、分布范围、边界位置和性质，满足进一步勘探、试验工作布置的要求。因此，在平原或河谷地区，有了初步勘察阶段的水文地质测绘成果后，通常无须再进行详细的测绘工作。

在编制供水水文地质勘察设计时，还必须确定水文地质测绘的范围（或勘测范围）。如果测绘范围过大，则造成浪费；过小，又难以查明区域地质和水文地质条件，满足不了资源评价或设计需水量的要求，甚至在详细勘察阶段之后还不得不扩大或另外开辟新的勘察区。小则延误了勘察工期，大则改变整个供水勘察方案。

测绘范围的大小，主要决定于需水量的大小、当地地下水天然资源的丰富程度以及供水勘察的阶段。对于较大的供水工程项目（如日产水量 1 万 t 以上的水源地），在规划（选厂）和初步勘察阶段的测绘范围，至少要求包括完整的水文地质单元。当不能满足需水量要求时，应扩大为两个或更多个水文地质单元。水文地质单元内的地下水量，可参考已有水文地质区测绘报告所提出的水量数字，或用简单的均衡法，或用类似地区的地下水开采模数比拟估算。当设计需水量不大，而含水层延伸范围广阔时，则应根据开采时可能波及的范围（即可能的开采补给范围）来确定水文地质测绘的范围。

根据我国一些裂隙岩溶水源地供水勘察的经验，在规划或初步勘察阶段，日产水量在 5000t 以下的小型水源地的水文地质测绘范围，一般在几十平方千米至百余平方千米；日产水量 1 万～5 万 t 的中型水源地，测绘范围常为 $100～500km^2$；日产水量 10 万 t 以上的大型岩溶水源地水文地质测绘范围，常常要达到 $1000～3000km^2$。实践表明，只有通过范围较大的调查，才能可靠地确定含水层（带）的边界条件和补给范围，才能满足资源评价及水量均衡计算的要求。

当勘察工作已进入详细勘察阶段后，水文地质测绘的范围可适当缩小，其测绘范围略大于地下水资源计算模型的外围边界即可。

二、物探方法在供水水文地质勘察中的运用

在供水勘察中，物探方法主要用于以下几个方面。

(1) 在水文地质测绘中，可以广泛使用各种地面电法来探测隐伏的地质体及各种地质界面，也可使用重力、磁力和地震勘探方法来探测覆盖层厚度、基底起伏和基底断裂。近年来航空物探技术也开始应用于供水勘察，例如可以使用红外技术来寻找和圈定地下水分布区、海（湖）底的冷水和淡水泉眼、有热异常的污水体和河渠两侧的淡水体。此外，航空雷达图像和航空电磁勘探技术也正在逐步应用于水文地质勘测。以上物探方法的应用，不仅可减少水文地质测绘的野外工作量，而且可以大大提高测绘成果的精度，提高地质推断的可靠性。

(2) 某些物探方法可以直接用于寻找地下水源，确定含水层和富水带位置，从而可以为水文地质勘探孔（或水井）的布置提供可靠依据。目前应用比较普遍的物探找水方法有：激发极化衰减法、各种自然电场法、各种核技术找水方法等。例如运用放射性 γ 强度测量法、α 径迹法、^{210}Po 分析测量法，寻找隐覆于松散沉积物之下的基岩脉状富水带，常有其他方法所不及的效果。

(3) 各种物探测井技术与钻探配合能可靠地划分钻孔的岩性剖面，确定含水层（带）、岩溶发育带、地下咸淡水界面位置。目前比较广泛使用的有自然电位测井，电阻率和井液电阻率测井，中子测井，γ 及 $\gamma - \gamma$ 测井，声波、井径和温度测井等。各种方法的相互配合，常常可以弥补钻探取芯不足所造成的地质遗漏，甚至可以起到钻探起不到的作用，如用井下电视和多种测井技术可以准确地确定出含水裂隙和溶洞位置。

(4) 用物探方法直接测定含水层的某些水文地质参数。通过试验，目前已证明效果较好的方法有利用钻孔流速仪直接测定含水层中地下水的流速，用井孔充电法测定水的流速、流向，用井液电阻率法测定地下水的矿化度和钻孔流量，用自然电场法测定潜水流向和抽水井的影响半径。此外，还可以用中子测井（又称密度测井）和地震折射法来测定岩层的孔隙度。但以上方法目前都还只能和其他水文地质试验方法配合使用。

物探方法虽然能够解决多种水文地质问题，但能否达到预期效果，还决定于当地的使用条件。物探方法要取得预期效果，就要求探测对象与围岩之间必须有一定的物性差异，并且这种差异能在所探测深度内有明显的异常显示，同时这种异常显示能与其他自然以及人为干扰因素很好地区别开来。

此外，为使物探工作取得预期效果，还要求水文地质人员做好以下两方面工作。首先要根据初步了解地质-水文地质情况、物理场特征，针对所要探测的问题选择出有效的物探方法，并提出物探测线、测点的正确布置原则。在某些难以判断方法有效性的情况下，可通过试验研究后再选择出适合的方法。为提高探测成果的可靠性，最好能利用多种物探方法来解决同一问题。其次，水文地质人员应该配合物探人员一起进行测量成果的解释。必须针对测区的具体地质、水文地质条件（或物理场特点），充分利用、对比已有钻探成果，才能因地制宜地制定出正确的物探成果解释标准，提高地质解释的可靠程度。

三、供水水文地质勘察中钻探工作布置原则

在供水水文地质勘察工作中，钻探占有最重要的地位，这是因为：①钻探是验证地质测绘和物探工作结论和直接揭露含水层（带）的最可靠手段；②含水层（带）的水质、水

量以及资源评价有关的主要水文地质参数，一般都是通过钻探或利用钻孔进行水文地质试验所获得；③在"探采"结合的勘察项目中，钻孔本身就是未来的取水工程；④钻探是各种勘察手段中最费钱、最费时间的工作。因此，钻探工作布置和设计上是否合理，是能否以较少投资获得必需的水文地质勘察资料的关键。

钻探工作的布置原则，决定于不同勘察阶段所提出的主要水文地质任务，即要同时考虑某一勘察阶段开展多种水文地质调查工作的要求。现主要以集中式供水水源地的勘察为例，来讨论供水钻探工作的布置原则。

在城市规划设计（或选厂）或农田供水的区域水文地质普查阶段，钻探工作的主要任务是以少量钻孔配合地质测绘与物探工作，以查明区域内水文地质条件总的变化规律，对区内可能的富水层位、地下水资源总量及其开采前景作出概略的评价。故本阶段的钻探工作，应沿着区域内水文地质条件变化最大的方向来布置，在确定钻孔位置时，要考虑揭露区域内最有希望的含水层（带）。

在供水水文地质初步勘察阶段，钻探工作的主要任务是取得区域内几个可能开发地段的地下水水质、水量和开采条件的一般性资料，以便为不同取水方案（或水源地）的比较和从中选取最优开发地段提供水文地质依据。为此目的，钻探工作只能分散布置在几个可能的取水地段上。钻探工作总量虽较前一阶段增加，但对每一个取水地段来说，钻孔仍然是少量的，故钻孔主要应布置在水量有代表性和控制意义的地段上。当不进行取水地段（或取水方案）的对比时，本阶段的钻探任务将是确定开发地段的范围，并按本阶段地下水资源评价方法的要求来布置钻探工作。

在供水水文地质详细勘察阶段，常常是投入最多钻探工作的阶段。本阶段钻探工作的主要任务是要取得已定水源地地下水资源评价（包括水质评价）所需的含水层内、外部边界资料和水文地质参数资料，以及取水工程布局和结构设计上所需水文地质资料。

为了确定资源评价（或水量均衡计算）的范围，建立正确的水资源计算模型（或选择解析法的计算图式），必须对区域内含水层的主要内、外部边界的位置和性质，通过钻探或钻孔中的水文地质试验可靠确定。例如，对于一些重要的隔水边界和定流量边界，常常需要在靠近边界的两侧布置钻孔，通过内侧钻孔的抽水试验，根据 $S-\lg t$ 曲线的性状以及边界两侧地下水位的变化来确定其隔水性质。

为了查明河流、渠道等地表水体以及上部强透水层对开采含水层的补给，也常常需要垂直上述补给边界布置专门的勘探线或在补给天窗中布置勘探试验钻孔。

当采用数值法和电网络模拟方法来评价地下水资源时，为了建立计算模型或电网络模型，常常需要布置专门的控制性钻孔，以取得渗流场的水位资料和导水系数与给水度（储水系数）等水文地质参数资料，其勘探工程应能控制计算区内地下水位和参数的变化。此外，当用第一类边界（已知水位边界）进行计算区的水位预报时，为取得边界上的水位变化资料，有时也需布置专门的水位观测钻孔。有时为了给出弱透水边界上的单宽流入量，还需在外围的弱含水层中布置专门的勘探线。在某些地区，当其开采量主要由侧向的地下径流组成时，则应专门布置计算侧向径流量的勘探线。

在某些水文地质条件复杂的地区，为了评价地下水资源而需要进行井群试验——开采抽水试验时，也设计一些专门用于抽水和观测水位的钻孔。

　　详细勘察阶段勘探工程布置的另一个重要原则是，要多方考虑取水工程设计上的需要。例如，为了提高未来设计取水工程成井的把握性，在河谷、平原区预测的取水线上，最好有相应的勘探线通过。在进入详细勘察阶段后，勘探孔则应尽可能布置在未来可能作为生产井的地点。对于造价高昂的取水建筑物（如集中井群、辐射井、大口井、水平集水廊道等），原则上都应有勘探钻孔。

　　此外，在基岩山区的水源地，常常出水量不是很大，但建井投资高昂，因此为节省投资，这类水源地的勘探工作最好与开采工作结合进行。即这类水源地的勘探钻孔，绝大多数都应布置在最有希望的富水地段上。

　　对大面积分散的农田灌溉供水，不管在哪种水文地质勘察阶段，始终应本着查明区域水文地质条件和评价区域地下水资源的要求来布置勘探工程。因此，一般多是沿着水文地质条件变化最大的方向，布置成勘探线形状。为确定合理的开采布局，有时也需要布置专门的试验孔组。

四、供水水文地质勘察中抽水试验工作的布置特点

　　在供水水文地质勘察中，抽水试验工作是完成地下水水量评价任务的关键，随着供水水文地质勘察阶段的深入，抽水试验工作在整个勘察工作中将占有越来越重要的地位。在详细勘察阶段，某些勘察项目的大型试验——开采抽水试验，常常要延续数月，花费数十万元至上百万元的资金。因此，供水勘察人员必须对抽水试验工作予以最大的重视。

　　在初步勘察阶段，抽水试验的主要目的是评价各主要含水层（带）或不同富水地段的富水性，以便为不同水源地方案的比较提供水量方面的依据。因此，对于凡是有一定供水意义的含水层（带）（或者同一含水层带的不同富水地段），均应布置一定数量的抽水试验孔。当不存在不同水源地方案比较的情况下，应沿着含水层（带）富水性主要变化的方向来布置抽水试验孔，并通过抽水试验可靠地圈定出富水地段（或进一步详细勘察地段）的范围。试验孔的具体位置除考虑含水层（带）导、储水性质的代表性外，也要适当考虑初步水资源评价方案的要求。鉴于本阶段所要求的地下水储量级别不高，故采用单孔抽水试验即可。

　　在详细勘察阶段，抽水试验主要是为地下水资源评价服务的，同时也要考虑取水工程布局和结构设计方面的某些要求，具体布置意见可参看详细勘察阶段钻孔布置原则。鉴于本阶段要求的地下水储量级别较高，需提供较可靠的水文地质计算参数，故应尽可能多地进行多孔抽水试验，并开展井群干扰抽水试验工作。

　　关于不同勘察阶段所要求的抽水试验工作量（即抽水试验孔占水文地质勘探孔总数的百分比），从许多供水勘察规范可以看出，不管在何种勘察阶段，凡是揭穿含水层（带）的勘探钻孔，原则上都应进行抽水试验，只有在岩性（或渗透性）变化不大的松散孔隙含水层中，可适当减小抽水试验孔所占的比例。

　　此外，为节省总勘察费用，在所有情况下，抽水试验孔的布置（包括主孔和观测孔）都应在水文地质钻探工作设计时就一并进行考虑。只有在勘探钻孔不能满足抽水试验的特殊要求时（如密集的抽水孔组、多孔抽水试验的观测孔），才设计专门的抽水试验勘探工程量。

　　关于一般抽水试验的技术要求，已在本书第四章中详细讲述。本节仅对我国近年来为解决复杂水文地质条件水源地水资源评价问题而开展的大型井群开采抽水试验做一些补充

说明。

大型井群开采抽水试验是一项费钱、费力、费时的工作，主要在以下两种情况下开展此项试验工作。

（1）在含水层的边界条件、非均质特性及补给来源方面很难用一般勘探试验方法查明的基岩地区，用一般的水资源评价方法无法（或难以可靠）解决问题时，可考虑用这种方法来直接确定水源地的补给量和允许开采量。

（2）对于具有上述复杂水文地质条件的大型裂隙岩溶水源地，可以通过大型井群抽水，暴露并查明地下径流场的特征，建立水量计算的数学模型（或物理模型），通过计算水位（或模型水位）与抽水试验水位的拟合，反求含水层的水文地质参数，计算各项补给量和预报未来开采动态。

鉴于以上特点，开采抽水试验一般多在详细勘察阶段后期，利用开采井结合水源地的试验运行一同开展。

为了达到比较可靠地确定补给量或允许开采量的目的，开采抽水试验孔的布局，最好与未来生产井的布局一致。为了更好暴露地下径流场的特点，所选择的抽水钻孔之间应尽可能产生强烈干扰作用。为了同样的目的，对于试验时的抽水强度（流量）也应尽量接近取水工程的设计流量。当设计取水量很大，试验时的抽水流量也不应小于设计取水量的40%～50%。为了通过抽水试验直接确定出允许开采量（或开采补给量），对于天然水资源不是很丰富的中、小型水源地，最好进行两个阶梯流量的抽水，两个阶梯流量之差最好达到1～1.5倍，其中一个阶梯流量应接近或稍大于地下水的天然补给量。

开采抽水试验试验时间的选择，是关系到能否圆满完成抽水试验任务的一个重要问题。一般情况下应把抽水试验安排在一年中地下水位匀速下降的枯水季节进行，这样可以保证试验时产生较大的水位降深，以便清楚地暴露径流场特点，取得比较均匀的水位下降曲线，正确判明水位变化趋势，能比较准确地确定出扣除天然降幅后的真正水位降深，能简化数值法的数学模型（减少垂向入渗补给和农灌开采等均衡项），以提高计算成果精度。此外，枯水季节的抽水，还可求出最安全的地下水补给量和允许开采量。如果还需要确定丰水期的补给能力，则抽水试验最好安排在枯水末期到丰水初期之间的时段内进行。

大型井群开采抽水试验的水位观测孔的布局，是关系到能否查明地下水流场特征、补给来源、边界条件以及数值法调参工作能否顺利进行的又一个重大问题。由于观测孔的数量多，常常要花大量的施工费用，在试验进行时又要投入众多的观测人员，因此要非常慎重地布置这项工作。

观测孔的布置方案，决定于抽水孔的数量和位置、试验的具体任务和试验地段水文地质条件的复杂程度。原则上要求在每一干扰孔附近或干扰孔组中，以及各干扰孔组之间最好有一个观测孔，以取得抽水中心水位降深的详尽资料。对于广大的抽水流场区，应该在导、储水性质不同的方向上（或导、储水性质不同的地块中），布置控制性的水位观测孔（或观测线）。对于抽水流场的外围边界，如为隔水边界应布置垂直于边界的观测线，如为透水边界（特别是一些重要的进水口），除布置垂向观测线外，还必须有沿着进水口的横向观测线。此外，对于抽水含水层顶板上的其他含水层，特别是补给天窗处，也应布置观测孔，以计算越流补给和天窗补给量。

除地下水的观测孔外，对区内主要的泉水、过境河流的水位和流量也必须进行观测。

确定大型井群开采抽水试验的持续时间是一个复杂问题。为了确定出可靠的允许开采量或补给量，为了反映出整个区域边界对抽水过程的影响，大型井群开采抽水试验的持续时间，要比其他抽水试验长得多。根据国内外进行这项试验工作的实践经验，该类抽水的持续时间通常不超过 3～4 个月，但也有个别的试验延续了 5～7 个月。

在具体确定试验持续时间上，应遵照以下主要要求：

(1) 抽水过程中的水位变化规律已确切无疑地反映出抽水流场内各种边界的影响。

(2) 所有参与抽水的钻孔，均达到相互干扰条件下的似稳定状态。区域水位下降漏斗中心地带钻孔的水位-时间对数曲线已彼此平行。

(3) 除个别最远处的观测孔外，所有抽水孔和观测孔中的水位变化均达到似稳定状态。

试验停抽后，必须进行恢复水位的观测工作，直到水位变幅接近天然变幅为止。

五、供水水文地质勘察中地下水动态观测要求

地下水的动态观测资料是分析判断地下水的形成条件，评价含水层水量、水质不可缺少的依据。随着供水水文地质勘察阶段的深入，动态观测工作所处地位就越重要。在每一勘察阶段中，及早布置地下水动态长期观测工作，是具有战略意义的措施。

尽管地下水动态观测工作的目的是多方面的，但在供水水文地质勘察中，它的主要目的是为地下水资源（也包括水质）的计算和评价工作服务。这是因为：

(1) 每一勘察阶段所提出的水资源数量，均要求根据动态资料论证其保证程度。

(2) 根据地下水动态所反映的地下水资源形成特点，能正确选择合适的地下水资源评价方法。

(3) 任何水均衡计算，均要求以一定的动态观测资料（包括地下水及水文、气象的动态）为基础。

(4) 依据地下水位动态和某些水文、气象动态资料，可反求某些水文地质计算参数（如根据次降水量和潜水水位变幅计算大气降水入渗系数，根据水位变幅和给水度计算地下水储存量等）。

(5) 当用数值法和电网络模拟方法进行地下水量计算时，均要求以一定系列长度的地下水水位动态资料，来检验所建立的计算模型（包括所给水文地质参数、边界条件等）的可靠性。

(6) 大型长期的井群开采抽水试验，抽水时段的安排、试验结果的处理与分析，均要求以一定的地下水位动态观测资料为依据。

除上述各点外，详细勘察阶段的水位动态观测资料，还是确定合理开采条件（如允许降深）、选择抽水设备与设备安装设计的依据。

关于地下水动态观测的项目，除了地下水位、井（泉）涌水量、水化学成分和水温等常规的项目外，对测区内与地下水动态要素变化有关的水文、气象和某些人为影响因素，也应收集资料或组织专门的观测工作。常需观测大气降水量、蒸发量、冻结期和冻结深度、地表水位、地表水的渗漏量（或河流对地下水的吸收量）、河水含泥沙量、河床淤积速度等。为了评价某些大型水源地的地下水资源，有时还需专门进行包气带含水量、大气降水入渗量、潜水蒸发量等方面的试验与观测工作。

此外，尚应对与地下水水量、水质动态形成条件有关的人为因素进行观测。如已建水源地（或矿山）的开采量（或排水量）、开采水位及水位降落漏斗的扩展速度，与开采含水层有联系的污水排放量、渗漏量、污水成分，抽（排）水引起的地面沉降、塌陷与开裂状况。以上资料对于勘测区地下水开采资源的评价，开采后水质、水量与环境变化趋势的预测，都是不可或缺的。

供水水文地质勘察中，对动态观测资料时间系列长度的要求，主要决定于相应勘察阶段资源评价的精度。按照供水水文地质勘察规范的规定，初步勘察阶段的地下水动态观测时间应不少于半年，其中应包括地下水的最枯和最高水位期，以取得初步资源评价所需的年内水位变幅资料；详细勘察阶段的地下动态观测时间应不少于一个水文年（最近某些供水水文地质勘察规范规定，初步勘察阶段的地下水动态观测资料应在一年以上，详细勘察阶段的动态资料应在两年以上）。当用数值法、相关法和系统理论等资源评价方法时，至少得有一年以上以至多年的地下水位和开采量（或泉水流量）的观测资料。以上这些水资源评价方法的计算结果精度，将随着地下水动态观测资料的时间系列延长而提高。

从以上情况亦可看出，为满足某一勘察阶段水资源评价对地下水资料的要求，应在对测区水文地质条件初步了解的基础上，利用已有井点、泉点尽早开展地下水动态观测工作，以积累更长的动态观测资料。

关于地下水动态观测网的设计，一般要求在供水勘探网设计的同时就予以考虑。原则上是从已有或新设计的勘探孔中选择，当不能满足要求时，亦可设计少数专门的动态观测孔。此外，还应尽量把泉点、矿山排水点等纳入设计的动态观测网之内。

初步勘察阶段的地下水动态观测网，一般铺设范围较大，大型水源地的主要观测线应穿过主要含水层的补给区和排泄区，对区内各主要含水层（带）均要求有一定数量的观测孔控制。而详细勘察阶段的观测网可适当缩小到未来水源地的可能影响范围或者资源计算区涉及的范围内。但是为满足数值法等评价方法的要求，观测网的范围虽然缩小，观测点的密度反而要大大增加。

第四节　地下水资源评价分级

一、地下水资源基本概念

地下水资源是指在一定期限内，能提供给人类使用的，且能逐年得到恢复的地下淡水量。地下水资源是水资源的组成部分。为了合理、长期地使用地下水资源，在开发之前，一般均应对其量和质作出评价，以便据此制定其开发利用和保护管理规划。本节主要介绍水量评价要点。

一般可将地下水资源分为补给资源与储存资源。

补给资源是指参与现代水循环、不断更新再生的水量。补给资源是地下含水系统能够不断供应的最大可能水量，补给资源越大，供水能力越强。含水系统的补给资源是其多年平均补给量，是地下水可开采资源的基础。

储存资源是指在地质历史时期中不断累积储存于含水体系统之中的，不参与现代水循环、（实际上）不能更新再生的水量。储存资源对地下水资源开采起着调节和稳定的作用。

地下水资源评价主要针对地下水允许开采资源（量）。允许开采资源是具有现实经济意义的地下水资源，即通过技术经济合理的取水构筑物，在整个开采期内出水量不会减少，动水位不超过设计要求，水质和水温变化在允许范围内，不影响已建水源地正常开采，不发生危害性的环境地质问题并符合现行法规规定的前提下，从水文地质单元或水源地范围内能够取得的地下水资源。

二、地下水资源评价分级

按照水文地质勘察阶段、水文地质研究程度、地下水资源量研究程度以及开采技术经济条件研究程度的不同，将地下水资源允许开采量评价的精度分为五级，见表 7-4。

表 7-4　　　　　　　　　　　　　地下水资源评价分级

地下水资源评价	允 许 开 采 量				
	探明资源量			推断资源量	预测资源量
级别	A	B	C	D	E

1. A 级允许开采量

A 级允许开采量是经多年开采验证的地下水允许开采量，即水源地扩建勘探报告提交的主要允许开采量。一般要求水源地经过勘察和具有 3 年以上连续开采及水位、开采量、水质动态观测资料，水源地水文地质图的比例尺一般为 1∶1 万或 1∶2.5 万。以水文地质单元为基础对地下水允许开采量进行系统的多年均衡计算、相关分析和评价，进一步修正完善地下水渗流场的数学模型。在水质有明显变化的情况下，还应建立地下水溶质浓度场的数学模型，对开采过程中出现的环境地质问题进行专题研究。作为水源地合理开采以及改建、扩建工程设计的依据。

2. B 级允许开采量

B 级允许开采量是水源地勘探报告提交的主要允许开采量，水源地水文地质图的比例尺一般为 1∶1 万或 1∶2.5 万。对通过详查或已经选定的水源地，进一步布置一些勘探工程和水文地质试验，开展 1 年以上地下水动态观测。针对一些关键性的问题开展专题研究，查明水源地的水文地质条件和边界条件，建立包括完整水文地质单元的水文地质概念模型，建立均衡法、数值法等求解的地下水数学模型。宜采用两种或两种以上适当的方法，结合不同的开采方案和枯水年组合系列，对水源地的允许开采量进行计算和对比，预测地下水开采期间地下水水位、水量、水质可能出现的变化。在水质可能有明显变化的情况下，宜建立地下水溶质浓度场的数学模型。根据多年降水量的变化和含水层的调蓄能力，按要求的保证率，评价水源地的允许开采量，提出并论证水源地最优的开采方案。预测由于长期开采地下水，水源地影响范围内可能出现的环境地质问题及其出现的地段和严重程度。作为水源地及其主体工程建设设计的依据。

3. C 级允许开采量

C 级允许开采量是水源地详查报告或区域水文地质详查报告提交的主要资源量，水文地质图的比例尺一般分别为 1∶2.5 万和 1∶5 万。通过水文地质测绘、物探、单孔抽水试验、带观测孔的单孔抽水试验、水质分析、包括枯水期半年以上地下水动态观测等工作，基本查明主要含水层的空间分布、水力联系、导水性、水质特征、边界条件。基本掌握地下水的补给、径流、排泄条件。对地下水的开发利用现状、规划以及存在的问题进行详细的调查和了解。选择均衡法、解析法、数值法等一种或一种以上适当的方法，结合开采方案，对水源地的允许开采量进行初步计算。对井深、井径、井数、水泵及井的排列等提出建议。对开采地下水可能出现的环境地质问题进行论证和评价。在经过详查的几个水源地当中，根据水文地质条件和用水的需要，确定出值得进一步勘探的水源地。作为城镇、厂矿供水总体规划或县级农牧业地下水分散开发利用的依据，也可以作为水源地及其主体工程可行性研究的依据以及作为编制水源地勘探设计书的依据。

4. D级允许开采量

D级允许开采量是区域水文地质普查报告或水源地普查报告提交的主要资源量，水文地质图的比例尺一般分别为 1:20 万及 1:5 万。在搜集已有的气象水文、区域地质等资料的基础上，进行水文地质或地质-水文地质综合测绘，初步查明区内主要含水层的埋藏条件、分布规律、富水程度、水质类型、动态规律，圈出宜井区。选择其中有代表性的有利开采地段，进行物探和个别的单孔抽水试验工作。选用均衡法、解析法等适当的计算方法，对区域或水源地的资源量进行概略计算。对地下水开采的技术经济条件和开采地下水可能出现的环境地质问题作出初步评价。可以作为省（自治区、直辖市）和地、市一级制定农业区划或水利建设、工业布局等规划的依据，也可以作为编制区域水文地质详查或水源地详查设计的依据，还可以作为水源地及其主体工程初步可行性研究的依据。

5. E级允许开采量

E级允许开采量是区域水文地质调查报告提交的主要资源量，水文地质图的比例尺一般为 1:50 万。根据现有的区域自然地理、区域地质和少量的民井资料，利用已有的地质图和航卫片，进行一些路线调查，对区域的地下水埋藏条件、含水层的分布和导水性有一个概略的推断，圈出宜井区或富水地段，其主要含水层未经管井或钻孔揭示。采用均衡法、比拟法等简易的方法，对区域和宜井区的地下水资源量进行概略估算。对地下水开采的技术经济条件和开采地下水可能出现的环境地质问题，作出概略的评价。可以作为全国或大区远景规划、农业区划的依据，也可以作为编写区域水文地质普查或水源地普查设计的依据。

三、地下水资源量评价要点

地下水资源量评价包括计算区水文地质模型的概化、水量计算模型和参数的选取、水量计算、对计算结果可靠性的评价和允许开采资源级别的确定等一系列内容。

地下水资源计算方法种类繁多，从简单的水文地质比拟法到复杂的地下水数值模拟，从理论计算到实际抽水方法。常用的地下水资源计算方法有经验方法（水文地质比拟法）、$Q-S$ 曲线方程法、数值法、水均衡法、动态均衡法、解析法等，可参考有关规范、手册选择应用。

第五节 供水水文地质勘察报告

勘察报告是集一切勘察成果之大成。只有在领导机关正式审查和批准勘察报告后，本阶段的勘察工作任务才算正式结束，但是勘察人员对报告中的各种结论则永远负有责任。

因此，勘察人员应尽最大的努力、以最严肃的态度来做好勘察报告的编写工作。

由于勘察的目的任务不同，以及不同地区水文地质条件上的差异，因此很难给出不同勘察阶段都通用的报告大纲。但是一般的供水水文地质勘察报告都应包括以下基本内容。

一、一般部分

一般部分包括序言、区域自然地理条件、区域地质条件、区域水文地质条件等基本内容。

在序言中，要求简明扼要地说明勘察工作的目的任务与所属的勘察阶段；对勘察区已掌握的地质及水文地质条件的研究程度和本阶段所完成的勘察工作进行综合评述。其余章节内容可参阅本书第六章第三节所作的介绍。

二、专门部分

专门部分应该对勘察任务设计书中所提出的各种问题，给予明确的回答或提出进一步勘察解决的建议。该部分一般包括以下几方面内容。

（1）开采含水层或富水带选定的依据。

（2）开采含水层的水质评价。

（3）地下水资源计算与评价。如果说专门部分是整个勘察报告的核心，则资源计算和评价就是核心的核心。因为在多数情况下，水量问题都是勘察中的首要问题，也是最难以查明的问题。因此，最好在水文地质条件概化的基础上，根据水资源的形成条件、边界条件、勘探试验与观测资料的丰富程度，同时选用几种方法进行地下水资源的计算，并对所算得的允许开采量的可靠性进行评价。

（4）对水源地的位置（或开采地段）、取水工程的布局，取水建筑物的类型、数量、结构、抽水设备等方面的问题提出建议。

（5）提出水源地卫生防护带建议及下一步勘察工作或水源地投产后应注意的问题。

勘察工作的成果，除文字报告外，尚应包括各种必要图件与图表。其图件除本书第六章所要求的一般地质、第四纪地质、地貌和水文地质图外，应该特别注意编制好反映含水层（带）边界性质和水文地质计算参数变化规律的各种专用图件，天然或人工流场的等水位（压）线图，反映各项动态要素与时间或动态要素相互关系的图件，以及反映开采抽水试验成果的各种曲线和图表等。

复习思考题

1. 简述供水水文地质勘察的目的、任务。
2. 简述供水水文地质勘察的类型和要求。
3. 简述不同构造控水理论分析要点。
4. 简述地下水资源的概念和要求。
5. 简述供水水文地质勘察报告的编写内容。

第八章　矿床水文地质勘察研究

第一节　矿床基本知识

一、矿体赋存特征及开采方式

1. 矿体赋存特征

凡含有经济上有价值和技术上可提取的有用元素、化合物或矿物的岩石称为矿石。矿石的自然堆积体称为矿体，它是独立的地质体，有一定的形状、大小和产状，占有一定的空间。包围矿体的无实用价值的岩石称为矿体的围岩。矿体和围岩之间的界面有清晰的，也有逐渐过渡的。矿床是由成矿地质作用在地壳中形成的质和量皆符合当前经济技术条件，可被开采和利用的地质体总称，它由矿体和围岩组成。一个矿床可由一个或多个矿体组成。矿体赋存特征可用其形状、厚度、产状（倾角）和围岩组合关系等方面来分析，因此，可根据形状、厚度及产状对矿体进行分类。

从水文地质角度出发，按矿体形状可划分为层状矿体和非层状矿体两类。前者主要为沉积作用形成，一般分布面积广，连续稳定，如煤、沉积型铁矿等；后者主要是岩浆热液及汽化作用形成的金属和非金属矿，一般分布不稳定，常成脉状和不规则透镜状产出。

层状矿体依其厚度可分为极薄层（<0.8m）、薄层（0.8～4m）、中厚层（4～10m）、厚层（10～30m）和极厚层（>30m）；依其倾角可分为水平与微倾斜（<5°）、缓倾斜（5°～30°）、倾斜（30°～55°）和急倾斜（>55°）等。

矿体是矿石的自然集合体，是构成矿床的主体和核心。从广义的角度来讲，矿体周围的岩石都可称围岩。但根据岩层与矿体的相对位置可区分为顶板（矿体上部的岩层）、底板（矿体下部的岩层）和围岩（矿体两侧的岩石）。

2. 矿床开采方式

矿床因矿体的赋存和埋藏条件不同，而采用不同的开采方式。不同开采方式对围岩及其地下水的揭露和破坏不同。矿床的开采方式大致可以分为两大类：露天开采和地下开采。

矿体埋深较浅且厚度大时，可采用露天开采。其优点是施工简便，采掘能力大，效率高，成本低。露天开采时直接在地面开挖采矿工程，其总体称为露天采（矿）场（田）（图8-1）。

矿体埋藏较深时，多采用地下开采方式。为了从地下深处采出矿石，首先要将地表与矿体联系起来，并在地下形成必要的行人、运输、通风、排水和供电系统，因此就要在矿体及近矿围岩中开挖井筒（由地面进入地下的主通道）和各种用途的巷道及硐室。地下采矿井巷的种类很多，图8-2所示即为地下开采矿体的主要井巷类型。

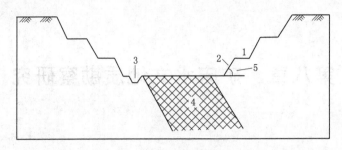

图 8-1　露天采矿场示意剖面图
1—台阶；2—台阶坡面；3—排水沟；4—矿体；5—台阶面坡角

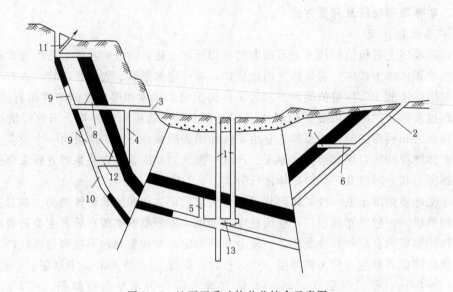

图 8-2　地下开采矿体井巷综合示意图
1—立井；2—斜井；3—平硐；4—暗立井；5—溜井；6—石门；7—煤（矿）门；8—煤（矿）仓；
9—上山道；10—下山道；11—风井；12—岩层平巷；13—煤（矿）层平巷

（1）直立巷道。

1）立井：又称竖井，有直接通往地面的出口，是由地面进入井下的主要通路，一般位于整个地下井巷系统的中部，常为一对，分主井、副井。担负全矿提升矿石任务的称为主井，担负矿负人员升降及材料、设备、矸石等提升任务的称为副井。

2）小井：也是与地面相通的一种立井，但断面和深度均较小，一般位于井巷系统之边缘浅部，多用于通风，并兼作安全出口，故常称风井。

3）暗井：或称盲井，不直接与地面相通，担负从下水平往上水平提升矿石的任务。

4）溜井：无通往地面的出口，形状与暗井相同，但断面较小，用于自上向下溜放矿石。

（2）水平巷道。

1）平硐：在地面有直接出口，作用同立井，也有主、副之分，专用于通风的则称通风平硐。

2）平巷：不直接与地面相通，是沿矿层或岩层走向开挖的水平巷道，分别称为矿层平巷和岩层平巷。

3）石门和矿门：即穿过岩层或矿层并与之直交或斜交的水平巷道。

（3）倾斜巷道。

1）斜井：在地面有直接出口，作用同立井，也有主、副之分，专门用于通风的则称为通风斜井。

2）上山道：上山无直通地面的出口，位于开采水平运输大巷以上，沿矿层或岩层向上掘进的倾斜巷道，自上往下运送矿石。

3）下山道：下山无直通地面的出口，位于开采水平运输大巷以下，沿矿层或岩层向下掘进的倾斜巷道，自下往上运送矿石。

4）溜道：无直通地面的出口，用于自上向下溜放矿石。

上述竖井、斜井和平硐是由地面进入地下的主要通路，代表三种不同的矿山开采方式，通常根据井筒形式划分为竖井开拓、斜井开拓和平硐开拓。

除图 8-2 中所示的各种基本巷道外，井下还建有井底车场，它是井筒附近各种辅助巷道和硐室的总称。前者环绕井筒用来联络各主要平巷，后者用来作为水泵房、水仓、机车库、机修房、变电室、调度室、休息室等，所以井底车场是井下的运输枢纽。

以一个井筒在地下联结形成的整个井巷系统称为矿井或矿坑，划归一个矿井开采的矿床部分称为井田，井田是矿田的一部分。处于同一地质构造内同一成因的全部矿床称为矿田。

一般井田的面积仍很大，其倾向长度可达千米，走向长度可达数千米，矿产的储量可供开采几十年甚至百余年。为了在此范围内有计划地进行开采，需要将井田进一步划分。如在开采倾斜矿层时，首先是在垂向上按一定的高度划分为几个阶段。两阶段之间以水平面为界，两边则直达井田边界，上、下界面用其标高表示。每个阶段都有自己的运输大巷和井底车场，通常在阶段的上界面布置通风平巷，在阶段的下界面布置运输大巷和井底车场，担负这一阶段的主要运输和提升任务，因而以下界面的标高值代表阶段，称为开采水平，一般简称水平（金属矿山常称中段）。阶段大小用阶段垂高表示，随矿种、矿体倾角、矿井规模不同而异。一般煤矿的阶段垂高较大，多在 100 m 左右；金属矿的阶段垂高较小，多在 50 m 左右。合理确定阶段垂高，对保证巷道的稳定性有很大意义。

当阶段走向长度较大时，在全阶段布置采矿工作面，会给开采造成很大的困难。这时可沿走向进一步把阶段划分成较小的单元，即采区。阶段垂高大时，根据采矿方法，还可在采区内沿矿层倾向分为若干个适合于采矿机械设备工作的区段。一般在区段矿层的下部掘进运输平巷，在上部掘进回风平巷，则构成一个采矿工作面系统。

井田划分为阶段以后，就可以进行矿井建设。首先掘进为全矿井和一个阶段服务的巷道，称开拓巷道，如井筒、井底车场、阶段运输和回风平巷、采区石门、总回风巷道、风井等；其次掘进为采区服务的运输和通风巷道，称准备或采准巷道；最后在矿层中掘进为采矿工作面直接服务的回采巷道，如工作面上部的回风平巷、下部的运输平巷、切割眼。然后就可进行开采。

采矿工作面也称回采面，回采后的空间称为采空区。依对采空区的不同处理，可将采矿方法分为以下几种：

（1）空场法，采空区不需人为处理，故又称自然支撑法，适于围岩稳定的薄矿层。

（2）崩落法，让采空区顶板自然崩落，故对围岩破坏较严重，适于围岩较稳定的矿床。

（3）留矿柱法，采空区之间保留适当的矿柱，以支护顶板，故丢矿较多，适于围岩不稳定的矿床。

（4）充填法，采空区用碎石、泥沙或水泥等进行人工充填，故对围岩破坏小，但成本高，适用于条件复杂（如水下采矿）而价值高的矿床。

二、矿坑涌水现象与突水灾害

开拓井巷系统和回采矿石，必然破坏矿体围岩或顶、底板含水岩层，揭露一些地下导水通道，从而使地下水及与之联系的其他补给水源（如地表水、大气降水等）流入井巷，这种现象称为矿坑涌水。井巷顶、底或侧帮及回采工作面的局部，迅速形成的集中涌水，则称突水。

矿坑涌水和突水是矿产资源开采过程中常见的一种水患，不仅会给井巷开拓和回采工作带来困难，需要耗费巨资建立防排水工程，增加采矿成本，超过排水设备能力的大型突水（突水点峰值流量超过 $1m^3/s$），还会造成重大的人身伤亡事故和整个矿井的淹没停产。山东淄博煤田北大井在 1935 年发生的大突水，就是我国煤田开采史上一个典型的例子。这次突水的峰值流量达 $7.4m^3/s$，造成井下 535 名工人全部死亡的惨案。该矿井在淹没 39 年之后，于 1974 年才得以恢复生产。我国自 1949 年中华人民共和国成立以来，矿床水文地质研究及矿井防治水工作才受到重视，并得到迅速发展，新、老矿区都开展了大量调查，为矿山建设提供了必要的基础资料，促进了矿产资源的开发和利用，也极大地避免了由于涌突水造成的重大人身伤亡事故。但是随着采矿事业的迅速发展，矿山建设规模的扩大和开采深度的增加，矿坑涌水和突水仍十分突出，特别是一些受岩溶水威胁的老矿区，由于以往基础水文地质工作比较薄弱，难以及时准确地预测和预报突水，还常出现淹井事故。此外，由于采矿工程和矿坑排水，地下水头压力、矿山压力与围岩之间失去平衡，从而引起一系列的工程地质作用和现象。如地下采空区顶板冒落和塌陷、巷道底板鼓胀、露天采矿场边坡的滑动、碎屑流的溃入等，均可造成严重的危害，并加剧水患，必须同时加以研究和防范。

矿坑涌水，特别是大型突水，不仅危害矿山本身，影响采矿工业的发展，而且由于单纯排水，大幅降低地下水位，疏干含水层，还常引起区域性的水源枯竭、水质污染，破坏地面和生态环境等问题。所以，对矿坑涌水和突水进行监测和预防，减少和限制其危害，今后应同时作为矿山建设和生产与地区规划和建设中的重大研究课题。要摒弃传统矿床水文地质学的单纯排水概念，对矿区地下水，既要充分认识它对矿坑的危害而加以防范，又要作为宝贵的供水资源加以保护和利用。矿山建设必须贯彻排、供结合的方针，综合考虑防治矿井水患，保护水资源和矿区以至区域环境。

矿坑涌水和突水既取决于矿体赋存状况和水文地质背景，也与开采方法和矿井管理制度有关。查明矿床地质结构，掌握矿区地下水系统的范围、边界、补给条件，建立和健全长观网，了解地下水情的发展趋势，预测和预防突水，对矿产资源的开发进行科学管理，限制地方和个人的滥采和破坏，对矿区地下水源进行统一合理的调控，则能达到既保护水资源，又不破坏地面环境与生态，并杜绝巨、大型突水淹井事故，从而实现矿山安全生产，提高经济效益，并有利于矿区工农业生产的发展和人民生活水平的提高。实施这一综合的整体设想，既有赖于科技人员加强系统观念和环境保护意识，更有赖于矿山主管部门、社会力量和各级人民政府的支持和干预。

第二节 矿床水文地质勘察任务和要求

一、矿床水文地质勘察的任务

矿床水文地质学是水文地质学科中的一个独立分支，专门研究矿床水文地质条件及其与矿床开采的关系，即研究矿床开采所引起的与地下水有关的一系列问题（其中包括水文地质、工程地质与环境地质等方面）以及调查、预测、解决这些问题的方法。

矿床是在地壳中由地质作用形成的、具有开采和利用价值的地质体，它是矿体自然分布和排列的总和。矿床水文地质条件即指矿床所处地段地下水的分布、埋藏、补给、径流和排泄、水质和水量及其动态等方面的特征，以及决定这些特征的自然与人为环境。一般而言，矿床水文地质学的研究对象不包括气、液体（天然气和石油）矿床和易溶的盐类（如钾、钠、钙、镁的氯化物和硫酸盐）矿床，因为这两者都有特殊的水文地质问题和相应的专门研究方法。所以矿床水文地质学的研究对象仅是非易溶固体矿床分布地段的地下水及周围环境与采矿活动之间相互关系。

矿床水文地质学作为一门具有独立系统的学科，是在20世纪20年代以后逐渐形成的。它首先创建于苏联，并随着世界采矿事业的发展而不断完善。现代矿床水文地质学的研究内容和研究方法，都是由多门地质学科（水文地质学、工程地质学、环境地质学、矿床学、采矿学）交叉构成的，因而是一门综合性和实用性的边缘地质学科。

矿床水文地质研究的目的是为正确部署综合防治水害、全面利用和保护矿区水资源的系统工程提供水文地质论证，以便将矿区地下水调控到既有利于矿产资源经济合理的开发，又有利于环境保护和人民生活水平提高及工农业生产发展的最佳状态。

矿床水文地质勘察研究的主要任务是：①在查明和掌握矿床开采前矿区与区域水文地质背景的基础上，分析矿坑充水条件，对矿床充水程度作出定量评价，并对矿床开采后矿区与区域水文地质条件的变化趋势和对环境质量的影响程度作出预测和论证；②研究确定矿床的水文地质条件，查明矿床充水因素、充水通道，评述矿区地质环境质量，预测矿坑涌水量以及矿床开发可能引起的地下水动态变化和主要环境地质问题（地质灾害、含水层破坏等），为矿床的顺利开采、矿床水资源综合利用、矿区地质环境问题防治、环境保护等提供水文地质资料和建议。

矿床水文地质勘察研究，是在矿产储量调查和开发时，对矿床自然条件和开采条件进行综合评价的重要组成部分，应贯穿矿产区域普查、矿床地质勘探、矿山建设和生产的全过程，并延续到闭矿以后的若干年内。不仅要研究矿床开采前初始水文地质条件，预测矿床开采后水文地质条件变化的可能和方向，提出最佳调控方案；而且要研究采矿活动干扰下实际的变化过程，以便对比、验证原来的认识和结论，这样才能有效地指导矿区地下水的调控，并能进一步充实、提高和发展矿床水文地质理论。

二、矿床水文地质勘察的要求

矿床水文地质勘察一般与矿床地质勘察相一致，分阶段进行，包括预查、普查、详查、勘探四个阶段。

1. 预查阶段

不进行专门性的水文地质工作。当寻找的矿产与地表（下）水关系密切时，应收集、分析区域水文地质、工程地质资料，为开展下一步工作提供设计依据。

2. 普查阶段

大致了解开采技术条件，包括区域和测区范围内的水文地质、工程地质、环境地质条件，为详查工作提供依据。对开采条件简单的矿床，可依据与同类型矿山开采条件的对比，对矿床开采技术条件作出评价；对水文地质条件复杂的矿床，应进行适当的水文地质工作，了解地下水埋藏深度、水质、水量以及近矿围岩强度等。

3. 详查阶段

对矿床开采可能影响的地区（矿山疏排水水位下降区、地面变形破坏区、矿山废弃物堆放场及其可能污染区），开展详细水文地质、工程地质、环境地质调查，基本查明矿床的开采技术条件。选择代表性地段对矿床充水的主要含水层及矿体围岩的物理力学性质进行试验研究，初步确定矿床充水的主（次）要含水层及其水文地质参数、矿体围岩岩体质量及主要不良层位，估算矿坑涌水量，指出影响矿床开采的主要水文地质、工程地质、环境地质问题，对矿床开采技术条件的复杂性作出评价。基本查明矿区开采技术条件、初步的定量评价，是详查阶段的基本要求，包括基本水文地质参数、地下水动态、岩土物理力学参数、地下水水化学背景、矿井水特征等。

4. 勘探阶段

对影响矿床开采的主要水文地质、工程地质、环境地质问题要详细查明。通过试验，获取计算参数，结合矿山工程计算首采区、第一开采水平的矿坑涌水量，预测下一开采水平的涌水量，预测不良工程地段和问题；对矿山排水、开采区的地面变形破坏、矿山废水排放与矿渣堆放可能引起的环境地质问题作出评价；未开发过的新区（新矿山），应对原生地质环境作出评价；老矿区则应针对已出现的环境地质问题（如放射性、有害气体、各种不良自然地质现象的展布及危害性）进行调研，找出产生和形成条件，预测其发展趋势，提出治理措施与建议。详细查明矿山开采技术条件，提出定量性的评价是这一阶段的基本要求。对水文地质条件较复杂的矿山，揭露水文地质边界是这一阶段工作的重点之一。初步判定矿山开采可能影响的范围、问题以及防治措施、建议。

5. 生产勘探阶段

在地质勘探基础上，在近期开采地段，与矿山生产相结合而进行的更准确查明矿体形状、产状、矿石质量、品级分布，提高储量可靠程度，保证采矿正常进行的勘探工作。生产勘探经常与矿床开拓、采准等工作结合，包括采矿块段设计，编制生产作业计划，进行储量统计、平衡管理，保证矿山有计划、持续正常生产。进一步查明矿山开采技术条件及开采后的变化是生产勘探工作对水文地质、工程地质、环境地质工作要求的重点。

第三节　矿床充水条件分析

矿坑涌水现象及其过程称为矿坑充水。矿坑充水特点及充水强度（矿坑水的涌入方式、水量大小和动态）取决于矿坑充水条件，只有查明矿坑充水条件，才能正确预测矿坑涌水量，有效防治矿坑涌水。因此，研究矿坑充水条件是矿床水文地质学的核心内容之一。

矿坑充水条件受一系列自然因素和人为因素控制，综合分析这些控制因素，可将矿坑充水条件概括为两个方面，即充水水源与充水途径。前者系指矿坑水的来源，或与矿坑有水力联系的储水体（层）；后者系指水源与矿坑联系的方式，或水进入矿坑的通道。两者的统一和有机结合，才能构成矿坑充水。例如矿层深埋地下，假定顶、底板均为巨厚、稳定的隔水层，地表有河水从切断矿层的断层带上流过，断层成为河水唯一可能与矿坑发生联系的天然通道。若断层导水，河水可通过断层带与矿坑联系，进入矿坑，成为该矿的充水水源，而断层构成充水途径，若断层不导水，即没有充水途径，则河水也不能成为充水水源。可见充水水源和充水途径必须结合起来分析，才有实际充水意义。但在矿坑充水的形成作用上，水源是必要条件，途径是充分条件。

一、矿坑充水水源

地下水、大气降水、地表水、老窑和废弃井巷的积水，均可构成矿坑充水水源。各类水源与矿坑的联系程度和方式存在差异，因而具有不同的充水特点和影响因素。

（一）地下水

埋藏在矿层顶、底板（围岩）岩层中的地下水是矿坑最基本的充水水源，依其与矿层的相互关系可分为直接水源和间接水源。直接水源必然被矿坑直接揭露，其充水作用随巷道掘进和矿石回采而延续，形成的矿坑总涌水量与巷道掘进长度和回采面积正相关；间接水源只能通过局部导水通道与矿坑发生联系。

某一岩层中的地下水构成充水水源时，则此岩层称为充水岩层。地下水源的充水特点和强度与充水岩层的性质密切相关，其主要有以下两个控制因素。

1. 充水岩层的空隙介质类型及发育特征

依空隙介质差异划分的不同地下水类型（孔隙水、裂隙水和岩溶水），是控制矿坑充水条件的内在因素，决定矿床水文地质类型及其充水特点。

2. 充水岩层中地下水的性质及水量大小

地下水源的性质与水量决定矿坑涌水量大小（或排水强度）和充水岩层疏干的难易程度。因而，必须在矿床水文地质调查中查明和确定。

流入矿坑的地下水包括两个性质完全不同的组成部分。一部分为地下水的储存量，在矿床水文地质中习惯上称为静储量，以充水岩层空隙中所含的水体积表示，其大小主要决定于充水岩层的储水和给水能力；另一部分为地下水的补给量，矿床水文地质学中习惯上称为动储量，它是与一定的补给和排泄相联系，以地下径流的形式出现在充水岩层中，以径流量表示，其大小主要决定于含水系统规模和补给条件。补给条件包括三个方面：①岩层透水性和厚度决定充水岩层接受补给的能力；②充水岩层的出露面积代表接受大气降水入渗补给的范围，决定垂向补给量大小；③周边界条件反映与区域含水系统的联系，决定侧向补给量大小。

若充水水源以地下水的储存量为主，则矿坑涌水特点是：疏干排水初期涌水量相对较大，随着时间的延续逐渐减小，容易疏干；若充水水源以地下水补给量为主，则矿坑涌水量相对较稳定，矿床不易疏干。可见查清充水水源的性质具有重要意义，但值得注意的是，地下充水水源的性质及补给量的大小在矿井疏干排水过程中是会变化的。

（二）大气降水

大气降水是地下水的主要补给来源，因此，矿坑充水特征一般都或多或少受到大气降水的影响。矿坑涌水量的动态曲线往往与当地大气降水过程线具有相似性，常表现出明显的季节变化和多年周期变化。

除露天采矿场外，大气降水对地下矿坑的充水作用不仅取决于大气降水本身的特点，还受到地表入渗条件的制约。所以，从充水水源角度研究大气降水时，必须综合考虑这两方面的条件。

1. 降水量的大小和分布

矿坑涌水量大小往往与月累积降水量密切相关。由于降水量在一年内分布不均匀，形成雨、旱两季，矿坑涌水量也相应地有旱季正常涌水量（Q_{min}）与雨季最大涌水量（Q_{max}）之分，两者悬殊。前者相对较小而且稳定，来自充水岩层中地下水源的基流量；后者为雨季剧增的峰值涌水量，滞后于降水量峰值一定的时间段出现，常对矿井构成威胁。可见以大气降水为直接充水水源的矿井，预测雨季最大涌水量及采取相应的雨季防洪措施是矿山生产中的重要研究课题。

2. 降水性质与地表入渗条件

由于大气降水一般是通过岩层的空隙入渗而与地下矿坑相联系，因此矿坑涌水量的大小和动态不完全取决于降水量的大小，还和降水强度与地表入渗的配合有关。只有降水强度与地表入渗条件相适应的降水，才能全部对矿坑充水显示其作用。降水强度可用单位时间的降水量来表征，将它定义为小时降水量。地表入渗条件由入渗通道（充水途径）性质和地形汇水条件决定。降水入渗通道可分为面状渗入式和集中灌入式两种，地形汇水条件可分为散流地形（坡度大，切割强烈的山脊和山坡）、滞流地形（坡度小或较平坦的平原和台地）和汇流地形（低洼谷地）三类。在相同的地表入渗条件下，不同强度和分布的等量降水，引起的矿坑涌水量增量不同。若大气降水为面状渗入方式，降水入渗量将受到入渗速率的限制。对于汇流地形中的灌入式通道，矿坑涌水量增量可随降水强度增大而增加。对矿坑涌水量起决定作用的是降雨强度与入渗速率相适应，强度超过入渗速率的降水只能部分对矿坑充水，因而有研究者提出了有效降水量的概念。有效降水量在数值上小于或等于实际降水量，系指对矿坑涌水量能产生增量，或对充水岩层中地下水有补给能力的降水量，它排除了受地表入渗条件和包气带吸收等因素影响所产生的无效部分，其大小取决于降水性质和地表入渗条件，可依矿区多年降水与矿坑涌水量（或充水岩层的地下水位）的对应系列资料，确定它与实际年降水量和月降水量的相关关系。据此就可利用当地气象站的预测数据，预测雨季矿坑涌水量增量。

对以大气降水为主要充水水源的矿床，在开采期间应系统观测矿坑涌水量和降水量，同时研究降水性质和地表入渗条件，以便掌握它们之间的对应关系。

（三）地表水

位于矿区或矿区附近的地表水体，能否成为矿坑充水水源，关键在于两者之间有无水力联系，即是否存在充水途径。地表水体和矿坑之间的联系通道可分为天然和人为两类。前者有充水岩层（地表水体作为充水岩层的补给源或排泄基准）和导水断裂带，后者有地下采空区的顶板破坏带和疏干排水范围内的岩溶地面塌陷等。

地表水体成为矿坑充水水源时，它对矿坑的充水程度取决于以下几个方面。

1. 地表水体的性质和规模

常年性的大水体可成为定水头补给边界，使矿坑涌水量呈现大而稳定的特点，不易疏干，淹井后很难恢复。季节性水体只能定期（雨季）间断补给，矿坑涌水量大小随季节变化，受大气降水过程控制。但与同条件下仅受大气降水充水作用的矿坑相比，涌水量的动态有一定的差异，主要表现在雨季矿坑涌水量的增减速率不同，即增加快减少慢，位于流域面积较大的河谷中下游的矿坑更加显著，这是因为河谷本身不仅提供了良好的入渗条件，而且还汇集上游集水面积内由降水转化为地表径流的部分，从而增大了降水的影响强度，并延长了降水的影响时间，因而雨季动态曲线的上升幅度相对增强，而雨后的降幅过程相对减弱。

2. 地表水体与矿坑的相对位置

地表水体与矿坑的相对位置包括两个方面：其一是指两者位置高程的相对关系。显然，只有位置高程大于矿坑的地表水体，才有成为充水水源的可能；其二是指两者之间的距离。开采埋藏标高低于地表水体的矿床时，若其间为相对隔水岩层，只有处于矿体开采破坏带之内的地表水体，才能对矿坑起充水作用；若其间为相对均质的透水岩层，一般情况下，矿坑距离地表水体越近，影响越大，充水作用越强。矿坑与地表水体之间的垂距，决定地表水体入渗量的大小，随着矿坑的埋深增大，垂距加长，地表水体的渗入影响会逐渐减弱，所以地表水体对深部开采水平的影响弱于浅部，达到一定深度，则影响消失。矿坑与地表水体之间的水平距离，决定地表水体是否位于矿坑疏干排水的影响范围之内，对于其内可以构成定水头的地表水体，距离矿坑越近，充水作用越强，矿坑涌水量越大。

3. 矿坑与地表水体之间的岩石透水性

岩石透水性控制了疏干排水影响的范围、垂直入渗水流的大小及影响深度，因而是决定地表水体能否使矿坑涌水的关键。两者之间若为相对隔水岩层，地表水体即使在矿坑附近，只要采动破坏带不波及，也不会起充水作用；若两者之间为强透水岩层，地表水体即使远离矿坑，也可形成强烈充水。此外，由于基岩进水能力的各向异性，位于同一矿坑不同方向的地表水体，其充水作用可悬殊，这在岩溶化充水岩层疏干排水时表现得最为突出。

（四）老窑及废弃井巷的积水

老窑和废弃的旧巷道中往往有大量积水，其水体积有时可达几十万立方米，它们对其下或相邻采区有很大的威胁。特别是历史上的老窑，其位置难以预测，一旦揭露会发生突水，淹没矿井。老窑积水往往具有一定的水压，即使水量不大而不能导致淹井，但其较大的水压对巷道顶板岩石和支护具有破坏性，能直接威胁现场作业工人的安全。老窑积水的充水特点是：来势猛、时间短、破坏性大。老窑和废弃矿井的积水一般为"死水"，属于静水量，即使水量很大也是容易疏干的，若知道采空面积和开采上、下限，可以估算其积水量并进行探放。

此外，积水处于长期封闭、停滞状态，一般属硫酸型水，呈酸性，对井下设备有一定的腐蚀作用。但也可以利用其水质特征，有效地探放，并指导生产巷道的掘进方向。

二、矿床充水途径

（一）天然充水途径

1. 断裂构造

一切大小断裂都可能成为充水水源进入坑道的途径。各矿层（体）间有不透水层隔开的充水岩层中地下水，往往是通过断裂带突入矿坑的。如华北石炭-二叠系煤田的底板奥陶系碳酸盐岩岩溶裂隙水，一般都是以断裂带为导水通道。

断裂构造能否成为充水途径，关键在于其透水性。断裂带的透水性主要取决于两盘的岩性，而且往往与两盘岩石的透水性一致。很多实际资料证明，发育在不同岩性段的同类型断裂，或同一断裂通过不同岩性的部位，其透水性可以有明显差异。依物理力学性质将岩石分为三类：①软柔性岩，如页岩、泥灰岩、凝灰岩等；②硬脆性岩，如石英岩、硅质岩等；③脆性可溶岩，如石灰岩、白云岩等。若两盘均为软柔性岩，其透水性则与断裂的力学性质有关，压性和压扭性断裂常不透水，而张性断裂可具弱透水性；若两盘均为硬脆性或脆性可溶岩，断裂带多数具透水性；若两盘为不同岩类的组合，则透水性就比较复杂，需要根据具体情况进行分析。

规模较大的断裂带，两盘地层岩性在其走向和倾向上均可能出现各种不同的组合情况，因而其透水性复杂多变。即使发育在同一岩性中，由于岩层本身透水性不均一，断裂带后期的充填、胶结或破坏作用，其不同部位的透水性也会有强弱之分。

根据大量实际资料，综合各类断层的水文地质特征，见表8-1。

表8-1　　　　　　　　　　断层水文地质特征

类型	水文地质特征	力学性质	两盘岩性
富水断层	断层破碎带具有较大的储水空间，其透水性大于两侧正常岩层的透水性，主要起汇集两盘含水层中地下水的作用，并有较充足的补给水源	各种力学性质的断层	单一厚层脆性可溶岩
		张性及张扭性断层	单一厚层硬脆性岩层
导水断层	透水性强，但本身储水空间不大，主要起沟通所切穿的各含水层之间（或含水层与地表水体之间）水力联系作用	张性及张扭性断层	各种岩性岩层的互层
储水断层	与周围含水层（或含水带）没有水力联系，或联系很弱，自成孤立的脉状含水带，在地形相对高差大的地段，可具有较高的压力水头	张性及张扭性断层	硬脆性或软柔性岩层

续表

类型	水文地质特征	力学性质	两盘岩性
阻水断层	断盘阻水：一盘不透水，形成天然的隔水边界，一盘透水，形成富水带	各种力学性质的断层	一盘为硬脆性岩层，一盘为软柔性岩层
	构造岩阻水：起切断两侧地下水联系的作用，主要有不透水的糜棱岩、断层泥，后期充填的岩脉或被黏土物质胶结的角砾岩	压性及压扭性断层	硬脆性岩层或薄层脆性可溶岩与软柔性岩层的交互
		张性及张扭性断层	硬脆性岩层或薄层脆性可溶岩与软柔性岩层的交互，单一的厚层脆性可溶岩
无水断层	仅断裂风化带有少量带状裂隙水，整体为不透水	各种力学性质的断层	软柔性岩层

各类断裂的充水作用，可归纳为以下 5 个方面：

（1）构成矿坑的直接充水水源。富水断层和储水断层都可起这种作用，不同的是前者能成为经常性的稳定充水水源；后者仅能成为暂时性充水水源，坑道揭露时，会发生突然涌水，但易疏干。

（2）破坏顶、底板隔水层的连续性，沟通其上、下充水岩层，使之与矿坑或地表水体之间发生水力联系，成为地下水或地表水的充水途径。导水断层常起这种作用，当它和大的含水系统或地表水体发生联系时，坑道一旦接近或揭露它，可造成灾害性突水事故。

（3）使充水岩层与矿层接近或直接接触。如华北石炭-二叠系煤田，常常由于断层错动，把底部奥陶系岩溶含水层抬高到与可采煤层接近或直接接触的位置，因而易引起严重突水事故。

（4）降低隔水顶、底板岩层的力学强度，形成突水的薄弱带。国内外的突水资料均表明，突水点主要分布在断裂带及其附近。发生突水的断裂有的规模很小，在天然条件下属无水或阻水断层，可起隔水作用，但由于岩层受到破坏，降低了力学强度，当开挖井巷揭露它时，在矿山压力和水压力共同作用下，就会由隔水转变为透水。如有的矿区掘进巷道穿过断层带时，开始并无涌水现象，经过一段时间或回采工作面扩大到一定长度时，才产生底鼓、破裂，继而突水，这就是不透水断层在开采条件下破坏了平衡状态转变为透水的反映，在评价断层透水性时应特别加以注意。

（5）构成隔水边界，限制充水岩层的分布和补给范围。阻水断层常起这种作用，特别是处于矿区边界的区域性大断层，可构成矿区边界的天然不透水帷幕，切断区域含水系统与矿区的联系，减少或完全截住充水岩层的侧向补给来源，在特定条件下，还可以形成封闭的水文地质单元，使充水岩层容易疏干。

2. 岩溶陷落柱

岩溶陷落柱是由于下伏碳酸盐岩地层中发育有大型岩溶洞穴，导致上覆的非可溶性岩层不稳定，不断向下垮落而形成的柱状体。这种柱状陷落体是碳酸盐岩岩溶化所引起的继生地质现象，在我国华北地区的石炭-二叠纪煤系地层中广为分布。

华北地区的奥陶系马家沟组灰岩顶部，岩溶发育，有很多巨大的洞穴存在，致使上部顶板石炭-二叠纪煤系地层在自重压力下，不断向下垮落，形成陷落柱，并成为奥陶系灰岩和煤系地层之间的联系通道。井巷或采煤工作面接近陷落柱时，则可能发生突水。

岩溶陷落柱是华北地区石炭-二叠系煤田中底板岩溶裂隙水的重要充水通道，必须加以重视和研究。但是，并非所有岩溶陷落柱都可构成充水通道，只有处在现代岩溶水强径流带和集中排泄带并隐伏埋藏在地下水面之下者，才能构成突水的潜在威胁。矿坑充水是由充水水源和充水途径两者有机结合造成的，因此，应在查明充水岩层岩溶发育特征、地下水量与水压分布的基础上，研究陷落柱的位置和导水性。

（二）人为充水途径

1. 底板突破

当充水岩层为矿层的间接底板时，其中的地下水都具有承压性，作用在巷道隔水底板上的水压随埋深增加而升高。当水压值超过巷道隔水底板的强度时，则可破坏底板，使水涌入巷道，这种现象称为底板突破或底板突水。底板突破既是一种矿山工程地质现象，也是一种人为充水途径，研究这种突水作用的实质，就是评价巷道底板的稳定性。

底板突水问题在我国煤田矿山中非常突出。华北地区石炭-二叠纪煤系底板的可采煤层和岩溶含水层之间，虽然有砂页岩和铝土层相隔，但其厚度不稳定，一般为 25～95m，因此巷道底板抵抗水压的能力差异很大，且作用在其上的水压值随开采深度的增加而增大。目前华北地区浅部煤层已接近采完，开采深度逐渐下移，有的已达 1000m 以上，底板突水问题日趋严重。我国南方的上二叠统龙潭煤系的底板茅口灰岩，也是厚达几百米的强透水的岩溶承压含水层，底板突水同样成为矿井生产中的主要问题。

预测底板突水的可能性时，常采用临界水压值 H_1 和临界隔水层厚度 h_1，将这两个综合性指标作为评价的依据。

临界水压值定义为某一厚度的隔水底板所能承受的最大水压值，此值与隔水层一定的厚度相对应，因此是隔水层厚度的函数。临界隔水层厚度定义为能承受某一水压值作用的隔水底板所需要的最小厚度，此厚度与一定的水压值相对应，因此是作用水压值的函数。突水预测就是确定临界水压值或临界隔水层厚度。

巷道掘进过程中的底板突水预测，可以采用斯列萨列夫公式来确定 H_1 或 h_1。

$$H_1 = 2K_p \frac{h_p^2}{l^2} + r_R h_p \qquad (8-1)$$

$$h_1 = \frac{l\left(\sqrt{r_R^2 l^2 + 8K_p H_p} \right) - r_R l}{4K_p} \qquad (8-2)$$

式中 H_1——隔水底板所能承受的极限水压值，N/m^2；

H_p——作用在巷道底板上的实际水压值，N/m^2；

h_p——底板隔水层的实际厚度，m；

h_1——能抵抗住实际水压 H_p 的临界隔水层厚度，m；

l——采区巷道底宽，m；

K_p——隔水底板岩层抗张强度，MPa；

r_R——隔水底板岩石容重，N/m^3。

当 $H_p < H_1$ 或 $h_p > h_1$ 时，巷道底板稳定，无突水可能或可能性小；当 $H_p > H_1$ 或 $h_p < h_1$ 时，巷道底板不稳定，有突水可能。

2. 顶板破坏

开采矿体在地下形成采空区，采空区上方顶板岩层失去支撑和平衡后，会产生变形，以致破坏，这就会给上部含水层或地表水体等提供人为充水途径。因此，对埋藏在强含水层或地表水体之下的矿床，都要评价顶板的稳定性，预测它可能破坏的最大高度。

根据煤矿开采的观测资料，采空区顶板破坏特征如图8-3所示，按顶板岩层的破坏程度和形式，可将整个破坏影响区在剖面上划分为三个带。

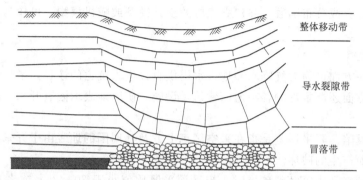

图8-3 采空区顶板破坏及其分带示意图

（1）冒落带：是直接顶板分裂为碎块向下垮落的范围。这一带岩石碎胀，松散堆积。堆积的碎块透水性好，可形成上部地下水或地表水向下灌入的通道，所以一般不允许这一带发展到上部强含水带或地表水体，否则不仅会引起突水，还会导致流沙冲溃。

冒落带厚度一般采用苏联经验公式计算：

$$h_1 = \frac{m}{(k-1)\cos\alpha} \tag{8-3}$$

式中 m——矿层开采厚度，m；

$\quad k$——岩石碎胀系数，见表8-2；

$\quad \alpha$——矿层倾角，（°）；

$\quad h_1$——冒落带高度，m。

根据我国矿山经验，式（8-3）对急倾斜煤层不适用，可参考我国相应的经验公式。

表8-2　　　　　　　　　　不同岩层的碎胀系数

矿层厚度/m	岩 性		
	软黏土页岩	坚硬页岩、砂页岩	砂岩
<1	1.15～1.2	1.2～1.25	1.3～1.4
1～2	1.2～1.3	1.25～1.35	1.4～1.5
2～3	1.3～1.35	1.35～1.4	1.5～1.6

（2）导水裂隙带：为冒落带之上大量出现切层、离层的人工采动裂隙的范围。这一带能透水，是上部强含水层或地表水体的渗入或突水通道，能使矿坑涌水量急剧增加。

导水裂隙带厚度同样用经验公式估算：

$$h_2 = (2\sim3)h_1 \tag{8-4}$$

式中 h_1——冒落带高度，m；

h_2——裂隙带高度（包括 h_1 在内），m。

（3）整体移动带：位于导水裂隙带之上，有时为至地表的整个范围，一般表现为整体弯曲变形或剪切位移。该带透水性与破坏前原岩比较，变化不大，不会构成充水通道。

采空区顶板破坏特征受到矿层形态、倾角以及顶板岩性等因素的控制，根据采矿积累的大量实际资料，研究它们与影响因素之间的统计规律性，确定主要因子的分布特征，得出其概率密度函数或分布函数，并建立相应的统计模型或随机模型，可作为定量预测与预报的研究方向。

3. 地表塌陷

地表塌陷一方面可为大气降水和地表水提供直接进入坑道的途径，增加矿坑充水水源和水量，另一方面还严重影响各种地面建筑及设施。矿区地表塌陷有开采塌陷和岩溶塌陷两种类型。

（1）开采塌陷。开采塌陷是指在采空区正上方及其周围的地表由于开采矿体引起地表变形、移动从而产生的破坏。

在开采缓倾斜及中等倾斜矿层时，当采深采厚比值小于 20～25，或者在某些特殊的地质及水文地质条件下，如果处理不当，地表容易出现漏斗状塌坑。

1）在采深小、矿层厚的情况下，若采区内采厚不均一，造成顶板岩层破坏高度不一致，则地表容易产生塌陷。

2）在松散的孔隙含水层下采矿时，若地质条件不清，盲目提高开采上限，致使冒落带发展到松散层底部，会引起水和泥沙冲溃，同时地面形成漏斗状塌陷。

3）重复开采，引起上覆岩层中的裂隙扩大，使松散含水层的水、砂下泄，也可能引起地表塌陷。

4）在导水断裂带附近开采时，由于断层突水，可能引起地表塌陷。

在开采急倾斜矿层时，不仅采空区上方地表可能出现漏斗状塌坑，还可能沿矿层走向出现槽形塌沟，特别是当顶底板岩层坚硬、不易冒落时，由于矿层本身的整体滑塌一直达到地表，可形成深达几十米以至上百米深的塌沟。

地表开采塌陷与采空区之间的水力联系，是决定其充水意义的关键。凡是开采深度（从松散覆盖层底面算起）大于导水裂隙带最大高度，或有黏土层直接覆盖在基岩之上的矿山，除个别采深采厚比值极小的情况外，地表塌陷与采空区无直接水力联系，不能构成大气降水或地表水的直接充水途径；相反，凡是开采深度小于导水裂隙带最大高度，或没有黏土层覆盖的矿山，除少数采深采厚比值很大的情况外，地表塌陷与采空区有直接联系，构成大气降水和地表水的直接充水途径。地表的黏土类覆盖层，即使是与含水砂层的互层，也起着隔绝地表塌陷与采空区之间水力联系的作用。开采无松散层或极薄松散层覆盖的矿层时，地表塌陷往往与采空区具有水力联系。开采顶板坚硬的急倾斜矿层，采深采厚比值很小时更为显著。

（2）岩溶塌陷。由于对岩溶充水岩层进行疏干，在其排水影响范围内地表所产生的塌陷，其波及面积广，危害性极大。其形成机理、控制因素和预测方法是岩溶充水矿床研究的重要内容之一。

第四节 矿床水文地质类型及涌水量预测

一、矿床水文地质条件复杂程度划分

矿床水文地质勘察研究及矿坑防治水决定于矿床水文地质条件的复杂程度，根据主要矿层（体）与地下水位关系及矿坑进水边界条件复杂程度，充水含水层和构造破碎带、岩溶裂隙发育带的富水性强弱与补给条件，与区域强含水层或地表水、地下水集中径流带联系的密切程度，老窿（窑）水威胁的大小，矿坑正常涌水量的大小（$\geqslant 10000 \mathrm{m}^3/\mathrm{d}$、$3000 \sim 10000 \mathrm{m}^3/\mathrm{d}$、$\leqslant 3000 \mathrm{m}^3/\mathrm{d}$），地下采矿和疏干排水对区域含水层破坏程度等六个方面进行划分，一般分为简单、中等和复杂三种类型。

1. 水文地质条件简单的矿床

主要矿层（体）位于地下水位以上，地形有利于自然排水，矿坑进水边界条件简单；主要充水含水层和构造破碎带富水性差，补给条件差；与区域强含水层或地表水、地下水集中径流带联系不密切；老窿（窑）水威胁小；矿坑正常涌水量不大于 $3000 \mathrm{m}^3/\mathrm{d}$；地下采矿和疏干排水导致区域含水层破坏的可能性小。

2. 水文地质条件中等的矿床

主要矿层（体）位于地下水位附近或以下，地形有自然排水条件，矿坑进水边界条件中等；主要充水含水层和构造破碎带、岩溶裂隙发育带等富水性中等，补给条件较好；与区域强含水层或地表水有一定联系；老窿（窑）水威胁中等；矿坑正常涌水量为 $3000 \sim 10000 \mathrm{m}^3/\mathrm{d}$；地下采矿和疏干排水较容易导致矿区主要含水层破坏。

3. 水文地质条件复杂的矿床

主要矿层（体）位于地下水位或当地侵蚀基准面以下，矿坑进水边界条件复杂；主要充水含水层和构造破碎带、岩溶裂隙发育带等富水性强，补给条件好，并具较高水压；与区域强含水层或地表水、地下水集中径流带联系密切；第四系厚度大、分布广，疏干排水有产生大面积塌陷、沉降的可能；老窿（窑）水威胁大；矿坑正常涌水量不小于 $10000 \mathrm{m}^3/\mathrm{d}$；地下采矿和疏干排水容易导致区域含水层破坏。

二、矿床水文地质分类

实践研究表明，具有同一水文地质特征的矿床，具有大体相似的充水条件、涌水规律，因此可依据同类型矿床具有相似的原理，预估新勘察或新开采矿床的水文地质特征，以指导矿床水文地质调查、评价和开采。

根据充水条件划分的矿床类型，称矿床水文地质类型。矿床水文地质类型的划分是对矿床水文地质条件及其与采矿活动相互关系的高度概括，其目的是指导矿床水文地质调查和矿区水源的综合调控。矿床水文地质分类应遵循以下两条原则：

（1）必须突出控制矿坑充水条件的主导因素，以便揭示主要问题。

（2）力求概念明确、形式简单，便于在生产实际中应用。

根据矿床水文地质分类原则、矿床充水条件及其复杂程度，将矿床水文地质划分为三类、四型及三个等级，见表 8 - 3。

表 8 - 3　　　　　　　　　　　　　　矿床水文地质分类表

类	型	级
孔隙充水矿床	(1) 矿层直接顶板充水 (2) 矿层间接顶板充水	(1) 水文地质条件简单 (2) 水文地质条件中等 (3) 水文地质条件复杂
裂隙充水矿床	(1) 矿层直接顶板充水 (2) 矿层间接顶板充水	
岩溶充水矿床	(3) 矿层直接底板充水 (4) 矿层间接底板充水	

1. 孔隙充水矿床

孔隙充水矿床主要分布于沿海丘陵和海滩、山前冲洪积平原、山间盆地、河流阶地和河床沉积以及山谷的缓坡地带，主要为古近纪、新近纪及第四纪岩层中的矿床。

孔隙充水矿床主要受孔隙岩层的岩性结构（颗粒成分、胶结程度）、埋藏条件、规模及与地表水联系程度的控制，开采时的矿坑充水具有以下特点。

(1) 矿坑涌水量动态受大气降水影响明显，季节变化系数大。这是由于充水岩层埋藏浅，多接近或裸露于地表，主要受大气降水的就地渗入补给所致。

(2) 往往有地表水的影响，矿坑充水程度受地表水性质及流域面积大小的控制。

(3) 岩层强度低，稳定性差，工程地质条件复杂。孔隙水不仅成为矿坑的充水水源，而且改变岩层的物理力学性质，引起一些特殊的工程地质问题，如黏土的隆胀、流砂的冲溃、露天采矿场边坡的滑动等。

(4) 多采用露天开采，边坡渗透变形及稳定性是其主要问题。

2. 裂隙充水矿床

裂隙充水矿床受到裂隙发育程度和分布规律的控制，开采时的充水具有以下特点。

(1) 矿坑涌水量一般比较小。裂隙岩层的储水能力和接受补给的能力受到裂隙数量和大小的限制。一般情况下（指不受构造应力集中、地形卸荷和人工采动等局部因素影响），岩层裂隙率小于 1%，隙宽不超过 1mm，透水性较弱。裂隙充水矿床在我国多分布在山区的分水岭或斜坡地带，地形不利于大气降水入渗，裂隙水的储存量和补给量均相对较小，所以矿坑正常涌水量一般在每分钟数吨以下，对矿井不构成威胁。巷道揭露裂隙充水岩层时，常见的涌水方式是淋水、滴水和渗水，对该类充水岩层不需要采取专门的疏干措施，矿床地段的裂隙水可随开采过程的排水逐渐自行疏干。

(2) 具有不均一性和方向性。由于裂隙发育的不均一和定向展布，巷道揭露充水岩层时，只是一定方向的局部线和点上集中出水。对于不同岩性互层的沉积岩，其中的裂隙发育程度和分布由于受区域构造应力场控制，一般相对均匀，可形成透水性较均一的层状含水系统。如煤系地层中所夹的砾岩和砂岩层。但巷道揭露这些层状含水系统时，仍然由于裂隙的定向分布和不同方向裂隙组隙宽的差异，不同方向开挖的巷道涌水点的数目和涌水量的大小不同。对于巨厚层的沉积岩，特别是非层状的岩浆岩，裂隙发育的不均一性更突出，地下水主要集中分布在局部巨型裂隙发育处，形成脉状含水带，巷道揭露时，可发生突水，所以要特别注意研究和确定局部巨型裂隙发育的部位。

(3) 疏干排水的影响范围小。裂隙岩层的弱透水性，使疏干降落漏斗难以向外扩展，正常情况下，仅局限在数百米甚至数十米以内。

上述特点说明，裂隙充水矿床一般属于简单型或中等型。但当矿体埋藏于当地最低排泄基准面以下并具备下列任一条件时，应将矿床作为复杂类型来考虑。

（1）位于大的地表水体或强含水层之下，采空区顶板导水裂隙带可能构成充水途径。

（2）断裂构造沟通大的地表水体或区域强含水系统。

（3）矿床地段巨型裂隙和断层发育，容易造成局部突水。

（4）玄武岩构成顶、底板或围岩，其中存在熔岩洞穴。

3. 岩溶充水矿床

岩溶充水矿床在我国分布很广，几乎遍及全国各省、自治区，涉及金属、非金属、煤等各类矿种。大部分矽卡岩类型矿床、北方的石炭-二叠系煤田、南方的二叠系煤田及部分中低温热液矿床都属此类。这类矿床的矿坑充水条件一般都较复杂，是近年来矿床水文地质主要研究对象。

（1）岩溶充水矿床的特点。岩溶充水矿床的矿坑充水条件，首先取决于充水岩层的岩溶发育特征。众所周知，岩溶是在裂隙渗流介质的基础上进一步分异扩容的结果，无论从总体和局部来看，岩层的储水能力和导水能力，都随着岩溶的发育而增强。岩溶水分布的不均一性、方向性和集中程度，较之裂隙水更甚，因此该类矿床的矿坑充水条件与前两类相比有明显差异，具有以下特点。

1）矿坑涌水量大。国内外的大水矿山，除少数是露天开采的孔隙充水矿床外，几乎都是岩溶充水矿床。矿田的总涌水量可达每天几十万立方米，单个矿井的涌水量也常为$20000\text{m}^3/\text{d}$以上。正是岩溶介质在储水和导水能力上的相对优势，导致岩溶水的储存量和补给量较之其他空隙类型中的地下水大得多。

2）以集中突水为主要充水方式。突然冲溃的危险是该类矿床开采过程中的主要问题。岩溶发育强烈分异，导致岩溶水分布极不均匀，从而使矿坑充水呈现高度集中的突发形式，在矿坑涌水量大小和突水点的分布上也表现出明显特征。

①矿井总涌水量往往取决于几个大的突水点，单点突水量可达每小时数千立方米。

②矿井总涌水量的变化极不稳定，而是随大突水点的出现短时间剧增，其多年动态曲线呈现出不均匀跳跃式上升。

③突水点往往集中出现在某一方向或某一地段上。这说明岩溶介质渗流场不仅极不均一，而且表现出强烈的各向异性，只有岩溶发育的地下水强径流带才和矿坑发生密切水力联系，成为疏干排水的主要来水方向和集中突水的地段。

突水点和涌水量集中的充水方式，使开采岩溶充水矿床的矿井常出现这种情况：在几乎完全干燥无水的地段，邻近可能潜伏一个巨大的蓄水洞穴或导水断层，一旦揭露就会造成突水灾害，酿成事故。所以，认识岩溶充水矿床矿井涌水量大的特点必须和集中突水联系起来，但并不是所有巷道的所有地段都会出现大的涌水点，也不是所有岩溶充水矿床的正常涌水量都很大，只有在查明岩溶的发育规律基础上才能掌握矿井充水的时空变化。

3）矿井排水的影响范围可以扩展很远。矿井排水影响范围大，可能改变区域水文地质条件，破坏自然环境。岩溶介质的强透水性，有利于矿坑水获得区域侧向地下径流的补给。若充水岩层构成大的岩溶含水系统，在矿井长期排水，大幅度降低地下水位的情况下，疏干降落漏斗可以扩展很远。矿坑排水在矿区形成新的人工排泄点，当其中心水位下降至天然排泄区的标高之下时，就会从根本上改变区域地下水的天然补、排条件，矿坑排水中心成为新的最低排泄基准，原来的排泄区则转变为补给区，出现井、泉干涸，河水断流，地下分水岭外移，汇水面积扩大，增强补给量等现象。可见矿坑排水不仅可以完全袭夺地下的天然排泄量，还可获得大于前者的补给增量。

此外，岩溶充水矿井疏干排水的结果，还常出现地面塌陷和井下泥沙冲溃。

以上矿坑充水特征说明，对于岩溶充水矿床充水条件的评价，切忌以下两点：①以个别钻孔或局部地段的勘探、试验资料所获的水文地质参数，来进行整体评价；②以短期、小降深的水文地质试验结果来作为矿床开采疏干评价的依据。

（2）岩溶充水矿床的类型。分布于我国各地的岩溶充水矿床，由于其分布区气候、地形、构造、岩性等自然地理和地质条件的差异，其岩溶发育程度和岩溶水分布特征也不尽相同，故矿坑充水特征也有明显区别，可进一步划分为：以溶隙充水为主的岩溶充水矿床、以溶洞充水为主的岩溶充水矿床和以暗河管道充水为主的岩溶充水矿床三个亚型。

1）以溶隙充水为主的岩溶充水矿床。此亚类矿床主要分布在岩溶作用相对较弱的我国北方大部分地区，即秦岭—大别山—淮河一线以北的范围内，如华北的石炭-二叠系煤田，冀鲁的砂卡岩型铁矿，辽宁、鲁南等地的非金属和多金属矿等。其充水岩层有震旦纪、寒武纪、奥陶纪、石炭纪等不同时代的碳酸盐岩系，而其中以奥陶系马家沟组分布最广，是本亚类矿床中影响最大的充水岩层，对其研究具有普遍意义。

以溶隙为主的岩溶充水矿床，其充水岩层的岩溶形态主要为溶蚀裂隙，常常构成包括有小溶洞、溶孔的溶隙网络系统。溶隙网络是在区域性构造裂隙网络的基础上，在亚湿润、亚干旱的气候环境中长期缓慢溶蚀而成。溶隙网络的连通性较好，整个网络系统具有密切的水力联系，从而形成统一的含水系统和地下水面（或水压面），排水时能在很大范围内出现统一的降落漏斗（或降压漏斗）。在构造断裂发育带，溶隙密度增大，形成强径流带，水力坡度平缓，有的仅为万分之几，抽水时水力（或压力）传递很快，矿区一定范围内观测孔水位近似同步等幅下降。由于华北地台的相对稳定性，形成规模宏大的开阔褶皱，奥陶系灰岩则形成大型水文地质单元（含水系统），其汇水面积很大，具有丰富的地下水储存量和补给量，使矿坑充水条件复杂化。

2）以溶洞充水为主的岩溶充水矿床。该亚类矿床主要分布在我国南方，如长江中下游、南岭一带的大型多金属矿床，湘中、赣中一带的二叠系煤田等，其充水岩层主要为泥盆纪、石炭纪、二叠纪、三叠纪等各个时代的碳酸盐岩系。

该亚类矿床的矿区地表一般为厚度不大的第四系松散沉积物所覆盖。地表水系发育，充水岩层中普遍发育溶洞，其规模一般为 0.5～3m（指高度），钻孔见洞率和岩溶率均较高，前者可达 30% 以上。受构造、岩性、地下水排泄基准面等因素影响，岩溶发育程度表现为平面和垂向层状非均质特征。

此类矿床的充水岩层，虽然岩溶发育不均一，但由于溶洞之间有溶隙沟通，仍能形成统一含水系统，在一定强度的排水条件下，可在其中形成巨大的各向异性降落漏斗。

该类矿床广泛分布在扬子准地台和华南褶皱带大地构造单元中，其主要充水岩层往往受区域构造控制，形成一些规模较小的水文地质单元，若没有地表水体的充水作用，多数矿区的矿坑涌水量一般不超过20000m³/d。当有地表水灌入时,则矿坑涌水量较大。

3)以暗河管道充水为主的岩溶充水矿床。该亚类岩溶充水矿床多见于地壳相对强烈上升,地形相对高差很大的中高山区,据目前已知,主要分布在我国南方,特别是西南地区。

这类矿床的主要充水岩层一般裸露于地表,漏斗、落水洞等地表岩溶发育,大气降水可直接灌入地下管道,因此地面不易形成表流。地下岩溶分布极不均一,主要发育大型管道,管道之间基本不发育岩溶,所以勘探钻孔见洞率和岩溶率都很低。地下水集中于管道之中流动,构成暗河系统,其水力特征与管渠流或山区河流相似。整个充水岩层不能形成统一的水动力场,不存在统一地下水面,抽、排水时不能形成降落漏斗。暗河水动态完全受降雨控制,矿坑涌水量大小取决于降水强度和管道系统的汇水面积,暴雨可造成突然性灾害。

暗河管道系统的基本格局主要受巨型构造裂隙和岩性界面控制,但具体形态和延展情况复杂多变,一般勘探手段难以奏效,只能通过对暗河出入口、地表岩溶形态的调查,结合水文地质结构、地球物理分析方法和示踪试验,大致确定其主体延展方向。

该类岩溶充水矿床分布位置较高,当矿体埋藏在暗河系统的最低排泄口标高之上,或埋藏在岩溶水的垂直循环带时,平时坑道涌水量很小或无水,且有利于自然排水,则水文地质条件简单。当矿体埋藏在暗河系统的最低排泄口之下,且地下又存在大的汇水洼地或地下水库时,则水文地质条件复杂。雨季特别是暴雨常常引起暗河突水,酿成灾害。

三、矿坑涌水量预测方法

矿坑涌水量是指单位时间内流入矿坑的水量,常用 m³/d、m³/min 表示。因为流入矿坑的水是通过一定能力的排水设备排出矿坑的,所以通常用单位时间内的排水量来表征矿坑涌水量。

矿坑涌水量预测是对矿坑充水条件的定量描述,也是对采矿井巷系统需要排除水量的估计,作为矿井开采设计中制定防治水方案的直接依据。

矿坑涌水量的预测一般包括:单项开拓工程或疏干工程的涌水量、某一开采系统的涌水量及矿坑总涌水量。矿床勘探阶段主要是预测后两者。由于矿坑涌水量常具有季节性变化,所以总涌水量又有正常涌水量 Q_0 与最大涌水量 Q_{max} 之分。正常涌水量系指平水期(或枯水期)保持相对稳定的总涌水量;最大涌水量系指雨季时的洪峰涌水量。两者的影响因素、动态特点和预测方法有所不同,一般需要分别进行分析和评价,往往是先计算正常涌水量,然后考虑雨季的最大涌水量增量。

在矿坑涌水量预测中,还经常使用"疏干流量"这一概念。它是指在规定的时间(即疏干时间)内将地下水位降低到某一规定深度(疏干降深)所必需的恒定排水强度。也就是指在坑道系统未开拓或疏干漏斗还未形成前,由规定的疏干时间所决定的排水疏干工程的排水量,勘探阶段的矿坑涌水量预测,实质上是预测疏干流量。

保证矿坑涌水量预测精度的关键,在于做好下面两步工作:

(1)查明充水条件,建立符合客观实际的水文地质概念模型,包括矿坑充水水源、矿坑充水途径以及它们相互配合的分析,特别要注意用发展的观点,分析在未来开采条件下地下水系统补、径、排特征的变化,正确确立计算边界,并获得主要充水岩层具有代表性的水文地质参数。

（2）正确选择计算方法，建立与水文地质概念模型相符的数学模型，计算时切忌不考虑条件而盲目套用已有计算公式，或建立不合理的数学模型。

常用的矿坑涌水量预测方法有比拟法、水均衡法、解析法和数值模拟法，其中以数值模拟法适应性最强，是最具有发展前途和应用前景的方法。

第五节 矿床水文地质勘察及成果要求

矿区水文地质勘察一般是作为矿产地质勘察的一部分，当矿区水文地质内容多，也可进行专门性水文地质勘察。矿床水文地质勘察和成果主要反映以下内容。

一、水文地质

1. 区域水文地质

简述区域地形、地貌、水文、气象特征；含（隔）水层的岩性、厚度、产状与分布；含水层的富水性及地下水的补给、径流、排泄条件。

2. 矿区水文地质

（1）矿区在水文地质单元的位置，最低侵蚀基准面标高（当地侵蚀基准面）和矿坑水自然排泄面标高，首采地段或第一开拓水平和储量计算顶底界的标高，矿区的水文地质边界。

（2）含水层的岩性、厚度、产状、分布、埋藏条件、单位涌水量、渗透系数或导水系数、给水度或弹性释水系数，裂隙、岩溶发育程度、分布规律、控制裂隙及岩溶发育的因素；地下水的水位（水压）、水温、水质以及补给、径流、排泄条件；隔水层的岩性、分布、产状、稳定性及隔水性；确定矿床充水主要含水层的依据及其与矿层之间的关系。

（3）主要构造破碎带对矿床充水的影响。构造破碎带的位置、性质、规模、产状、埋藏条件及其在平面和剖面上的形态特征，充填物的成分、胶结程度、溶蚀和风化特征，导水性、富水性及其变化规律，与其他构造破碎带的组合关系以及沟通各含水层和地表水的情况，确定其对开采矿层的影响。

（4）地表水对矿床充水的影响。地表水的汇水范围，河水的流量、水位及其变化，历年最高洪水位的标高、洪峰流量及淹没的最大范围，地表水与地下水的水力联系情况、与开采矿体联系的途径，分析其对矿床开采的影响。

（5）老窿（窑）水、生产井对矿床充水的影响。老窿（窑）的分布范围、坑口标高、开采的最大深度及最低标高、积水情况及对矿床开采的影响；矿区内生产井的位置，开采的最大深度和最低标高，开采面积、产量、排水量和充水来源，历年来发生突水事故的次数、突水量和原因。

（6）矿层与含（隔）水层多层相间的矿床，应详细查明开采矿层顶、底板主要充水含水层的水文地质特征和隔水层的岩性、厚度、稳定性和隔水性，断裂发育程度、导水性以及沟通各含水层的情况，分析采矿对隔水层的可能破坏情况。当深部有强含水层时，应查明主要充水含水层从底部获得补给的途径和部位。

应该说明的是，人们通常只注重研究的是潜水含水层。但碎屑岩山区，砂岩与砂质泥岩、页岩等常成互层或夹层状，形成承压含水层或透镜状承压水体，研究这些承压含水层的形成条件及补给条件，是矿山水文地质工作的重要任务，而这常被忽略。

（7）水溶法开采的盐类矿床，应详细查明岩、矿层的空间分布，矿层顶底板岩石的物理力学性质和水理性质（指可塑性、膨胀性、收缩性、崩解性、透水性等），地质构造发育程度及分布规律，各含水层与矿层的空间关系及其水力联系情况。

花岗岩风化壳稀土矿勘察时，过去常忽略一个问题，即不注意研究含矿带风化层渗透性在剖面上的变化。如果含矿的全风化层、强风化层渗透性弱，特别是强风化底部渗透性弱，则原地灌注方法开采时，淋滤液难以往集液通道汇流，或者渗透速度很慢，将严重影响采矿的经济效益，影响稀土的回收率。因此，在查明稀土矿分布的同时，要注意查明稀土矿层及下伏层位的渗透性，确定矿层是否可能采用常规的淋析方法开采，需要研究低渗透性矿层的稀土回收方法。

3. 各类充水矿床应着重查明的问题

（1）孔隙充水矿床：应着重查明含水层的成因类型，分布、岩性、厚度、结构、粒度、磨圆度、分选性、胶结程度、富水性、渗透性及其变化；查明流沙层的空间分布和特征，含（隔）水层的组合关系，各含水层之间，含水层与弱透水层以及与地表水之间的水力联系，评价流沙层的疏干条件及降水和地表水对矿床开采的影响。

（2）裂隙充水矿床：应着重查明裂隙含水层的裂隙性质、规模、发育程度、分布规律、充填情况及其富水性；岩石风化带的深度和风化程度；构造破碎带的性质、形态、规模及其与各含水层和地表水的水力联系；裂隙含水层与其相对隔水层的组合特征。

（3）岩溶充水矿床：应着重查明岩溶发育与岩性、构造等因素的关系，岩溶在空间的分布规律、充填深度和程度、富水性及其变化，地下水主要径流带的分布。

以溶隙、溶洞为主的岩溶充水矿床，应查明上覆松散层的岩性、结构、厚度，或上覆岩石风化层的厚度、风化程度及其物理力学性质，分析在疏干排水条件下产生突水、突泥、地面塌陷的可能性，塌陷的程度与分布范围以及对矿坑充水的影响。对层状发育的岩溶充水矿床，还应查明相对隔水层和弱含水层的分布。

以暗河（地下河）为主的岩溶充水矿床，应着重查明岩溶洼地、漏斗、落水洞等的位置及其与暗河之间的联系；暗河发育与岩性、构造等因素的关系；暗河的补给来源、补给范围、补给量、补给方式及其与地表水的转化关系；暗河入口处的高程、流量及其变化；暗河水系与矿体之间的相互关系及其对矿床开采的影响。

4. 矿坑涌水量预测

论证并确定矿区水文地质边界，建立水文地质模型、数学模型并论证其合理性；阐明各计算参数的来源，并论证其可靠性和代表性；对各种计算方法计算的结果进行分析对比，推荐可供矿山建设设计利用的矿坑涌水量，并分析涌水量可能偏大、偏小的原因。

（1）矿坑涌水量计算必须建立在正确认识矿区水文地质条件的基础上，勘探设计时应初步确定其计算方案，并在勘探过程中，随着对矿区水文地质条件认识的深化逐步修正和完善。

（2）应根据矿区水文地质特征、边界条件、充水方式，建立矿区水文地质模型和数学模型，选择有代表性的参数及合理的方法计算矿区一期开拓水平的正常和最大涌水量。需预先疏干的矿床，应计算相应水平疏干漏斗范围内的地下水储存量，必要时，估算最低开拓水平的正常和最大涌水量。

水文地质概念模型是把所研究的地下含水系统实际的边界性质、内部结构、水动力和水化学特征、相应参数的空间分布及补给、排泄条件等概化为便于进行数值模拟或物理模拟的基本模式。例如，把坑道开采的开拓系统概化为一个水平开采的廊道系统，或者把它等效为一个大井系统等，这样就可以利用现有的公式进行理论计算。确定水文地质概念模型与数学模型，并论证其合理性。

主矿体在侵蚀基准面以上，水文地质条件简单的矿区，可计算全矿区的正常和最大涌水量。

（3）矿坑涌水量计算主要方法有比拟法、数理统计法、水均衡法、解析法、数值法和物理模拟法等，应根据概化的矿区水文地质模型和所获得的各项水文地质参数情况选择，必须注意计算方法的使用条件，有条件时应采用几种方法计算和对比。

（4）对计算成果应进行详细评述，推荐作为矿山一期开拓水平疏干排水设计的矿坑涌水量，分析论证计算涌水量可能偏大或偏小的原因及矿床开采后矿坑充水因素和涌水量的变化。

二、矿区环境地质

（1）预测矿坑水和其他污染源对地下水、地表水的水质可能污染的情况，提出保护地下水、地表水的建议；论述产生地表变形（地裂、塌陷、露采坑、废石堆）对地质环境的影响，矿山环保和复垦情况。评述地下水、地表水的环境质量，确定水环境质量等级。

（2）预测因矿山长期排水所产生的地下水位下降的深度、疏干漏斗的扩展范围及邻海矿区引起海水倒灌的情况，评述对当地居民生活用水、工农业用水的影响程度和影响范围。

（3）预测疏干排水后可能引起的地面塌陷、沉降、开裂的范围和深度，对位于旅游风景点、著名热矿水点附近的矿区还应评述对其影响程度；对位于高山、陡崖、深谷的矿区，应预测矿床开采可能引起的山体开裂、危岩崩落、滑坡复活的范围和影响程度，提出防治地质灾害的建议。

（4）对矿体（层）埋藏深度大于 500m 的矿区，应阐明矿区内不同深度和各构造部位的地温变化和地温梯度。指出高温区的分布范围，并分析其产生的原因。

三、矿区灾害评估

1. 突水灾害

首先要区别涌水、突水的不同，前者是地下水通过孔隙、裂隙、断裂破碎带、小型溶洞平稳地向矿坑流入，后者则指突然遇到了断裂富水带、溶洞富水带、岩溶管道、老窿与采空区积水或与裂隙、岩溶沟通的地表水体等事先未曾查明的水源，矿坑涌水量突然增大而造成人身、财产伤害事故。

论证矿坑突水条件，要分析可能的突水水源（地下水、采空区积水、老窿水和地表水体）条件，突水通道条件与位置，分析评估突水的可能性，危害程度。

2. 岩溶地面塌陷

首先要详细调查现状岩溶地面塌陷情况，对其分布位置、规模、危害程度、危险性进行阐述与评估。

根据浅层岩溶发育分布规律、覆盖土体特征、地下水强径流带的分布，预测的地下水降落漏斗形态和范围，预测评估岩溶塌陷可能出现的位置、规模、危害程度和危险性。

3. 采空区地面塌陷、沉陷、地裂

参考煤矿开采的采空区冒落带、导水裂隙带沉陷量计算的经验公式进行估算后作出评价。因此，要先计算冒落带、导水裂隙带高度，判断是否冒落带达到地表从而产生塌陷，或者导水裂隙带达到地表，可能产生地裂。当判断不可能产生塌陷、地裂后再进行沉陷量计算，圈定移动盆地范围。

4. 地下水污染（水质污染）调查

评价内容包括现状、生产与闭坑后，矿坑的排（注）水，废渣场、堆淋场、尾矿库和其他污染源区对水质污染、分布范围的分析评估。为了便于对问题的分析，通常将含水层破坏分析着重在开采对含水层结构的破坏、地下水疏干影响、井泉疏干、地表水体漏失及对居民用水水源的影响、含水层串通引起的水质恶化等内容。地下水水质污染调查则着重矿井废水、选矿废水、废石场、尾矿库渗漏、淋滤水对矿区及下游地下水、地表水、农田等的污染，危害对象重点是研究对村屯群众生活、生产用水水源的影响，对地下水与地表水环境的影响。

5. 含水层破坏的现状与预测评估

含水层破坏的内容，主要包括矿山排水引起的区域（局部）地下水位降落漏斗，导致周围含水层、井泉的疏干、地表水体水的漏失、农田漏水，以及由此造成的对邻近居民用水的影响。除此之外，还有各种原因导致岩溶区地下通道被堵塞而造成的含水层破坏的一种特殊类型，其结果可能改变地下水的径流与排泄，影响当地群众的生产、生活用水。

四、矿山地质环境问题的防治措施建议

对存在的矿山地质环境问题，依据所调查的实际条件和分析预测的情况，有针对性地提出可操作的防治建议或进一步工作的意见建议。

复习思考题

1. 简述矿床充水水源、充水途径、充水强度、矿坑涌水量的概念。
2. 简述各类型水文地质矿床的水文地质特征。
3. 简述顶、底板突水预测方法。
4. 简述矿床水文地质勘察成果的主要内容。

第九章　水利水电工程水文地质勘察研究

第一节　水利水电工程水文地质勘察研究的意义

我国幅员辽阔，水系众多，江河密布，径流丰沛，落差大，水资源及水能资源总量很大。从全国水系和流域区划图可见，960多万 km² 的国土上，大江大河源远流长，有长江、黄河、珠江、淮河、海河、辽河、松花江七大水系，还有雅鲁藏布江、澜沧江、怒江、鸭绿江、图们江、黑龙江、额尔齐斯河、伊犁河、阿克苏河等国际河流。据统计，流域面积在 100km² 以上的河流有 5 万多条，流域面积在 1000km² 以上的河流有 1500 多条。全国平均年降雨深为 630mm，降雨总量为 $6.19×10^{12}$ m³，河川径流总量为 $2.72×10^{12}$ m³，有 17 条河流的年径流量在 500 亿 m³ 以上。

丰沛的径流和巨大的落差，形成了得天独厚的水能资源。按照技术可开发容量，中国 300MW 以上的大型水电站约 270 座，其中 3000MW 级特大型水电站约 100 座；50～300MW 的中型水电站约 800 座，小型水电站上万座，微型水电站不计其数。据 2005 年国家发展和改革委员会公布的全国水能资源复查数据，中国水能资源理论蕴藏量约为 6.95 亿 kW，其中技术可开发的装机容量约为 5.42 亿 kW，约占世界首位。

在水能利用方面，到 2010 年年底，中国水电装机容量 2.1 亿 kW，年发电量 6500 亿 kW·h，成为世界上最大的水力发电国。全国已建和在建的 30m 以上的大坝有 5200 余座，其中坝高 100m 以上的大坝有 145 座，已投产 5 万 kW 以上的大中型水电站 450 余座（含抽水蓄能电站 21 座）、30 万 kW 以上的水电站 100 座（含抽水蓄能电站 15 座）、百万千瓦以上的水电站 40 座（含抽水蓄能电站 7 座），数以万计的小水电站和微型水电站遍布全国各地，并创造了多项世界水电之最。近 20 年，中国已经成为世界上水电发展最快的国家。21 世纪以来，先后投产了小浪底、三峡、水布垭、龙滩、小湾、彭水、构皮滩、瀑布沟、三板溪、拉西瓦、景洪等大型水电工程。水能资源开发程度按发电量计已达到 26.3%，按装机容量计达到 38.5%。

水利水电工程建设，推动了水利水电相关专业——规划、勘察、设计、施工、制造、设备安装以及科学技术的发展。在吸取世界各国先进技术、总结实践经验的基础上，形成了中国特色的水利水电工程科学技术体系。三峡、二滩、小浪底、水布垭、龙滩、小湾、拉西瓦、构皮滩、洪家渡、瀑布沟等大型水电工程和高坝的成功建设，标志着中国水利水电建设技术已经达到世界先进水平。目前溪洛渡、白鹤滩、向家坝、锦屏一级、锦屏二级、大岗山、糯扎渡等水电站的建设则将促进中国水利水电工程技术迈上更高台阶。

到 2020 年全国水电装机容量将达到 3.5 亿 kW（不包括抽水蓄能），水电开发重点是基本完成长江上游、乌江、南盘江江水河、湘西、闽浙赣、黄河中游和东北 7 个水电基地的开发；重点开发金沙江、雅砻江、大渡河、澜沧江、怒江、黄河上游干流 6 个西部地区的水电基地；开发缅甸、尼泊尔、老挝、泰国等国家的水电。2010 年以来，中国部分新开工大型水电工程列于表 9-1。

表 9-1　　　　　　　　　　　2010 年以来部分新开工大型水电工程

重点流域	重点项目
金沙江	白鹤滩、乌东德、龙盘、梨园、阿海、龙开口、鲁地拉、观音岩、苏洼龙、叶巴滩、拉哇
澜沧江	侧格、卡贡、如美、古学、古水、乌弄龙、里低、托巴、黄登、大华桥、苗尾、橄榄坝
大渡河	双江口、金川、安宁、巴底、丹巴、猴子岩、黄金坪、硬梁包、老鹰岩、枕头坝梯级、沙坪梯级
黄河上游	宁木特、玛尔挡、茨哈、班多、羊曲、黑山峡河段梯级
雅砻江	两河口、牙根一级、牙根二级、孟底沟、杨房沟、卡拉
怒江	松塔、马吉、亚碧罗、六库、赛格

水利水电工程中经常遇到的主要水文地质问题如下：

（1）渗漏问题。包括坝区（坝基和绕坝）渗漏和水库渗漏。严重的水库渗漏不仅会影响水库的正常蓄水及其效益的发挥，还会造成库外滑坡、浸没和土壤盐碱化、沼泽化等其他工程地质问题。而坝区渗漏即使不大，也会因渗透压力、对坝基岩体产生软化、潜蚀等对大坝建筑物安全产生影响甚至危害。

（2）浸没问题。即由于水库蓄水，水位抬高，周围库岸岩石随之受浸润，逐渐饱和，使地下水位上升，形成地下水壅水而引起的种种不良后果。

（3）地下水对建筑基坑的水动力作用，造成基坑变形破坏。

（4）地下水对坝区建筑物引起的水化学稳定问题。

水利水电工程勘察所涉及的水文地质条件评价就其内容、范围都较水文地质专业涵盖的内容狭窄得多，通常仅仅研究地下水的赋存条件、类型、补排关系、水文地质参数、水质等，为论证水库成库条件、渗漏及渗透稳定性和环境水对建（构）筑物是否具有腐蚀性提供依据。因此为水利水电工程而进行的水文地质勘察通常只是其工程地质勘察的一部分，一般情况下均与工程地质勘察合并进行，开展工程地质及水文地质的综合勘察，水文地质常处于从属地位。只有在特殊条件下才进行专门的水文地质勘察，如在可能发生严重渗漏的岩溶地区，就必须进行专门的岩溶水文地质勘察以查明岩溶水库渗漏条件；在灌区、可能发生大面积浸没的地区、水文地质条件复杂地区，或者在施工过程中水文地质条件明显变化并引起相应工程设计方案重大调整及工程运行期间出现严重水文地质问题时，均应根据需要进行专门性水文地质勘察。

水文地质勘察的目的和任务就是要查明上述水文地质问题，为水利水电工程的兴建及应当采取的防治措施提供资料和依据。考虑到本课程的内容和要求，主要讨论渗漏问题。

水利水电工程水文地质问题的研究和解决具有很大的实际意义。它不仅关系到建筑物未来的稳定性，而且也关系到工程的经济效益和使用年限。例如我国新安江水电站为一山谷型水库，水库回水范围内分布着寒武纪到二叠纪的地层，其中石灰岩地层呈条带状分布并延伸到库外，地表岩溶发育，因此库水是否会产生渗漏，是修建这一工程必须解决的关键问题之一。由此进行了大量的水文地质勘察工作，结果认为在具有隔水层或相对隔水层封闭的分水岭地段，两侧地下水无水力联系或水力联系差，不会产生水库渗漏；在没有隔水层封闭的地段，虽然存在着通往邻谷的岩溶化石灰岩，但地下水分水岭高于设计水位，也不会产生渗漏，故水库区不会产生向邻谷及水库外渗漏的问题。事实证明，新安江水库自1959年建成蓄水以来，从未发现任何渗漏现象，证实了上述调查结论是正确的。相反，在工程修建前未能对水文地质工作给予充分重视，而影响了工程的施工、运行，甚至使工程废弃的例子，国内外均多有存在。例如西班牙的蒙特哈水库建成后水从周围的石灰岩裂隙及溶洞中漏失，72m高的大坝起不了蓄水作用而废弃。我国也有一些群众自办的小型水库因经验不足，水文地质条件认识不清，而成为病库、险库或废库。例如河北某水库，坝高45m，为土坝，在工程兴建前对水文地质条件认识不足，施工中对透水性较强的断层带未做很好的防渗处理，蓄水后发生坝基及左岸绕坝渗漏，强岩溶化地带，渗透系数高达200～300m/d，致使水库未能发挥正常效用。这些正反方面的经验教训值得人们认真吸取和引以为戒。

第二节　岩溶河谷区的水文地质勘察

一、勘察目的和任务

我国碳酸盐岩出露面积约91万km²，占国土总面积的9.4%，该地区的水力资源约为我国可开发水能资源的1/5。

岩溶地区蕴藏着丰富的水力资源，这对兴建水库，水力发电，农业灌溉等生产建设，提供了良好条件，但很多水利水电工程，特别是较大的枢纽工程，都会遇到各种各样复杂的岩溶问题。岩溶发育对工程建设带来不利条件和威胁，尤为重要的是坝区和库区的渗漏问题。岩溶渗漏不仅影响水库水量的正常平衡，妨碍水库的正常工作，减少水库的经济效益，而且还会危及坝体的安全，使水库变成灾库。岩溶地区水利水电工程一般均开展专门性的水文地质勘察，查明水库及建筑物区的岩溶水文地质条件，对岩溶渗漏、岩溶性涌水及外水压力、岩溶水变化导致的环境恶化等岩溶水文地质问题进行分析、评价。

几十年来我国在岩溶理论的研究和实践，岩溶勘察、渗漏评价和防渗处理方面积累了丰富的经验。自乌江渡水电站成功兴建以来，尚无一座在岩溶地区建设的水电站发生过严重的岩溶渗漏，说明只要有效查明岩溶的渗漏情况，采取可靠防渗措施，完全可以在岩溶地区建设大型水电站。

二、勘察研究内容

（一）查明岩溶水文地质条件

岩溶地区修建水利水电工程渗漏问题是主要的水文地质工程地质问题，因此必须首先查明岩溶含水层的水文地质条件，做好含水层（透水层）和相对隔水层的划分，分别研究各个岩溶含水层的水动力条件。对水库所在的河谷，要查清地下水与河水的补给排泄关系，研究天然河道是否漏水。研究河谷水动力条件时，要特别重视低地下水位和低地下水位带的分布。对分水岭地区，要研究地下分水岭是否存在及其位置、高程和水位动态规律。对低邻谷出露的岩溶泉要注意研究其流量、动态、补给范围以及它们是否接受水库所在河谷地下水的补给。上述条件都是判定岩溶渗漏问题的重要依据。

从防渗观点出发，坝址的选择首先应尽量选在有隔水层的横谷河段，天然防渗条件较为优越，如岩层倾向上游，倾角较大就更为理想。湘、黔、桂诸省有许多成功的实例。乌江渡水电站是我国在岩溶地区兴建的第一座大型水电站，坝高达 165m，电站自运行以来，观测资料表明防渗效果良好，这是很成功的例子。它主要利用三叠系下统可溶岩层中的页岩层作隔水层，岩层倾向上游，倾角较大（$60°\sim65°$），为岩溶区高坝的修建提供了极为有利的条件（图 9-1）。

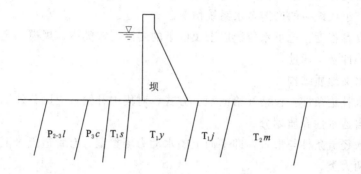

图 9-1　乌江渡坝址地质剖面图

$P_{2-3}l$—二叠系中上统龙潭组煤层；P_3c—二叠系上统长兴组灰岩；T_1s—三叠系下统沙堡湾组页岩；

T_1y—三叠系下统玉龙山组灰岩；T_1j—三叠系下统九级滩组页岩；T_2m—三叠系中统茅草铺组灰岩

其次对于在无隔水层河谷选择时，应尽可能选在弱岩溶化地段。即使在有隔水层的河谷，也应进一步选取弱岩溶河段作为坝址。

具有纵向地下径流的河段，如河湾地段、上下游有冲沟及地形分水岭较单薄的局部地段，以及河床裂点、支流汇入干流的入口附近等河床比降较大的地段，都有利于纵向径流的产生导致严重的渗漏，但将坝址选于河床地下水溢出带的下游则较为有利。湖南千家水库坝址就位于这样的部位上（图 9-2），经严密处理后，并未产生渗漏。

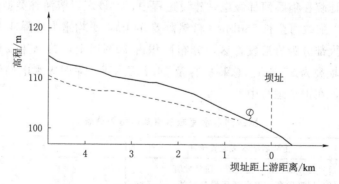

图 9-2　湖南千家水库河床纵剖面示意图

——河床地形线；----地下水位线；Ω—泉

覆盖型岩溶地区，水库的大量漏水是通过潜蚀作用破坏了覆盖层后才能出现。因此，还要着重研究各种覆盖层的成因类型、分布、厚度、组成以及抗潜蚀破坏的能力，才能对渗漏问题作出评价。具体研究内容如下：

（1）地形地貌条件：可能出现渗漏的低邻谷高程、距离，河弯捷径长度，裂点及远方排泄基准面高程、距离等。

（2）地层岩性：应按碳酸盐纯度（纯、次纯、不纯）及岩层组合形式（连续型、夹层型、互层型）分类，并按岩溶化岩组分类。

（3）地质构造条件：主要是褶皱、断裂性质及空间展布情况；隔水层、相对隔水层厚度、可靠性、空间分布的连续性，即封闭条件；同层位或不同层位可溶岩沟通库内、外或坝址上、下游，组成统一的岩溶含水系统情况。

（4）岩溶发育程度：地下水位线以上及以下的岩溶洞穴类型、规模、充填物及其空间分布规律，延伸性及贯通性。

（5）岩溶水文地质结构。

（6）岩溶水补给条件：包括补给面积、方式，对集中补给者应区分外源水和内源水。

（7）可溶岩透水性介质划分。

（8）岩溶水径流条件与形式，即平面上的水动力场类型：有管道流（汇集型）与扩散流（弥散型）两大类。

（9）岩溶水流动系统（泉、大泉、管道水、暗河、地下河）的边界、水文特征，应按排泄条件划分为基控型和层控型。

（10）地下水的流向、流速、管道水的比流速，水力比降及流态，据河水与地下水之间的关系，确定河谷岩溶水水动力条件基本类型。

（11）地下水位分布特征及水位、流量、水质的动态变化规律。

（12）渗漏范围：包括宽度、深度的确定，渗漏量的估算及评价，处理建议。

（二）确定河谷类型

岩溶地区河谷类型基本可划分为宽谷型和峡谷型两大类型。不同的河谷类型其水文地质条件不同，尤其是水动力条件不同，因而也造成岩溶发育特征的不同。原水利电力部第九工程局勘测设计院在猫跳河梯级电站建设过程中，对该区岩溶河谷类型进行了划分（表9-2和图9-3）。猫跳河全长180km，自然落差549m，平均水力比降4.25%，流域总面积3195km²，绝大部分为岩溶发育区，分布面积占70%以上，共修建6座水电站，最大坝高60m，最低坝高为27.6m，总装机容量24.2万kW。除四级水电站渗漏量大外，其余均达设计要求，在正常运行中。

表9-2　　　　　　　　　猫跳河各水库岩溶渗漏类型划分表

水库渗漏类型	主要岩溶水文地质条件	分 类 亚 型
岩溶浅埋宽谷型	（1）河谷浅切，谷宽坡缓，阶地发育。 （2）岩溶发育，垂直循环带埋藏浅，为30～50m，岩溶以侧向发育为主。 （3）地下水比降平缓，暗河比降1%～2%，多具有统一地下水位，孤立水流较少。 （4）库首常形成单薄哑口和低矮分水岭，易造成渗漏	（1）库首存在单薄分水岭不渗漏亚型（一级水库）； （2）库首存在单薄分水岭渗漏亚型（二级水库右岸）

水库渗漏类型	主要岩溶水文地质条件	分　类　亚　型
岩溶深埋峡谷型	（1）河谷深切，谷狭壁陡，阶地不发育。 （2）岩溶强烈发育，垂直循环带埋深100～200m，以向深部发育为主，成层溶洞分布于河流两岸。 （3）地下水比降较陡，一般在5%～10%以上，既有统一地下水位，又有孤立水流，岸边常见低水位带，并有多潮泉。 （4）两岸分水岭，库首易形成河湾，造成渗漏	（1）两岸地下水分水岭较高不渗漏亚型（三级水库）； （2）库首地下水位低于河水位不渗漏亚型（六级水库右岸）； （3）库首地下水位低于河水位复杂岩溶渗漏亚型（四级水库左岸）

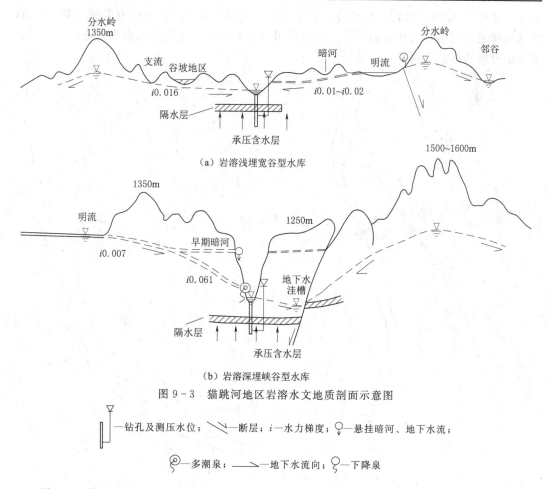

（a）岩溶浅埋宽谷型水库

（b）岩溶深埋峡谷型水库

图9-3　猫跳河地区岩溶水文地质剖面示意图

—钻孔及测压水位；　—断层；i—水力梯度；　—悬挂暗河、地下水流；

　—多潮泉；　—地下水流向；　—下降泉

　　图9-3说明在峡谷型河谷中地下水水力坡降大，在这种水动力条件下易在河谷的一侧沿断裂破碎带或强岩溶化层位形成地下水洼槽，这是水库修建后良好的渗漏通道，如猫跳河四级水电站水库修建后渗漏量达15m³/s，致使水电站不能正常运行。因此，在勘测阶段必须对地层岩性和构造条件进行认真调查研究，查明地下水洼槽所处的构造部位、性质和附近的岩性特征以及岩溶发育特征。

　　当然并非在峡谷型河谷中一定会出现地下水洼槽或者水库修成后地下水洼槽一定形成

渗漏很大的通道，这取决于坝段区的地质构造和岩性特征。如猫跳河六级水电站，坝高60m，坝址区也位于河流下游深切峡谷中，属于地下水位低于河水位不渗漏型的水库。河流在右岸形成一个向南凸的 U 形河湾，河湾弦长 900m。水库位于北东向华夏系构造带内，河湾地带构造较简单，处于三岔河逆掩断层下盘一个被掩埋的向斜构造的北翼。分布地层主要为下三叠系白云质灰岩、泥质白云岩和灰岩夹少量页岩。河湾地带存在一个由东南向西北方向排泄的地下水洼槽，纵向水力比降 0.17%，地下水位低于上游河水位 1m，低于设计蓄水位（884m）40 余 m（图 9-4）。勘测结果认为，右岸地下水位虽低，但由于岩溶发育微弱，岩石透水性很小，尚有少量页岩可起到局部隔水作用，故不会造成较大的渗漏。水库蓄水多年来，证明上述结论是正确的。水库蓄水后，地下水缓慢上升，但仍低于库水位 20 余 m，在等水位线图上仍呈现一个洼槽。六级库首右岸不渗漏的事实说明，在这种特定的岩溶水文地质条件下，水库是可以不漏水的。此为在强岩溶化地区寻找弱岩溶地层分布地段建库提供了一些经验。

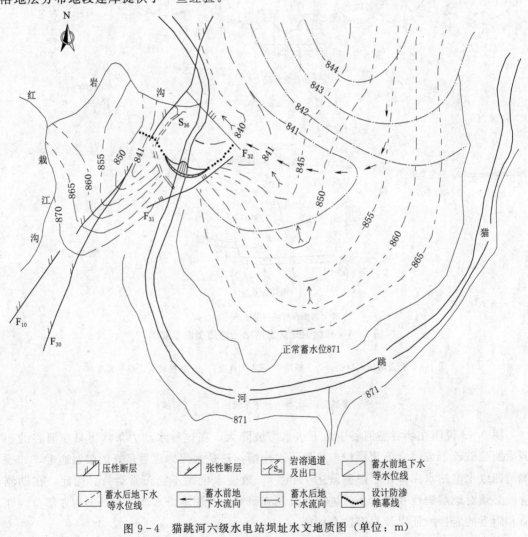

图 9-4　猫跳河六级水电站坝址水文地质图（单位：m）

宽谷型岩溶河谷，河谷两侧地形起伏较平缓，地下水力坡度也较平缓。据猫跳河资料，地下水水力坡降仅 10%～20%（峡谷型为 61%），从而具有岩溶浅埋之特征。猫跳河一级水库是库首存在单薄分水岭不渗漏的类型，该坝高 52.5m，总库容 6.01 亿 m³，虽在水库库首两岸均存在单薄分水岭，但均未能使水库产生漏水。以燕墩坡地段为例，该地段位于坝址以东 3km 处，由于上、下游冲沟切割，形成单薄分水岭，呈鞍状，分水岭宽度在设计蓄水位 1240m 高程处为 1.7km，鞍部地面高程 1300m，水库回水后，仅产生暗河倒灌，形成两个串珠状岩溶小水库，并未产生漏水。

猫跳河二级水库库首存在的单薄分水岭则属渗漏类型，该坝高 48.7m，总库容 1.82 亿 m³，分水岭地段存在四个单薄分水岭垭口，蓄水前未做防渗处理。1967 年水库蓄水，1968 年 1 月，当库水位达 1193m 时，库水进入黄家山分水岭岩溶洼地，在数小时内，因渗漏而造成的覆盖层塌陷漏斗和落水洞超过 5 个，随着在下游的 K_{58} 溶洞流出，漏水量为 1～2m³/s。产生渗漏的主要原因是地表分水岭单薄，岩溶发育，地下水位低，未产生地下水壅高。漏水发生后，在黄家山与鱼塘洼地之间垭口处筑一浆砌石坝，高 8～9m，长 57.5m，将漏水洼地隔于水库之外，坝基灰岩中未采用防渗帷幕，处理成功，但目前仍有少量裂隙性渗漏。

上述实例说明，在地形起伏平缓，河谷浅切的岩溶地区，由于垂直循环带埋藏浅，在一些单薄的垭口和低矮分水岭地段易造成渗漏。由于岩溶发育深度较浅，给防渗处理提供了方便。此外，对于漏水的水库，还要进一步判定其渗漏严重程度，以评价对工程的影响。有些工程虽然在勘察时就已明确是漏水的，但因断定其渗漏量小，对电站效益影响不大而进行建设，这些电站建成后多年均正常发挥效益。广西拉浪电站，勘测时查明地下水分水岭低于水库正常蓄水位 20 余 m，并在坝址下游约 1km 处有暗河流出，认为水库是漏水的，属裂隙性渗漏，估算其渗漏量为 1～2m³/s，对电站运行影响不大。现电站已建成多年，漏水量与原估算相接近，电站运行正常，历年发电量均能达到设计能力。广西六甲电站、贵州猫跳河六级电站、云南绿水河电站等，从岩溶水文地质条件分析，都是漏水的，但因渗漏量小，建成后均能正常运行。

从已建成的漏水水库的渗漏特点看，凡属规模不大的裂隙性渗漏形式的，一般漏水量较小，对工程影响不大，并可运用一般地下水动力学方法估算其渗漏量；以岩溶管道为通道的集中渗漏形式，一般渗漏严重，蓄水前对其渗漏量较难预测，必须查明其条件，进行认真处理。

坝基和绕坝渗漏对工程的影响与水库有区别，其主要问题在于长期渗漏（即使是少量渗漏）可能危及大坝的安全，因此对坝址岩溶渗漏问题的勘察研究，要求做得更详细，防渗处理要求做得更可靠。坝基和绕坝渗漏问题研究，是紧密结合防渗处理方案进行的。防渗措施多采用防渗设施与相对隔水岩层联结，利用相对隔水岩层防渗，在岩溶化岩体中做防渗设施，有时则是两种方式的结合。

（三）河谷深部岩溶的研究

大量的勘探资料证实，河谷底部经常存在规模大小不等的洞穴系统。这充分说明把河水面看作溶蚀基准面显然是不正确的，即使在新构造运动处于急剧上升的山区，深切峡谷中仍然存在着河谷深部岩溶。目前对河谷深部岩溶并没有明确的定义，水利部门习惯上将河水位以下发育的岩溶现象称为河谷深部岩溶。乌江渡水电站坝址河床下 220m 也发育洞高达 9.35m 的溶洞，在河床下 220m 范围内溶洞规模不等，共有 37 个，高度一般为 0.5～2m，最大者洞高达 34.6m。

大量地质调查、勘测资料研究证实，河谷深部岩溶的形成与岩溶水运动特征密切相关，尤其在峡谷区，岩溶地下水存在裂隙流和管道流两种类型。

管道水流是一种快速流，流速一般大于 1000m/d，动态属剧变型，主要依靠降水、地表水，从落水洞灌入式补给，其排泄口流量动态不稳定系数达 500～1000 以上。按其埋藏条件和运动特征又可进一步划分为饱水带管道水流和季节变化带管道水流。

饱水带管道水流位于枯水位以下，整个地下管道常年被地下水充满，呈承压状态，岩溶水运动特征可用伯努利方程来描述

$$Z_1 + \frac{P_1}{r} + \frac{V_1^2}{2g} = Z_2 + \frac{P_2}{r} + \frac{V_2^2}{2g} + h_f \tag{9-1}$$

若在管道进口处和排泄口处各选一断面，则进水口处，$P_1 = 1$ 个大气压，$V_1 = 0$，排泄口处 $Z_2 = 0$，则上述方程式可简化为

$$Z_1 = \frac{P_2}{r} + \frac{V_2^2}{2g} + h_f \tag{9-2}$$

很明显，Z_1 是进水口和排泄口之间的高差，它是造成排泄区水压力值大小的主要因素之一，高差越大，水压力值也越大，即越是深切峡谷，其形成的水压力值越大。补给方式也是造成排泄区水压力值大小的另一个主要因素，在暴雨季节，大量水流灌入补给，造成岩溶管道中突出潜水面的暂时性水柱，高可达十余米至数十米。水压力差值大是造成管道水向河谷深部运动的重要条件，也造成洞穴管道水向周围裂隙运动。前者如乌江渡电站坝址河床下 120m 内，仍可遇到 31 个洞穴，其中多数被粉、细砂或砂砾石充填，如 K_{96} 等溶洞充填的砂砾石较特殊，不仅颗粒粗大，且成分多为硅质岩，磨圆好，表面光亮。

季节变化带洞穴管道水流的运动特征更为复杂。枯水季节，多数大型地下河以无压流为主，仅在局部低矮细小的洞穴管道内，或倒虹吸部位呈有压流，但压力不大，对洞穴的塑造影响甚小。在雨季，尤其在暴雨的影响下，洞穴水流运动呈复杂状态，空气、水流、砂砾即气、液、固三相都在改造着洞穴。由于地下河洞穴形态十分复杂，从纵向上看，洞的高度在变化，在宽度上，洞穴宽窄也在变化，常构成大小洞穴呈串珠状发育。显然，在暴雨季节，既短又窄的小洞穴成为迅速排泄地下水流的阻碍，小洞穴前的大洞内，水位则迅速上升，以致洞内空气被压缩，形成高压气团，其压力大小与暴雨强度、补给量多少呈正比。已形成的高压气团又会反过来作用于水体，形成大的水压力，促使管道水沿着一些裂隙通道或软弱面向深部或四周运动。与此同时，水流在通过小洞穴后造成高压喷射。在地下河洞穴的调查中，可找到由于高压力水流的喷射，而形成的具陡倾角排列的砂砾石层，平扁状砾石向上游倾斜，倾角达 50°～60°，比地表河流形成的倾斜砾石的倾角大 1 倍左右。例如构皮滩坝址的 K_{W90} 地下河剖面，如图 9-5 所示。

临近河水面的地下河排泄口，在洪水季节，河水位迅速上涨，地下河排泄口迅即被淹没，地下河口的水流速度骤减，由此形成的水击波压力也是巨大的，故河口段的地下河水也具有短暂的高压状态。

总之，峡谷区管道水流的运动特征是具有高压高速的特征。

从裂隙发育程度和裂隙水流态来划分，裂隙

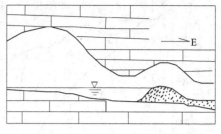

图 9-5　K_{w90} 地下河剖面图

水又分为快速流和慢速流两类。快速流出现在裂隙发育，地下径流速度快的部位，又称为强径流带，地下水位动态明显受到降水影响，年变幅达 20～30m，此带内的钻孔水位与河水位几乎是同步涨落。慢速流出现的部位称为缓径流带，地下水动态类型属于平稳型，水位变幅甚小，仅 1～2m，甚至不受当年气候变化的影响。

裂隙水流在河谷深部也可形成局部承压水区。如乌江渡坝址区，因局部岩体隔水，造成高出河水面 3.66m 的自流钻孔；构皮滩坝址区，也有两个自流钻孔，承压水头达 251～154m，高出河水面 13～20m。这些均是由于河谷深切，两岸水力坡降大，补给区与排泄区水位高差大，并由于局部隔水（如断层带隔水等）而造成。此类承压裂隙水特征是径流速度缓慢，静水压力值较小。

通过上述讨论，河谷深部岩溶成因主要有以下四个方面：

1. 岩溶洞穴管道水流的动力条件是形成河谷深部洞穴的主因

峡谷区内岩溶管道水流的补给区和排泄区间的高差越大，由溶洼落水洞等灌入式补给条件越好，洞穴管道内越易产生高压水流，在气水压力作用下，地下水易沿断裂带或裂隙带向下运动，形成深部洞穴。

以乌江为例，上游东风水库，坝址位于深切峡谷中，因坝址区无地下水系（管道水流）的存在，故坝址区钻探进尺 1352m，一个深部溶洞也没遇到。中游乌江渡电站位于由玉龙山灰岩组成的横向谷内，上下游均为非可溶岩阻隔，构成独立的岩溶地下水系。大量钻探资料证实，右岸深部及河床下岩溶发育弱或不发育，河床中 38 个钻孔进尺 3962m 遇深部洞穴仅 3 个，洞高 0.4m。左岸深部洞穴发育共揭露 37 个洞穴，埋深最大的洞穴低于河水位约 220m，洞高 9.35m。右岸深部洞穴虽不发育，但浅部洞穴发育，进尺 3308.35m，遇洞总长度达 83.03m，遇洞率 2.51%，为坝址区最高。左右岸地质特征不同，是造成深部岩溶发育不均一的主因，左岸存在 F_{20} 断裂，切割较深，且地形在高程 950m 以上的斜坡面上，发育有封闭的溶洼和溶盆，呈串珠状顺层分布，洼地底部落水洞深部可达 100～200m，暴雨后即汇集地表的水流灌入地下，从水动力条件看，极有利于地下水向深部运动（图 9-6）。

下游彭水坝址系一斜向谷，右岸河间地块岩溶水系发育，主要为乌江野猫洞地下河系（K_{w21}），最大排泄量达 3～5m³/s，据许多钻孔资料，揭露洞高半米以上的深部洞穴仅 4 个，经堵洞试验证实，所有的深部洞穴水均与 K_{w21} 岩溶水系有联系，且均分布在右岸，其中仅 D_9 孔深部洞穴高 1.9m，与盐温泉有联系。

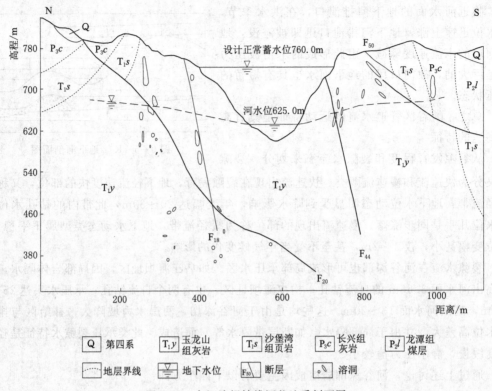

图 9-6　乌江渡坝轴线河谷地质剖面图

2. 混合溶蚀因素

雨季，富含有机质的地表水流进入地下，与原有水体混合，形成混合溶蚀，更促进深部洞穴的形成与发育。

有的河谷地区如乌江，存在含盐量高的温泉，称盐温泉。盐温泉与岩溶水的混合而引起的混合溶蚀，盐效应以及水温增高加速溶蚀作用的进行等原因，也是促使河谷深部岩溶形成的原因之一。地下热水比冷水中含有更多的 CO_2、HCO_3^-，而且水温越高含量越多，这与埋藏的古有机质分解有关。据此有人推测热水造成的深岩溶其发育深度可达数千米，一些千米以上石油钻井中发现的岩溶现象提供了旁证。

3. 洪水淹没地下河出口引起的水击波作用

乌江河谷洪水季节河水位迅速上升，淹没地下河系的出洞口，所引起的水击波作用，也是在地下河谷河口段，洞穴管道水向下部运动的主要原因。有人估计，当洞口水流速度减小 1m/s 时，可形成百余米的水头压力。因而，地下河口段下部普遍存在排泄通道。

4. 深部硫化物矿物水解形成的酸性水作用

在含有硫化物（如黄铁矿）岩层或矿床区，由于硫化物水解，形成酸性水，加速溶蚀作用的进行。故在硫化物矿床区或含黄铁矿的煤系地层附近常出现深部岩溶。

河谷深部岩溶的存在，给水利工程建设带来不利甚至灾难性的影响，但掌握其发育规律，严密处理仍可防止水库产生大量渗漏。乌江渡水电站尽管河谷深部有大的溶洞存在，但经认真处理后取得了较好的效果，保证了水电站的正常运行。

为了预测水库蓄水后的水文地质条件，在岩溶地区，对坝址附近的地下河进行堵洞试验是十分必要的，并已取得一些明显的成效。乌江某坝址附近的野猫洞暗河系统中进行了堵洞试验，水头提高近50m，此时等水位线图上较清楚地反映出水头提高后的地下径流场特征，即几条强径流带的存在，同时由于水头提高也促使已经被充填的溶洞或断层裂隙通道被冲开，沟通了不同含水层系的联系，为防渗处理提供了新的地质论据。

由于洞穴系统的复杂性和堵洞试验的投资较大，因而堵洞试验前仍须做好积极认真的准备，选择好堵洞部位，基础一定要选在基岩之上，否则会造成大量的渗漏，达不到预期的目的。

（四）重视洞穴碎屑堆积物的调查

岩溶洞穴的形成与发育是受多种因素制约的，但溶蚀（包括侵蚀）和堆积是洞穴形成和发育过程中的两个重要方面，洞穴堆积物本身包含了自身形成条件和环境的信息。对它的调查研究，可以恢复洞穴形成的古环境和古水动力条件，以及了解洞穴的展布特征。因此，要重视对洞穴堆积物的研究。

洞穴堆积物中砾石的排列，能反映出堆积物形成环境的重要信息。在地下河砂丘或砂砾石之中，常可见到扁平砾石形成叠瓦状排列。砾石的扁平面倾向上游，倾角大的达59°，与地上河形成的砾石倾角（15°～30°）相比，倾角相差近一倍。砾石倾角大小与地下河压力大小成正比，倾角越大，说明地下河水承受的压力值越大。以洛塔落水洞地下河为例（图9-7），沉积物中砾石扁平面倾向上游，倾角为43°～59°，砾石最大直径为10cm，此处距进洞口约500m，高差40m。堆积物处洞高2～3m，宽6～8m。据两年观测记录，洪水季节进入洞口最大流量54.7m³/s。此外还有支洞补给，在枯水期约有主流流量的三分之一补给，据此推算堆积物洞穴最大过水量在72m³/s以上，其流速在4m/s以上，故陡倾角砾石叠瓦排列，是地下河中存在高压高速水流的标志。

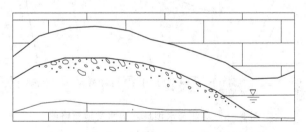

图9-7　洛塔落水洞地下河砂砾石层剖面图

洞穴砂砾成分的研究也是探索洞穴展布及推测古气候古地理环境的重要手段。四川乌江彭水县城附近，拟修建大型水利枢纽，坝址区野猫洞（$K_{w21-w31}$）系统是区内最大的岩溶水系（图9-8），枯水季节从W_{31}裂隙泉流出，洪水季节主要从K_{w21}洞口排泄，最大流量3～5m³/s。此岩溶系统的展布对水库、绕坝渗漏及坝址稳定性评价至关重要，尽管在该洞内做了堵洞试验，显示岩溶水系主要呈北北东向展布，K_{33}落水洞与K_{w21}相连通，但通过洞内碎屑堆积物的调查，发现洞穴砂层的主要矿物成分是石英和石英砂岩岩屑，占58%，而乌江河沙中此种成分仅占27%，故洞内砂层不是来自乌江。北北东向地下水补给区全为石灰岩区，并无产生石英砂的母岩分布，故此碎屑成分只能来自东部有石英砂砾岩（$\in_2 g$）分布的地区，K_3落水洞口地表砂层与洞穴砂的成分虽有差别，但 K_3 处于源头剥蚀部位，岩屑含量多，下游洞穴因搬运磨蚀使岩屑减少，石英、长石含量增加是必然的。故两处砂成分可以是相近的。这就显示出两者相连通的迹象（表9-3）。

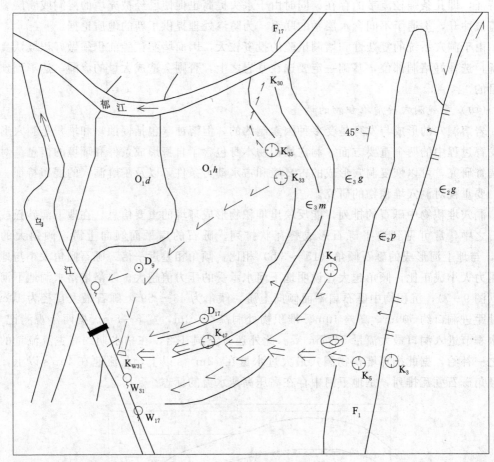

图9-8 乌江彭水坝址岩溶水文地质略图

表 9-3   砂 矿 成 分 表

矿物成分采样点		乌江河沙	K_{W21} 砂	K_3 地表砂
主要轻矿物含量/%	石英砂岩岩屑	4	21	31
	石英	23	37	2
	长石	17	9	少
	岩屑（泥质页岩等）	17	10	63
	碳酸盐矿物	9	1	少
主要重矿物含量/g	金红石	0.0022	个别	个别
	重晶石	0.0044	—	—
	绿泥石	0.505	少	0.0031

再从野猫洞最大排泄量分析，北北东向汇水区，地形陡（坡度 $40°\sim50°$），面积不到 $2km^2$，K_{33} 落水洞汇水面积仅几百 m^2，故不可能形成如此大的洪流，而东部石英砂岩（$\in_2g$）分布区为一宽阔的槽谷，有利于地表水的汇集，也说明 K_{w21} 洪流可能来自 K_3 区。

连通试验成果还证实，枯水季节 K_3 洞与 W_{31} 相连通，即 $K_{w21-w31}$ 水系相连通，丰水季节从 K_3 来的洪流，裂隙泉 W_{31} 排泄不了，从 K_{w21} 排出是可能的，且沿线附近落水洞比较发育，并有漏斗发育，地貌上也提供了旁证。

上述四方面的分析一致说明本区存在着近东西向的更大的岩溶系统。洞穴砂的成分分析提供了可靠而重要的信息。

贵州余庆县乌江右岸一高出河床约 25m 的干溶洞内，发现洞穴砂的主要成分为石英（占 66%），与以石灰岩岩屑为主的现代地下河砂成分显然不同。此洞现代地表水系范围内，并无砂页岩或岩浆岩分布。经地表调查证实，在高出现今河水位 200 余米的部分山顶哑口上，存在着经砂页岩区的古河道残留的砂砾石，干溶洞中的石英砂应来自古河道堆积物。

乌江东风水库右岸，发育于三叠系的石膏洞（高出河水位 210m）内，有许多外来砾石成分（二叠系），经地表查证，也确有与之相联系的古水文网存在。

总之，洞穴堆积物的成分分析，能为洞穴水系的展布和古水文网的确定提供可靠证据。这是既经济又方便的手段，值得重视。

三、岩溶区水库渗漏的判别

通过以上研究，根据地形地貌、地层结构、地质构造、岩溶发育程度及其空间分布规律、河谷岩溶水动力条件、地下水位等对岩溶区水库渗漏问题进行综合判定。

（1）当邻谷河水位（不是悬托河）高于水库正常蓄水位，不存在水库渗漏。

（2）库水位高于邻谷河水位，当河间（河弯）地块有连续、稳定可靠的隔水层或相对隔水层封闭阻隔，不存在水库渗漏；当可溶岩直接沟通库内外，或构造切割使库内外可溶岩组成有水力联系的统一岩溶含水系统时，河间地块无地下水分水岭，又无相对隔水层或隔水层已被断裂破坏不起隔水作用，可能出现渗漏。

（3）库水位高于邻谷河水位，当河间（河弯）地块为一个岩溶含水系统时，若上、下游或库内、外均有稳定可靠的岩溶水流动系统（岩溶泉），则表明地块存在地下水分水岭。当地下水分水岭高于正常蓄水位时，则不存在渗漏。当地下水分水岭低于库水位，且水库正常蓄水位以下岩溶发育并有岩溶系统通向库外，则产生水库渗漏；当上游或库内不出现岩溶水流动系统，受下游或远方排泄基准面控制，仅库外出现区域性岩溶水流系统，即河流上下游的流量出现反常，河水补给地下水，两岸或一岸有地下水凹槽，存在贯通上下游的纵向岩溶通道，则为河水补给地下水的水动力类型河谷，将出现水库渗漏，多为严重性的渗漏。

（4）区域性地下水位普遍低于河水位，库区蓄水前就有明显的漏失现象，则有水库渗漏。

（5）河间（河弯）地块地下水分水岭虽低于库水位，甚至下游侧有地下水注槽，但分水岭地带岩溶不发育，特别是无贯通性的岩溶管道存在时，仅可能出现少量裂隙性渗漏，一般可作为不会发生水库渗漏处理。

四、岩溶区坝址渗漏的判别

（1）坝址位于峰林山原或丘峰平原浅切河谷中，易发生绕坝渗漏，随蓄水位的抬升，渗漏范围迅速扩大，而坝基渗漏深度一般较浅；峰丛山地深切峡谷建坝，一般绕坝渗漏范围小，坝基渗漏较深；峰林山原向峰丛峡谷过渡的河段，特别是在河流裂点上、暗河下伏流段建坝，易出现复杂的岩溶渗漏。

（2）坝址位于封闭良好隔水层或相对隔水层的横向谷或斜向谷中，不易出现渗漏；隔水层受断裂切割，或无隔水层以及为可溶岩纵向谷的坝址，易出现岩溶渗漏，其严重程度与河谷水动力条件和岩溶化程度有关。

（3）坝址两岸有稳定可靠岩溶泉出露，为补给型水动力条件类型的河谷，渗漏问题较小，范围与深度有限；两岸或一岸无稳定岩溶泉，为排泄型或悬托型水动力条件类型的河谷，渗漏一般较严重。

（4）坝址位于统一的岩溶含水系统的河谷中，在河床或河岸有纵向岩溶管道发育，并有地下水洼槽者，将出现复杂的、严重的岩溶渗漏。

五、岩溶渗漏量计算和评价

1. 岩溶渗漏量计算

岩溶渗漏量可根据具体情况采用工程类比法、地下水动力学法、水力学法、水量均衡法、数值法等进行计算，并应符合以下规定。

（1）当判定为溶隙型渗漏类型，可采用地下水动力学方法进行计算。

（2）当查明存在贯通的岩溶管道或地下暗河且已知其控制断面尺寸时，可采用水力学中的管道流公式进行计算。

（3）当查明溶隙型渗漏与管道型渗漏并存时，宜分别进行渗漏量计算，并判定各自所占比例。

当岩溶渗漏可能对水库正常运用或工程安全造成不利影响时，应根据防渗处理的目的提出相应的处理建议。

2. 岩溶渗漏评价

岩溶地区坝址一般应选在补给型河谷区的横向谷，具有隔水层（相对隔水层）或距隔水层（相对隔水层）不远的含水层上，这有利于布置防渗线。另外，应避开岩溶纵向谷和岩溶断层谷，并尽可能避开地貌裂点部位、低邻谷、河湾和支流交汇三角地带、河谷塌陷区及溶余残丘等可能导致渗漏的河段。

库区应位于被隔水层或相对隔水层所封闭地区，或位于封闭型的向斜盆地及背斜槽谷的河段。

按岩溶渗漏对水工建筑物的影响和防渗处理目的进行渗漏评价。

（1）无影响性渗漏：岩溶渗漏对水工建筑物无直接影响，但对水库正常运用有影响。

（2）有影响性渗漏：因渗漏出现岩溶塌陷、管涌、扬压力增加而影响坝基、坝肩或边坡的变形、抗滑稳定、地下厂房的围岩稳定、渗水等，需做渗控性质处理。

3. 岩溶渗漏处理的基本原则

（1）从防渗处理目的上将无影响性渗漏的防渗处理列为防漏型处理；将有影响的渗漏

处理列为渗控型处理。

（2）防漏型处理的原则为按允许渗漏量控制，采用分期处理、加强观测的原则，按渗漏类别，对严重及极严重渗漏带进行一期防渗处理以后进行观测，若渗漏量在控制范围内则满足要求，否则再实施二期防渗处理。

（3）渗控型处理应符合下列原则：

1）充分利用相对隔水岩体，两岸应结合地下水位分布高程，使防渗帷幕与大坝一并构成渗控封闭体系。

2）坝基及坝肩不产生岩溶冲刷破坏且不允许增大扬压力。

（4）防渗处理方案在轮廓布置和结构设计上均应进行多方案比较，推荐技术经济指标相对最优的方案。

（5）结合安全监测设计针对防渗系统建立原位观测网，对其工况（水位、水质、下游相关水点流量、水温、河道渗漏量等）进行长期观测并列为工程管理内容，建立观测及分析整编档案。

第三节　深厚覆盖层河谷区的水文地质勘察

一、勘察的目的和任务

在我国水能资源开发过程中，大量的河床钻孔资料揭示，各河流尤其是在我国西南地区的岷江、大渡河、金沙江、雅砻江等，现代河床以下普遍堆积厚达数十米到百余米，局部地段可达数百米的松散堆积物。资料显示，不仅在我国几乎所有的大江大河中都存在河流深切和深厚覆盖层现象，甚至在全球范围的河流中都有分布，如密西西比河、尼罗河、亚马孙河等也发现深厚覆盖层的存在，深厚覆盖层成为一个具有区域性乃至全球性的普遍现象。巴基斯坦的 Tarbela 土石坝坝基砂卵石覆盖层深 230m；法国迪朗斯河上的 Serre Poncon 心墙堆石坝，坝基覆盖层深 120m；意大利瓦尔苏拉河上的 Zoccolo 坝，坝址区覆盖层深 100m；瑞士萨斯菲斯普河上的 Mattmark 心墙堆石坝，坝基最大覆盖层深 80m。我国大渡河支流南桠河冶勒水电站坝址区覆盖层最大厚度达 420m 以上，是我国已建和拟建水电工程中已发现的最深覆盖层。

通常在水利水电勘察中，深厚覆盖层是指堆积于河床之中，厚度大于 30m 的第四纪松散堆积物。河床深厚覆盖层一般结构松软、岩层不连续，岩性在水平和垂直两个方向上均有显著变化，且成因类型复杂，其渗透性及物理力学性质呈现出极不均匀性，工程地质性质差，渗漏、渗透稳定、沉陷、不均匀沉陷以及振动液化等问题均较突出，其引发的地质工程问题具体有：①工程荷载引起的河床深厚覆盖层沉降；②地震引起的河床深厚覆盖层液化问题；③渗透形变问题；④坝基渗漏问题；⑤河床深厚覆盖层防渗及固结问题。

因此，河谷深切和河床深厚覆盖层的存在，不仅严重影响和制约了工程坝址的选择，影响了相关流域水电资源的开发利用和规划，同时也给坝工设计，如坝型选择、防渗措施设计带来巨大的困难，大大增加了流域水电开发的难度和风险，同时也提出了一系列科学问题。

我国在覆盖层上修建混凝土坝始于 1958 年北京市永定河下马岭水电站，坝高 33m，建于 28m 厚的河床覆盖层上，采取加大坝底宽度改善坝基应力，并设置齿墙，以满足砂卵石层允许承载力和抗滑稳定的要求，采用全封闭的防渗水泥灌浆帷幕处理坝基渗漏，经检测灌后的渗透系数仅为灌前的 1/100。

深厚的河床覆盖层只能修建当地材料坝，需要查明河床覆盖层结构、物质组成、分层渗透性、砂层振动液化、渗透稳定和面板坝趾板的不均匀沉陷以及防渗与排水等。由此可见，河床深厚覆盖层勘察的目的是查明河谷深厚覆盖层的分布、结构以及渗透特性，为水库正确选址、坝型选择、地基处理、防渗提供资料和科学依据，为工程建设服务。主要任务可包括以下几个方面：

（1）覆盖层空间分布范围。分为水平和垂直方向的勘察。水平方向主要进行河谷地貌地形划分，圈定覆盖层的范围及平面分区；垂直方向主要查明覆盖层的厚度特征，不同部位厚度及变化规律、变化趋势。水平与垂直方向结合即体现了覆盖层的空间展布特征。

（2）覆盖层物质组成及工程岩组划分。查明覆盖层土层年代、岩性、颜色、颗粒组成、颗粒形态、密实（胶结）程度。根据物质组成结构的变化差异，进行工程岩组划分、定名。

（3）覆盖层成因分析。宏观分析深厚覆盖层的形成原因、沉（堆）积环境、形成过程，在此基础上分析覆盖层沉（堆）积物与地形地貌、地表水径流及物理地质作用的关系，划分各岩组沉积类型。

（4）工程地质特性研究。研究各岩组物理力学特性和水文地质特性，提出深厚覆盖层地基参数指标地质建议值。

（5）地基适宜性评价。包括变形稳定、抗滑稳定、渗漏与渗透稳定；对饱和无黏性土和少黏性土进行液化评价；软土需进行震陷危害评价。提出地基处理和监测意见。

二、河谷成因类型及特点

在具有深厚覆盖层河谷中修建水利工程的水文地质问题主要取决于河谷的成因类型。河谷的成因类型决定了河谷深厚覆盖层的岩性特征、成因类型及其水文地质问题。一般地，具有深厚覆盖层的河谷，多出现在山区或山麓地带。为查明水文地质条件首要的是对河谷地貌发育特征进行研究，并划分出不同的河谷类型。

从我国河谷地貌发育的基本成因类型出发，可划分为两大类型，即冰川型和河流型。

冰川型河谷是指在河流发育的早期或某个阶段曾经受到第四纪冰川作用所塑造的河谷，从当前我国第四纪冰川研究现状看，我国东部山区不少地区曾有第四纪冰川的广泛流行，而且不止一次出现冰川活动，西部山区则更为普遍。

河流型河谷是指仅受河流侵蚀作用塑造的河谷。

这两类河谷类型并不是很容易划分的。由于第四纪古气候的多次冷暖交替，冰川的流行和消失，常形成复杂的河谷形态，既有古冰川的塑造作用又有河流的侵蚀作用，这样给河谷类型的划分带来困难。不同的河谷类型，其深厚覆盖层的岩性特征和成因类型完全不同。据川西、东北、河北等地大量水利工程建设的勘探资料，冰川型河谷类型与河流型河谷类型具有很大的差别，主要表现在以下三方面：

（1）河谷横剖面形态的不同。河流型河谷的中上游通常为 V 形峡谷；冰川型河谷则为 U 形谷，谷中还常有深槽存在，或成不规则的 W 形。

（2）河谷深厚覆盖层的结构不同。河流型河谷阶地具二元结构，河床相为砂卵石层，河漫滩相为黏土粉砂堆积；冰川型河谷中谷底有泥砾层存在，并有漂砾，与上覆现代河床的砂卵石层形成双层结构。

（3）河床纵剖面形态的不同。冰川型河谷纵向剖面高低起伏，平面上多呈葫芦形基岩凹地；河流型河谷纵剖面一般不会出现深槽和凹地。

三、河谷深厚覆盖层结构研究

中国电建集团成都勘测设计研究院根据川西主要河流 80 多个坝段的地质勘探和试验资料，总结出冰川型河谷的基本特征。按照成因类型、颗粒组成和结构特性，可将深厚覆盖层自下而上分为三大层。

（1）含泥砂卵（碎）石层①。埋藏于 U 形河谷的底部，粒径大小不一，成分混杂，分选性很差，有大漂石存在，粒径为 $4\sim8m$，最大可达 $15.6m$，结构紧密，$K=6\sim10m/d$。局部具架空结构，常有涌砂现象，K 值可达 $250m/d$。本层具冰碛物之部分特征。

（2）漂卵石，含泥沙碎块石、粉细砂（砂壤土）互层②。结构较紧密，渗透系数 $K=40\sim70m/d$，部分河段本层具架空结构。此层的结构和物质成分显示了冰缘堆积的基本特征。

（3）漂卵石层③。主要分布于现代河床及其两侧的高低漫滩或一级阶地。由漂卵石夹砂、砾质砂、细砂组成，分选性较好，浑圆状和半浑圆状，属冲积层。

按照覆盖层的组成层次和其结合关系，深厚覆盖层的构造可分为三种类型：

（1）Ⅰ型：河谷内覆盖层主要由第①～③大层组成，有时缺失第②层（图 9-9）。

（2）Ⅱ型：河谷主要堆积物为第②大层和第③大层，其中第②层中的亚层不尽完整。

（3）Ⅲ型：覆盖层主要由第③大层组成。按厚度和侵蚀程度的关系又可分为Ⅲ$_1$型和Ⅲ$_2$型，前者堆积厚度与侵蚀幅度相近，后者堆积厚度小于侵蚀幅度，即河床中堆积物很少。

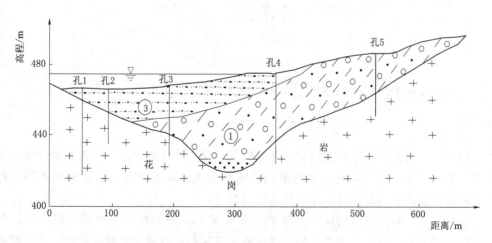

图 9-9　龚嘴电站围 1 横剖面图（Ⅰ型）

根据东北、河北等地水利工程地质勘探资料，河谷覆盖层也具有类似的特征。归纳起来古冰川谷中的深厚覆盖层具有三层或双层结构的特征，底部为冰碛泥砾层，中部为冰缘沉积（有时常常缺失），上部为近代河流沉积层。其水文地质特征也很不相同，一般为下部透水性弱或很弱，甚至为不透水的地层，上部则为强透水层。对冰川型河谷覆盖层结构特点的认识，将会导致坝址区勘探点布置的原则与正常河流型河谷有明显的不同。值得注意的是，由于冰川内部或底部冰水河道的存在以及冰川堆积过程的特征，会造成冰碛层中冰水砂砾层以及架空结构的存在，使冰碛层的水文地质条件复杂化。

此类具冰川堆积结构型的河谷分布较普遍，双层结构十分明显，因此对于一些低水头（坝高小于 30m）的土坝，可充分利用下部泥砾层的隔水性能起防渗作用。如大兴安岭东麓洮河中下游河谷底部普遍分布一层冰碛泥砾层，其 K 值为 $0.02\sim114\mathrm{m/d}$，平均仅 $0.26\mathrm{m/d}$。这样防渗问题就简单了，只需采用明挖回填黏土截水墙防渗，防渗效果良好，加快了施工进度。如下部为透水岩层，泥砾层较薄的条件则应进行适当的帷幕灌浆。

冰川型河谷之横剖面，多为 U 形，谷底平坦、宽阔，但常有谷底深槽存在。如位于太行山东麓的南礼河谷——冰川谷，其谷底中的震旦系石英岩状砂岩上发育有一条纵向上延伸平直，且呈波状起伏的谷中深槽，槽深 25m 以上，深槽中充填以含巨砾（漂卵）的砂卵石，透水性良好，并为一承压含水层。此外在永定河谷中的太子墓坝址附近的河谷中其谷侧分布一深槽，其中充填以透水良好的砂卵石层（图 9-10）。此类河谷地形，在冰川型河谷中常有所见，一般认为冰川型河谷横剖面是 U 形，但由于深槽存在实际上多是不规则的 W 形，在工程地质勘测工作中应特别注意。

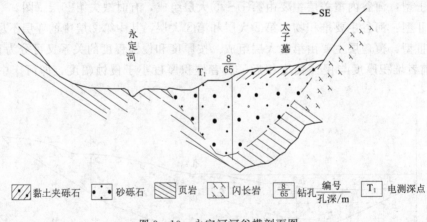

图 9-10　永定河河谷横剖面图

在河谷纵向形态上，冰川型河谷其基底纵剖面是呈波伏起伏，上游为基岩凹地，下游为基岩隆起（图 9-11），与河流形成的河流纵剖面上游高下游低的特征显然不同。此种冰川型河谷基岩隆起段是选择水库坝址的优良地段。

河流型河谷，在山区其结构较为简单，多呈 V 形，并为单一的砂卵石层充填，在山麓地带河谷多呈开阔槽形，河流冲积层的结构比较复杂，既有河床相冲积物，又有河漫滩相沉积物，呈多层状，层理清晰，河床相冲积层的渗透性能良好，K 值在几十甚至 100m/d 以上，防渗处理措施比较复杂。

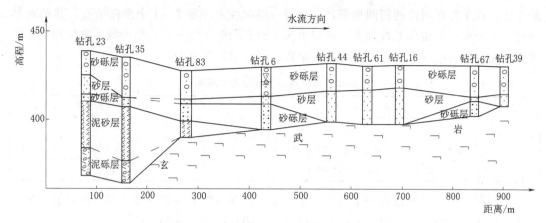

图 9-11 大渡河铜街子电站河床纵剖面图

第四节 水库区的水文地质勘察

水库区水文地质勘察主要解决水库向邻谷和库底的渗漏情况及渗透量,地下水回水情况及由此产生的浸没,至于水库蓄水后,由于地下水位的变化而可能引起的库岸再造、滑坡等问题的预测,在工程地质学中已有专门论述,本节着重介绍渗漏问题和浸没问题。

一、渗漏问题的水文地质勘察

为了解决水库渗漏问题,应在水库地区进行水文地质勘察,提出有关采取工程措施的水文地质资料。

1. 初步水文地质调查

调查的地区和范围根据目的和任务,水库的地质条件、复杂程度和其研究程度而定,最初只沿水库库岸到分水岭之间进行,而在个别地区如有严重漏水和浸没重要城市、矿产等问题时,必须进行详细调查。因此在进行水文地质调查前,必须搜集整理和详细研究水库区已有资料,包括地质和水文地质资料,并且划分出几个水库区的典型地段,确定调查的内容及重点。对于特大型水库或在国民经济中具有特别意义的中型水库,必须在库内到邻谷范围内之间地带作比例尺为 1:5 万~1:10 万的综合性水文地质和工程地质测绘,查明库内及库岸的岩层透水性,以及透水岩层的顶底板标高、泉水出露高程、水库与邻谷地带岩层的透水性和可能渗漏方向。根据分水岭上的水点、地下水位、透水性的分布,作出河谷区到分水岭地段内各不同时期的地下水位等水位线图。最后根据地质、水文地质和地貌绘制综合工程地质图。在图上,用箭头表明由分水岭向外渗漏的渗透方向,并特别标出可能受到浸没的城市、矿产及农田等。

2. 详细水文地质勘测

在初步水文地质调查圈定的可能渗漏或浸没地段,为确定水库渗漏量和预测地下水回水而进行详细勘测。为了进一步确定渗漏方向,必须进行比例尺为 1:1 万~1:2.5 万,范围包括水库内可能渗漏地段到邻谷的河间地带的水文地质测绘工作。如果还需要解决区域内某些复杂的地质和水文地质条件问题,有时还要在上述测绘范围外进行个别的路线测绘工作。在平原区河流的河间地带，应在每一剖面线上布置3～4个勘探钻孔，其距离尽可能均匀分布，但也要照顾到各大地貌单元上能有勘探孔的分布，剖面线的数量和长短依据渗透路径的情况和水文地质条件的复杂程度而确定，参见表9-4。

表9-4　　　　　　　　　　　　　水库区水文地质勘探线布置间距

序号	水文地质条件的复杂程度	勘探线间的距离/km
1	不复杂	2.5～5.0
2	复杂（透水层岩石成分变化很大及不透水层起伏很大）	1.0～2.5
3	非常复杂（破碎地段，喀斯特发育地段）	0.2～1.0

详细勘测阶段必须进行一定数量的水文地质勘探试验工作，以便求得渗透系数和水质分析的成果。同时还必须进行一定数量的地下水的长期动态观测工作。

在调查水库渗漏的水文地质勘测中，查明水库渗漏水文地质条件是首要的问题，重点研究以下地段。

低矮分水岭是形成水库渗漏的重要条件之一，所谓低矮分水岭包括地表为第四纪覆盖层组成，其下伏基岩顶面的高程则低于正常库水位，在山麓地带此类分水岭常常是构成水库渗漏的重要通道。按其成因类型可分为两类：一是由古河道形成的低矮分水岭；二是由冰川隘口构成的低矮分水岭。古河道由砂砾石层所充填，如果它与相邻河谷相通（图9-12），就会构成库水渗向邻谷的通道。有时古河床呈牛轭湖形发育于现代河床的一侧，如果坝址选择不当，库水就可以通过古河床渗向坝的下游。这种"马蹄湾"形古河床，在沱江两岸分布广泛，大渡河和岷江河谷也有所分布。

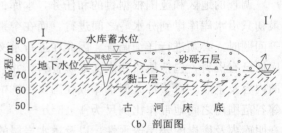

（a）平面图　　　　　　　　　（b）剖面图

图9-12　古河床渗漏通道图

有时河谷一侧产生巨大滑坡将原有河谷堰塞，迫使河谷局部改道，此时滑坡堆积之下埋有原河床的砂砾石层沉积，坝址如恰选在改道的狭谷河段，古河床就构成通畅的渗漏通道，需要采取复杂的防渗措施。

第四纪冰川作用所形成的隘口型低矮分水岭，如果主要是由冰水作用形成的砂砾石堆积，则也是水库渗漏的重要通道，但如表层为砂砾石层，而底部具有冰碛泥砾层的分布，尽管基岩顶板高程大大低于库水水位，但由于有隔水性能良好的泥砾层存在，也并不会引起水库的渗漏。如北京十三陵附近大宫门就位于一冰流隘口上，表层由松散沉积物构成，其底部基岩顶板高程低于十三陵水库坝址区河床基岩顶面高程差值达 30 余 m，当然更是大大低于正常库水位，但由于低洼的基岩顶面上有巨厚不透水的冰碛泥砾层的分布，泥砾层顶面高程又高于正常库水位，因此此类低矮分水岭并不能造成水库的渗漏。

在一些单薄分水岭地带的横向断裂破碎带或节理裂隙密集带也是造成库水渗漏的原因之一。据一些水库断层破碎带渗透系数的资料，某些张性断裂破碎带的渗透系数很大（表 9-5）。至于某些柱状裂隙很发育的玄武岩透水性也极强，例如东北某坝址第四纪玄武岩渗透系数达 20~1000m/d，当然这种情况是比较少见的。

表 9-5　　　　　　　　　　　　**断层破碎带渗透系数值**

岩石性质	断层性质	渗 透 系 数		工程名称或资料来源
		cm/s	m/d	
花岗岩		$6 \times 10^{-5} \sim 1$		
燧石层		$2 \times 10^{-3} \sim 2 \times 10^{-2}$		
硅质灰岩	张性		0.5~1.8	河北某水库
砂页岩	张性		80~100	宁夏某坝
硅质石灰岩	张性		200~300	官厅水库
石灰岩	压性		约 20	清平水库

岩溶地区分水岭地带的水库渗漏问题呈现出非常复杂的情况，首先要查清地表水分水岭与地下水分水岭的关系，在岩溶区这两方面又常常出现不一致的情况。图 9-8 中乌江野猫洞地下河系的源头已穿透了地表分水岭，致使乌江与郁江两大岩溶地下水系间的分水岭，无论平面或空间上都呈复杂的犬牙交错状态。务必要同时布置一定的勘探孔，查明分水岭地带的地下水位高程，如普遍高于正常库水位，则不会形成水库的渗漏，如出现低水位带（即低于正常库水位），便是可能的渗漏通道，要进一步查明低水位带上的岩性和地质构造条件以及渗透性质、径流状态等水文地质特征，以便进一步论述渗透的可能性以及提出合理的防渗措施。

水库渗漏问题评价应符合下列规定：

（1）符合下列条件之一，可判定为不会发生水库向邻谷渗漏问题：

1）非悬托式河流的邻谷河水位高于水库正常蓄水位。

2）水库周边有连续、稳定、可靠的相对隔水层分布，构造封闭条件良好，且分布高程高于水库正常蓄水位。

3）水库与邻谷之间存在地下水分水岭且高于水库正常蓄水位；或地下水分水岭虽低于正常蓄水位，但河间分水岭宽厚，经估算水库壅水后的地下水分水岭高于水库正常蓄水位。

（2）符合下列条件之一，可判定为存在水库渗漏问题：

1）河水补给地下水，河流上下游流量出现反常情况，有明显的河水漏失现象。

2）库水位高于邻谷河水位，河间地块无相对隔水层，或相对隔水层已被严重破坏，不起隔水作用，又无地下水分水岭。

3）库水位高于邻谷河水位，河间地块虽有地下水分水岭，但其高程低于库水位，且正常蓄水位以下发育有通向库外的中等以上透水层。

（3）水库渗漏量估算可采用以下方法：

1）解析法：其估算公式可按有关规范选择使用。

2）数值模拟法：在正确清楚地认识水文地质条件，合理概化水文地质概念模型的基础上，正确建立和运用相应的数值模型，使用适当的有代表性的水文地质参数，经模型识别、验证及可靠性分析，才能获得准确的预测渗漏量值，满足工程建设要求。

（4）水库渗漏问题的评价：

1）应根据水文地质勘察资料作出水库是否存在永久性渗漏或暂时性渗漏的定性评价结论。

2）应根据库区渗漏量估算结果，作出库区渗漏严重程度的定量评价结论。当渗漏量小于河流多年平均流量的 3％时为轻微渗漏，渗漏量在 3％～10％时为中等渗漏，渗漏量大于 10％时为严重渗漏。

二、浸没区的水文地质勘察

水库浸没区的水文地质勘察主要调查研究下列内容：

（1）浸没地段的地形地貌特征，水库蓄水位上下一定高程范围内存在的地形坡度平缓、面积又较大的地带，库外邻近的封闭或半封闭的顺河洼地或地面高程低于河床的库岸地段。

（2）库岸的地层岩性和地质结构、相对隔水层或基岩的埋深。

（3）浸没区水文地质条件、地下水类型、地下水补排关系等。对黄土类土还应注意研究其湿陷性。

（4）土的毛细管水最大上升高度、给水度、渗透系数等，产生浸没的地下水临界深度和植物根系深度。

（5）对城镇居民区和大型建筑物，了解其基础砌置深度及地下水壅高对地基土承载力的影响，预测浸没引起建筑物的受损程度。

水库浸没问题评价应符合下列规定：

符合下列条件之一，可判定为易浸没地区：

（1）平原型水库的坝下游、顺河坝或围堤的外（背水）侧，特别是地面高程低于河床的库岸地段。

（2）山区水库宽谷地带库水位附近的松散堆积层，且有建筑物和农作物的分布区域。

（3）地下水位埋藏较浅，地表水或地下水排泄不畅；封闭、半封闭洼地或沼泽的边缘地带。

地下水壅水计算应符合下列要求：

（1）地下水壅水计算可采用解析法和数值模拟法。浸没区地层上部为透水性微弱的黏性土层，下部为透水性良好的砂砾石层时，宜采用结合水动力学原理进行计算。各种水文地质边界条件下解析法壅水计算公式可参考有关规范的规定选择。

（2）计算参数选取：

1）含水层厚度大，相对隔水层埋藏很深时，可按地下水壅高值的影响程度取有效厚度。

2）壅水前的天然地下水位宜取枯水期或平水期水位作为原始水位。

3）最终浸没范围预测时，地下水稳定壅水计算的起始水位应取正常蓄水位。水库库尾地区还必须考虑水位超高值。

4）渗透系数的选取应符合有关规范的规定。

5）数值模拟法所需的有关参数宜根据试验和地下水动态观测成果综合选取。

第五节　坝址区的水文地质勘察

一、坝基及绕坝渗漏问题评价

（1）应根据地形地貌条件、库水与河谷两岸地下水的补排关系、坝基与坝肩岩土层渗透性及其分布组合特征、地质构造发育及分布特征等，对坝基及绕坝渗漏问题进行综合判定。

（2）当坝（闸）址区存在下列情况之一时，可判断为存在坝基或绕坝渗漏问题：

1）坝基或坝肩分布有透水岩土层，且透水层未被相对隔水层阻隔。

2）坝基或坝肩分布有沟通上下游的断层破碎带、裂隙密集带、层间剪切破碎带、风化卸荷带、岩溶洞穴、古河道等集中渗漏通道。

3）坝肩山体存在地下水位低于库水位的单薄分水岭。

（3）坝基及绕坝渗漏量的估算应符合以下原则：

1）应在分析坝基及坝肩水文地质条件的基础上，正确判定渗漏形式，划分岩土体渗透结构类型，确定水文地质分段及各计算段边界条件。

2）松散覆盖层渗透系数宜根据抽水试验或注水试验获得。岩体渗透系数可根据抽水试验或压水试验获得。需要考虑岩体各向异性渗透性时，可根据定向压水试验或抽水试验等方法确定其各向异性渗透系数。

3）坝基及绕坝渗漏量的估算可视具体条件采用地下水动力学法和（或）数值模型法进行。

二、坝基及坝肩扬压力问题评价

（1）坝基及坝肩扬压力问题评价应在综合分析坝基及坝肩岩层透水性相对大小及其分布与组合特征、地质构造发育及分布特征等条件的基础上进行。

（2）下列条件下，可判断为坝基或坝肩存在较大的扬压力：

1）坝踵附近岩体透水性大，坝趾附近岩体透水性小。

2）坝基岩体透水性小，但存在透水性大的水平或缓倾结构面。

3）坝肩岩体透水性小，但存在透水性大的顺河向陡倾角结构面。

4）弱透水层下埋藏有强透水的向斜谷。

5）坝基分布有延深大、地下水位高的断层破碎带或宽大裂隙。

三、坝基基坑涌水问题评价

（1）坝基基坑涌水问题评价应在综合分析基坑水文地质条件及其补给条件的基础上进行，主要内容包括：

1）各含水层及相对隔水层性质、厚度、分布特征，地下水位及其动态变化，含水层渗透性及其补给条件等。

2）基坑规模、位置、底部高程、设计水位降深、拟采用的防渗措施等。

3）河水位及其动态变化。

（2）坝基基坑涌水量估算可视具体条件采用地下水动力学法或数值模型法进行。各含水层渗透系数可通过抽水试验或注水试验测定。

复习思考题

1. 简述岩溶河谷水文地质勘察研究的内容。

2. 简述河谷深部岩溶的成因。

3. 简述深厚覆盖层河谷的结构与成因。

4. 简述水库库坝区渗漏条件判别。

5. 简述水库蓄水后可能发生的浸没地段、范围及类型。

第十章　地下水水质与水文地质环境评价

第一节　地下水水质评价

水资源评价包括两个方面：量的评价和质的评价。量的评价一般有专门课程或书籍介绍，这里不做阐述，主要介绍地下水水质评价。只有水质合乎供水要求的地下水量才是可供利用的地下水资源，有些地方缺水，不是没有水量，而是水质达不到要求。

无论是地下水作为各种供水资源，还是地下水作为环境因子，往往都要对其水质的好坏或适宜性作出评价。供水水质的要求主要取决于：①工农业生产的性质；②人们对饮用水规定的标准。各种工农业生产几乎都离不开水，不同生产部门对水质的要求也不同。只有了解这些要求，才能在供水水文地质勘察中有的放矢地确定水质分析项目，对水质作出正确的评价。水质标准是评价水质的准则，各行业各部门的水质标准都是在实践中不断总结、修改和逐步完善的，在进行水质评价时，应以最新的标准为依据。不仅要考虑水质的现状是否符合标准，还应考虑是否有改善的可能，经过处理以后能否达到用水标准，预测水质可能发生的变化。只有水质合乎用水标准和能够达到用水标准的地下水才能列入地下水资源的范畴。

一、生活饮用水水质评价

好的生活饮用水必须以满足人们生理感觉和无害于人体健康为原则，主要从 3 个方面考虑：①水的物理性质；②水的化学成分（溶解的普通盐类）；③有毒有害成分及细菌成分，特别应注意地下水是否受到了细菌和毒性污染。

（一）地下水物理性质的要求

生活饮用水一般要求水的物理性质应当是无色、无味、无臭，不含可见物及清凉可口（水温在 $7\sim11℃$ 为宜）。水的物理性质如果不良，不仅使人产生厌恶的感觉，同时它也反映了一定的化学成分。例如，水中含腐殖质呈黄色，含低价铁呈淡蓝色，含高价铁或锰呈黄色到棕黄色，悬浮物多呈混浊的浅灰色，硬水呈浅蓝色，含硫化氢有臭鸡蛋味，含有机质及原生动物有腐物味、甜味、霉味、土腥味等，含高价铁有发涩的锈味（鱼腥味），含硫酸铁或硫酸钠的水呈苦涩味，含氯化钠则有咸味等。这对初步评价水质具有一定的意义。

（二）地下水普通盐类的评价

水中溶解的普通盐类主要指水中的一些常见离子成分，如 Cl^-、SO_4^{2-}、HCO_3^-、Ca^{2+}、Mg^{2+}、Na^+、K^+、Fe^{2+}、Mn^{2+}、Cu^{2+}、Zn^{2+}、Al^{3+} 等，它们多数是天然矿物的产物，在水中的含量变化很大，对人体危害不大，对人体健康不会产生明显的不良影响和病变问题，但也不能太高或过低，不然会产生一些副作用。含量过高时会损及水的物理性质，使水过于咸或苦，以致无法饮用；含量过低时，人体吸取不到所需的某些矿物质，也会产生一些不良影响。由于人体对饮用水中普通盐类的含量具有很快适应的能力，所以在饮用水标准中一般不做统一的规定，可因地制宜地制定地方标准，各地区的标准也不一致。一般以总矿化度不超过 1g/L 为宜，但在一些淡水贫乏的地区，居民可以适应 $2\sim3g/L$ 甚至5g/L 的水。

在普通盐类中，以下几种成分在生活饮用水评价中值得重视。

(1) 水的硬度：生活饮用水的总硬度不得大于 25 度（德度，或不超过 450mg/L），但硬度太小的水对人体也不利，故又规定不得小于 8 度，最好是 $10\sim15$ 度。因为钙是人体需要从水中摄取的主要矿物质。水中缺钙易患牙病，并影响心血管系统及骨骼生长。特别在含过量的锶或铍时，有人认为可能易患大骨节病、佝偻病和克山病。人体对镁的需要量远比钙少，水中含镁过多时易使水发涩发苦，特别是硫酸镁含量大于 $300\sim500mg/L$ 时，会引起腹泻。有人认为克山病与水中缺镁有关。

(2) 硫酸盐（SO_4^{2-}）：水中硫酸盐含量过高会败坏水味，甚至引起腹泻使肠道机能失调。一般认为硫酸根离子的含量应在 $200\sim500mg/L$ 以下。在水中缺钙的地区，硫酸盐含量低于 10mg/L 时易患大骨节病。

(3) 氧化亚铁和锰：这两种物质影响水的味道，氧化亚铁含量达 0.3mg/L 时，水具有墨水味，锰的含量达到 0.5mg/L 时，水也有不良味道。

(4) 铜（Cu）和锌（Zn）：是人体必需的元素，其限量均为 1.0mg/L，若摄入过量，也有毒性。硫酸铜的毒性较大，会引起肠胃炎、肝炎、黄疸病等。锌的毒性较弱，但食得过多，也可引起肠胃炎及消化道黏膜被腐蚀等疾病。

(5) 铝（Al）：铝元素非人体所需，对人体有较大危害。世界卫生组织于 1989 年正式将铝确定为食品污染物。人体中铝元素含量太高时，会影响肠道对磷、锶、铁、钙等元素的吸收，可导致骨质疏松。体内含铝多对中枢神经系统、消化系统、脑、肝、骨、肾、细胞、造血系统、免疫功能等均有不良影响；铝在大脑和皮肤中积沉，还会加快人体的整体衰老过程，近年来又发现老年痴呆症的出现也与平时过多摄入铝元素有关。人体中铝的来源主要是食品添加剂。

（三）生活饮用水中对有毒有害物质的限制

生活饮用水评价很重要的因素是水中有毒有害元素的含量问题，它直接影响人们的身体健康甚至可发生生命危险。因此，国家在这方面规定很严格，不允许超标，不然会对人体造成严重危害和病变。

有害元素的来源主要有：

(1) 原生的水文地质环境，如硫化金属矿床分布区，高氟区的氟骨症，低碘区的甲状腺肿大，腐殖酸高及其他元素致大骨节病、克山病等。

(2) 污染，现代工业的迅速发展，三废排放，地表水污染引起地下水污染。

有害物质在水中存在的最大允许浓度通常根据以下三个方面来确定：

(1) 科学的标准，确定各种物质的剂量-反应关系。

(2) 在饮用水中普遍发现的化学物质的检出频数和浓度的分析资料。

(3) 可以采用适宜的控制技术以去除或减少饮用水中物质的浓度。

化学成分引起的健康问题，主要是长期接触后造成的有毒有害作用，特别是蓄积性毒物和致癌物质。但是也要注意有些无机元素是人体营养的必需元素，但是并未规定这些物质在饮水中的最低适宜浓度。而只规定了在长时间内不能超过的浓度，因为过量可能引起危害。

水中有毒有害成分主要有砷、硒、镉、铬、汞、铅、氟、氰化物、酚类、洗涤剂及农药等。这些物质在地下水中出现主要是因为地下水受到污染，少数也有天然形成的。对人体有益微量元素和重要毒性物质对人体的危害及它们在饮用水中的含量简述如下：

（1）碘（I）：人体需要适量的碘以制造甲状腺激素与碘代谢。碘在淡水中含量一般很低（0.002～0.01mg/L），易为植物特别是柳树吸收。人体如缺碘过久会发生甲状腺肿大病和克汀病。

（2）锶（Sr）和铍（Be）：天然水中一般锶和铍的含量甚微。含量过高时可能引起大骨节病、锶佝偻和铍佝偻病。饮用水中锶一般限量为 0.003mg/L，铍的限量为 0.002mg/L。

（3）砷（As）：砷的毒性大，饮用水中砷含量大于 0.1mg/L 时能麻痹细胞的氧化还原过程，以致使人得溶血性贫血，并有致癌作用。饮用水中砷的允许含量一般为 0.01～0.02mg/L，超过 0.05mg/L 时，则不能作为供水水源。

（4）硒（Se）：硒对人体也有较强的毒性，它在人体中有明显的蓄积作用，易引起慢性中毒，损害肝脏和骨髓的功能，还能阻碍水中氟的作用而引起龋齿。此外，硒是强致癌物。故规定饮水中硒的最高允许含量为 0.01mg/L。

（5）镉（Cd）：镉有很强的毒性，能在细胞中蓄积，使肠胃肝脏受损，还能致骨节病。有人认为贫血及高血压也与镉在机体内蓄积有关。饮用水中镉的最高允许浓度为 0.01mg/L。

（6）铬（Cr）：铬对人体有害，特别是六价铬，其含量大于 0.1mg/L 时对人体的消化系统有刺激和腐蚀性，能破坏鼻内软骨，甚至有人认为有致肺癌的作用。饮用水中六价铬的允许含量为 0.05mg/L。

（7）汞（Hg）：汞为蓄积性毒物。汞进入人体后可使人的中枢神经、消化道及肾脏受损害，使细胞的蛋白质沉淀形成细胞原浆毒，对妇女、儿童及肾病患者敏感。尚能从妇女乳腺排出，影响婴儿健康。饮用水中汞限量为 0.001mg/L。

（8）铅（Pb）：铅为蓄积性毒物，人体内蓄积铅较多时使高级神经活动障碍，产生中毒症状，甚至存于骨髓内使人瘫痪，又能从妇女乳腺中排出，影响婴儿健康。饮用水中铅的限量为 0.05～0.1mg/L。

（9）氟（F）：氟与人的牙齿和骨骼健康有关，饮水中含氟量适当对人体有益，含氟过低（小于 0.3mg/L）时失去防止龋齿的作用；过高（大于 1.5mg/L）可使牙齿釉质腐蚀，出现氟斑齿，甚至造成牙齿崩坏。长期饮用含氟量过高的水还能引起骨骼改变等全身慢性疾病，称为氟骨症，即氟中毒，甚至残疾，对人体危害极大。饮用水标准中规定氟含量 0.5～1.0mg/L，最高不超过 1.5mg/L。

（10）氰化物：毒性剧烈，无论从口或呼吸道进入人体后均能中毒，在达到某种浓度时可使人急性死亡。氰化物在饮用水中的允许含量为 0.01mg/L（以 CN^- 计算）。

(11) 酚类：各种酚类是强毒性有机化合物，其含量为 0.005mg/L 时，用氯消毒处理水时就出现让人难忍的氯酚味，无法饮用。饮用水中酚类限量为 0.001～0.002mg/L。

(12) 合成洗涤剂：饮用水中含有合成洗涤剂时，对人体有害。它的出现说明水被生活污水或工业废水所污染，可能伴随有其他毒物或细菌，故可作为污染的标志。在饮用水中的限量为 0.3mg/L。

（四）细菌及有机污染物的限制

地下水中一般情况下不含细菌，只有当地下水受到生活污水污染时才含有各种细菌、病原菌、病毒和寄生虫等。这里的污染主要是指生物的粪便和动物尸体腐烂以后渗入地下引起。饮用了这种地下水对身体十分有害，所以饮用水中不允许有病原菌、病毒存在。生活污水污染的地下水中还含有各种碳水化合物、蛋白质、油质等有机物质，这些物质分解过程中消耗水中的溶解氧，放出甲烷、硫化氢、氨等气体，并散发出臭气。与此同时还导致各种细菌的繁殖，使水质恶化。然而对水中的细菌，特别是病原菌不是随时都能检出和查清的。因此，为了保障人体健康和预防疾病，以及便于随时判断致病的可能和水受污染的程度，一般是取水样检验细菌总数，并测定能说明粪便污染而易被发现的大肠杆菌族的指标，以及与细菌活动有关的有机物指标。

1. 细菌指标

(1) 细菌族指数：指水在相当于人体温度（37℃）下经 24h 培养后，每毫升水中所含各种细菌族的总个数。饮用水标准规定细菌族指数不超过 100。

(2) 大肠杆菌族指数：大肠杆菌本身并非致病菌，一般对人体无害，但常和其他病菌共生。水中含有大肠杆菌说明水已被粪便污染，从而说明存在有病原菌的可能性。

饮用水标准中规定每升水中大肠杆菌不得检出。混有大肠菌、痢疾、伤寒菌的水在相同条件下进行加热消毒试验，结果大肠菌抵抗力比致病菌强。消毒后，残留 3 个/L 大肠菌下，其他病菌杀死未检出，残菌能检出，故大肠杆菌小于 3 个/L 能保证安全程度相当大。

2. 有机污染指标

除了细菌分析外，水中某些化学成分的存在，也可以作为评价水是否被有机物污染的间接指标，它们包括铵、亚硝酸、硝酸、磷酸、硫化氢、耗氧量等；但不能作为直接指标，因为它们来源有无机，也有有机，所以最终还必须再进行细菌分析。

(1) 氮化物：包括蛋白氮和铵、亚硝酸、硝酸。氮化物可以是无机起源，也可以是有机起源。天然水中它们的含量一般极低。但如果含量较高时，则多为有机起源。这说明水已被有机污染。

1) 蛋白氮和铵（NH_4^+）：它是水受污染的重要标志，多出现于污染及还原环境中。铵是有机蛋白质在细菌作用下腐败分解，经复杂的系列生物化学作用而析出的产物。尿中的尿素也易变成铵。铵本身虽对人体无害，但它们的存在说明水已受到明显的污染，细菌易繁殖，而使人体有生病的可能。一般地面水中蛋白氮含量不超过 0.04～0.1mg/L，铵不超过 0.03～0.08mg/L，地下水中一般不存在这些成分。但在多硫化铁的深层水中，有时有无机成因的铵出现。有些国家规定饮用水中铵的最大允许浓度为 0.01～0.05mg/L。我国有些地区规定为 0.02mg/L。蛋白氮限量为 0.04mg/L。

2）亚硝酸（NO_2^-）：氮经氧化生成亚硝酸，即

$$2NH_3 + 3O_2 \underset{\text{还原}}{\overset{\text{氧化}}{\rightleftharpoons}} 2HNO_2 + 2H_2O（或 N_2O_3 + 3H_2O）$$

NO_2^- 不仅说明水中有细菌繁殖活动，而且其本身对人体也有害。它被吸入血液后，能与血红蛋白结合，形成失去带氧功能的变形血红蛋白，使组织缺氧而中毒，重者可因组织缺氧导致呼吸循环衰弱。我国有些地区饮用水标准中规定 NO_2^- 含量不应大于 0.03mg/L，有些国家规定为 $0.02 \sim 0.06$mg/L［以 N 计，NO_2^- 的含量（mg/L）可按 N 含量（mg/L）的 3.285 倍计算］。

3）硝酸（NO_3^-）：在深层地下水中 NO_3^- 可以由矿物质溶解而来，但一般多数是动物污染分解的产物，植物污染的很少，亚硝酸进一步氧化即生成硝酸，即

$$2HNO_2 + O_2 \underset{\text{还原}}{\overset{\text{氧化}}{\rightleftharpoons}} 2HNO_3（或 N_2O_5 + H_2O）$$

此外，NO_3^- 还有来源于农药氨肥，如 NH_4^+、NO_2^- 等。NO_3^- 对人体健康有影响，主要对婴儿使其血液的红蛋白失去输氧能力，形成变形血红蛋白而中毒。饮用水中 NO_3^- 含量不允许超过 $20 \sim 50$mg/L。我国有些地区规定不超过 $30 \sim 40$mg/L。

（2）磷酸盐：以 $H_2PO_4^-$、HPO_4^{2-}、PO_4^{3-} 形式存在于水中。HPO_4^{2-} 来源于磷矿物，$H_2PO_4^-$ 可来源于无机物，也可来源于有机物，蛋白质经细菌氧化后，可生成磷酸 $H_2PO_4^-$。PO_4^{3-} 是动物尿中的物质，主要来源于动物排泄物，而在无污染的天然水中仅在 pH 值大于 9 时才有可能出现。因此，饮用水中一般不允许 PO_4^{3-} 存在。我国有些地区规定磷的含量不超过 0.1mg/L。

（3）硫氢化物：天然水中一般只有 H_2S 和 HS^- 两种形式。它们可以来源于无机物，也可以来源于有机物。无机来源是因含硫酸多的水与煤、石油接触反应，以及风化带中矿化物的分解。有机来源是由动物体或含硫蛋白质在缺氧条件下分解而成。水中发现硫化氢时，可参考其他污染指标和环境来判定是否受到污染。由于硫化氢有臭味、有毒性，无论其成因如何都不允许在饮用水中出现，规定其含量不应大于 0.5mg/L。

（4）耗氧量和溶解氧：水中耗氧的增加或溶解氧的减少，都说明水中有机物增加，水耗氧量高表明有机物多，则水可能已被污染。一般耗氧量为 1mg/L 时，相当于有机物含量 21mg/L，一般规定耗氧量不大于 2.5mg/L（相当于耗 $KMnO_4$ 量 10mg/L）。

（五）生活饮用水标准

综上所述，进行饮用水的水质评价时，应全面考虑各方面的成分，要取水样做全分析和专门的细菌分析。评价的标准应根据卫生部门最新的标准，并结合各地方的标准逐项进行评价。2006 年，我国颁发了新的全国生活饮用水标准（GB 5749—2006）（表 10-1、表 10-2）。

表 10-1　　　　　　　　　　　　生活饮用水水质常规指标及限值

指　标	限　值
1. 微生物指标①	
总大肠菌群/（MPN/100mL 或 CFU/100mL）	不得检出
耐热大肠菌群/（MPN/100mL 或 CFU/100mL）	不得检出

指　　标	限　　值
大肠埃希菌/(MPN/100mL 或 CFU/100mL)	不得检出
菌落总数/(CFU/mL)	100
2. 毒理指标	
砷/(mg/L)	0.01
镉/(mg/L)	0.005
铬（六价）/(mg/L)	0.05
铅/(mg/L)	0.01
汞/(mg/L)	0.001
硒/(mg/L)	0.01
氰化物/(mg/L)	0.05
氟化物/(mg/L)	1.0
硝酸盐（以 N 计）/(mg/L)	10（地下水源限制时为 20）
三氯甲烷/(mg/L)	0.06
四氯化碳/(mg/L)	0.002
溴酸盐（使用臭氧时）/(mg/L)	0.01
甲醛（使用臭氧时）/(mg/L)	0.9
亚氯酸盐（使用二氧化氯消毒时）/(mg/L)	0.7
氯酸盐（使用复合二氧化氯消毒时）/(mg/L)	0.7
3. 感官性状和一般化学指标	
色度（铂钴色度单位）	15
浑浊度（NTU -散射浊度单位）	1（水源与净水技术条件限制时为 3）
臭和味	无异臭、异味
肉眼可见物	无
pH 值	≥6.5 且≤8.5
铝/(mg/L)	0.2
铁/(mg/L)	0.3
锰/(mg/L)	0.1
铜/(mg/L)	1.0
锌/(mg/L)	1.0
氯化物/(mg/L)	250
硫酸盐/(mg/L)	250
溶解性总固体/(mg/L)	1000
总硬度（以 $CaCO_3$ 计）/(mg/L)	450
耗氧量（COD_{Mn}法，以 O_2 计）/(mg/L)	3（水源限制，原水耗氧量大于 6mg/L 时为 5）
挥发酚类（以苯酚计）/(mg/L)	0.002

指　标	限　值
阴离子合成洗涤剂/(mg/L)	0.3
4. 放射性指标②和指导值	
总 α 放射性/(Bq/L)	0.5
总 β 放射性/(Bq/L)	1

① MPN 表示最可能数；CFU 表示菌落形成单位。当水样检出总大肠菌群时，应进一步检验大肠埃希菌或耐热大肠菌群；水样未检出总大肠菌群，不必检验大肠埃希菌或耐热大肠菌群。

② 放射性指标超过指导值，应进行核素分析和评价，判定能否饮用。

表 10－2　　　　　　　　　　　　　生活饮用水水质非常规指标及限值

指　标	限　值
1. 微生物指标	
贾第鞭毛虫/(个/10L)	<1
隐孢子虫/(个/10L)	<1
2. 毒理指标	
锑/(mg/L)	0.005
钡/(mg/L)	0.7
铍/(mg/L)	0.002
硼/(mg/L)	0.5
钼/(mg/L)	0.07
镍/(mg/L)	0.02
银/(mg/L)	0.05
铊/(mg/L)	0.0001
氯化氰（以 CN^- 计）/(mg/L)	0.07
一氯二溴甲烷/(mg/L)	0.1
二氯一溴甲烷/(mg/L)	0.06
二氯乙酸/(mg/L)	0.05
1,2-二氯乙烷/(mg/L)	0.03
二氯甲烷/(mg/L)	0.02
三卤甲烷（三氯甲烷、一氯二溴甲烷、二氯一溴甲烷、三溴甲烷的总和）	该类化合物中各种化合物的实测浓度与其各自限值的比值之和不超过 1
1,1,1-三氯乙烷/(mg/L)	2
三氯乙酸/(mg/L)	0.1
三氯乙醛/(mg/L)	0.01
2,4,6-三氯酚/(mg/L)	0.2
三溴甲烷/(mg/L)	0.1
七氯/(mg/L)	0.0004
马拉硫磷/(mg/L)	0.25
五氯酚/(mg/L)	0.009
六六六（总量）/(mg/L)	0.005
六氯苯/(mg/L)	0.001

指　标	限　值
乐果/(mg/L)	0.08
对硫磷/(mg/L)	0.003
灭草松/(mg/L)	0.3
甲基对硫磷/(mg/L)	0.02
百菌清/(mg/L)	0.01
呋喃丹/(mg/L)	0.007
林丹/(mg/L)	0.002
毒死蜱/(mg/L)	0.03
草甘膦/(mg/L)	0.7
敌敌畏/(mg/L)	0.001
莠去津/(mg/L)	0.002
溴氰菊酯/(mg/L)	0.02
2,4-滴/(mg/L)	0.03
滴滴涕/(mg/L)	0.001
乙苯/(mg/L)	0.3
二甲苯/(mg/L)	0.5
1,1-二氯乙烯/(mg/L)	0.03
1,2-二氯乙烯/(mg/L)	0.05
1,2-二氯苯/(mg/L)	1
1,4-二氯苯/(mg/L)	0.3
三氯乙烯/(mg/L)	0.07
三氯苯（总量）/(mg/L)	0.02
六氯丁二烯/(mg/L)	0.0006
丙烯酰胺/(mg/L)	0.0005
四氯乙烯/(mg/L)	0.04
甲苯/(mg/L)	0.7
邻苯二甲酸二（2-乙基己基）酯/(mg/L)	0.008
环氧氯丙烷/(mg/L)	0.0004
苯/(mg/L)	0.01
苯乙烯/(mg/L)	0.02
苯并（a）芘/(mg/L)	0.00001
氯乙烯/(mg/L)	0.005
氯苯/(mg/L)	0.3
微囊藻毒素-LR/(mg/L)	0.001
3. 感官性状和一般化学指标	
氨氮（以 N 计）/(mg/L)	0.5
硫化物/(mg/L)	0.02
钠/(mg/L)	200

GB 5749—2006 中的水质指标由 GB 5749—1985 的 35 项增至 106 项，增加了 71 项，同时统一了城镇和农村饮用水卫生标准，实现了饮用水标准与国际接轨。《生活饮用水卫生标准》（GB 5749—2006）实施已有 10 余年，2020 年其修订稿完成，并向各部委送审，随后公开向社会征集意见。目前已知的调整内容（部分）如下：

（1）增加了 5 项指标：碘化物（0.1mg/L）；乙草胺（0.0003mg/L）；高氯酸盐（0.07mg/L）；2-甲基异莰醇（2-MIB）（10ng/L）；土臭素（10ng/L）。

（2）删除了 2 项指标：耐热大肠菌群；溶解性总固体。

（3）11 项指标调整到调查项目（附录 A）：三氯乙醛（从原 0.01mg/L 放宽到 0.1mg/L）；硫化物；六六六（总量）；对硫磷；甲基对硫磷；林丹；滴滴涕；甲醛；1,1,1-三氯乙烷；1,2-二氯苯；乙苯。

（4）7 项指标限值进行了调整：菌落总数，原 100CFU/mL，现 100CFU/mL，小型集中式供水 500CFU/mL；氟化物，原 1.2mg/L，现 1.5mg/L；气味，原臭和味，现气味，评价方法有变化；锑，原 0.005mg/L，现 0.01mg/L；硼，原 0.5mg/L，现 1mg/L；三氯乙烯，原 0.07mg/L，现 0.02mg/L；氯乙烯，原 0.005mg/L，现 0.001mg/L。

（5）附录 A 由 28 项调整到 52 项：增加了 26 项指标（其中 11 项是从原非常规指标调过来）；2 项指标调整到扩展项目；4 项指标限值进行了调整。

（6）对水质监测的内容做出统一要求，纳入"饮水水质卫生检测的评价技术指南"中，并将其作为标准的附件。

以上水质标准调整内容仅供参考，具体内容以正式颁布出版的《生活饮用水卫生标准》（GB 5749）为准。

二、锅炉用水水质评价

在许多工矿企业及铁路运输中，都需要使用各种类型的锅炉，如电站锅炉、各种工业用锅炉、蒸汽机车锅炉、取暖锅炉等。在各种工业用水中，锅炉用水则是基本组成部分。因此，无论对哪种工业用水的水质评价，首先必须对锅炉用水进行水质评价。

水在蒸汽锅炉中处在高温高压下，水在这种条件下可能发生各种不良的化学反应，主要有成垢作用、起泡作用和腐蚀作用等。这些作用对锅炉的正常使用往往带来非常有害的影响。这些作用的发生与水质有关。

1. 成垢作用

当水煮沸时水中所含的一些离子、化合物可以相互作用而生成沉淀，依附于锅炉壁上形成锅垢，这种作用称为成垢作用。锅垢厚了不仅不易传热，浪费燃料，而且易使金属炉壁过热融化，引起锅炉爆炸。锅垢的成分通常有 CaO、$CaCO_3$、$CaSO_4$、$CaSiO_3$、$Mg(OH)_2$、$MgSiO_3$、Al_2O_3、Fe_2O_3 及悬浊物质的沉渣等。这些物质是由溶解于水中的钙、镁盐类及胶体的 SiO_2、Al_2O_3、Fe_2O_3 和悬浊物沉淀而成的。例如：

$$Ca^{2+} + 2HCO_3^- \xrightarrow{\text{加热}} CaCO_3 \downarrow + H_2O + CO_2 \uparrow$$

$$Mg^{2+} + 2HCO_3^- \xrightarrow{\text{加热}} MgCO_3 + H_2O + CO_2 \uparrow$$

$MgCO_3$ 再分解，则沉淀出镁的氢氧化合物：

$$MgCO_3 + H_2O \longrightarrow Mg(OH)_2 \downarrow + CO_2 \uparrow$$

与此同时还可以沉淀出 $CaSiO_3$ 及 $MgSiO_3$，有时还沉淀出 $CaSO_4$ 等，所有这些沉淀物在锅炉中便形成了锅垢。

锅垢的总重量可根据水质分析资料用下式计算：

$$H_0 = S + C + 36r Fe^{2+} + 17r Al^{3+} + 20r Mg^{2+} + 59r Ca^{2+} \tag{10-1}$$

式中 H_0——锅垢的总量，g/m^3；

           S——悬浮物含量，mg/L；

           C——胶体（$SiO_2 + Al_2O_3 + Fe_2O_3 + \cdots$）含量，$mg/L$；

$r Fe^{2+}$、$r Al^{3+}$ $\cdots$——各种离子的含量，mEq/L。

式（10-1）中的系数是按各离子含量（mEq/L）所生成的沉淀物质量（mg/L）计算出来的。

按锅垢总量对成垢作用进行评价时，可将水分为：$H_0 < 125 g/m^3$ 时为沉淀物很少的水；$H_0 = 125 \sim 250 g/m^3$ 时为沉淀物较少的水；$H_0 = 250 \sim 500 g/m^3$ 时为沉淀物较多的水；$H_0 > 500 g/m^3$ 时为沉淀物很多的水。

在锅垢总量中含有硬质的垢石（硬垢）及软质的垢泥（软垢）两部分。硬垢主要是由碱土金属的碳酸盐、硫酸盐以及硅酸盐构成，附壁牢固、不易清除。软垢泥系由悬浊物质及胶体物质构成，易于洗刷清除。故在评价锅垢时还要计算硬垢数量以评价锅垢的性质。硬垢量常用下式计算：

$$H_h = SiO_2 + 20r Mg^{2+} + 68(r Cl^- + r SO_4^{2-} - r Na^+ - r K^+) \tag{10-2}$$

式中 H_h——硬垢总量，g/m^3；

                  SiO_2——二氧化硅质量，mg/L；

$r Mg^{2+}$、$r Cl^-$、$r SO_4^{2-}$、$r Na^+$、$r K^+$——各种离子的含量，mEq/L。

式（10-2）中，括弧中结果如果为负数，可忽略不计。

对锅垢的性质进行评价时可采用硬垢系数（K_n），即

$$K_n = H_h / H_0 \tag{10-3}$$

当 $K_n < 0.25$ 时为软垢水；$K_n = 0.25 \sim 0.5$ 时为软硬垢水；$K_n > 0.5$ 时为硬垢水。

2. 起泡作用

起泡作用是水煮沸时在水面上产生大量气泡的作用。如果气泡不能立即破裂，就会在水面以上形成很厚的极不稳定的泡沫层，泡沫太多时将使锅炉内水的汽化作用极不均匀和水位急剧升降，致使锅炉不能正常运转。产生这种现象的原因是水中溶解的钠盐、钾盐以及油脂和悬浊物，受炉水的碱度作用发生皂化的结果。在钠盐中促使水起泡的物质为苛性钠和磷酸钠。苛性钠除了可使脂肪和油质皂化外，还促使水中的悬浊物变为胶体状悬浊物。磷酸根与水中的钙、镁离子作用也能在炉水中形成高度分散的悬浊物。水中的胶体状悬浊物增强了气泡薄膜的稳固性，因而加剧了起泡作用。

起泡作用可用起泡系数 F 来评价，起泡系数按钠、钾的含量计算，即

$$F = 62r Na^+ + 78r K^+ \tag{10-4}$$

当 $F < 60$ 时为不起泡的水（机车锅炉一周换一次水）；$F = 60 \sim 200$ 时为半起泡的

水（机车锅炉 2～3 天换一次水）；$F>200$ 时为起泡的水（机车锅炉 1～2 天换一次水）。

3. 腐蚀作用

由于水中氢置换铁使炉壁受到损坏的作用称为腐蚀作用。氢离子可以是水中原有的，也可以由于炉中水温增高，从某些盐类水解而生成。此外，溶解于水中的气体成分，如氧、硫化氢及二氧化碳等也是造成腐蚀作用的重要因素。锰盐、硫化铁、有机质及脂肪油类，皆可作为接触剂而加强腐蚀作用的进行。温度增高以及增高后炉中所产生的局部电流均可促进腐蚀作用。炉中随着蒸气压力的增大，水中铜的危害也随之加重，往往在汽机叶片上会形成腐蚀。腐蚀作用对锅炉的危害极大，它不仅减少锅炉的使用寿命，尚有可能发生爆炸事故。从文献资料上看到，美国曾对 640 台压力为 $127kg/cm^2$、$148kg/cm^2$、$169kg/cm^2$ 的锅炉进行调查，在 1956—1970 年的 15 年中由于腐蚀原因至少发生一次爆炸事故的锅炉有 119 台之多，占锅炉总数的近 19%。我国也曾有类似事故发生，因此不得不引起对锅炉腐蚀性评价的重视。

水的腐蚀性可以按腐蚀系数 K_k 进行定量评价。

对酸性水

$$K_k=1.008(rH^++rAl^{3+}+rFe^{2+}+rMg^{2+}-rCO_3^{2-}-rHCO_3^-)\qquad(10-5)$$

对碱性水

$$K_k=1.008(rMg^{2+}-rHCO_3^-)\qquad(10-6)$$

用腐蚀系数评价水时的指标为：$K_k>0$，为腐蚀性水；$K_k<0$，但 $K_k+0.0503Ca^{2+}>0$，为半腐蚀性水；$K_k+0.0503Ca^{2+}<0$，为非腐蚀性水。其中 Ca^{2+} 的单位以 mg/L 表示。

对锅炉用水进行水质评价时应从以上三方面进行。对各种成分的具体允许含量可查阅各种手册的规定，一般而言锅炉用水必须是中性或弱碱性的，即 pH 值变动在 7～8.5 之间；水中不应含有过量的脂肪油类，对于高压锅炉一般要求不能大于 1mg/L，只有对水管式的无过热器的锅炉才允许在 5mg/L 以内；对水的硬度要求尽可能小，对于高压锅炉，基本上不允许有硬度存在（不超过 3～5μEq/L）；水中含氧量限制在 0.05～0.1mg/L，对于高压锅炉要求小于 10μg/L。至于其他成分，如游离 CO_2、SO_4^{2-}、NO_3^-、CO_3^{2-}、Cl^- 及 SiO_3^{2-} 等化合物以及铁、锰、钼、铜等离子尽可能要少，水中一般不允许含有机质及悬浮物。

三、水的侵蚀性评价

地下水中含有某些成分时，对建筑材料中的混凝土、金属等有侵蚀性和腐蚀性。当建筑物经常处于地下水的作用时，则应评价地下水的侵蚀性。例如各种建筑物的地下基础常用混凝土建筑、地下矿坑中的建筑和设备等。

1. 地下水对混凝土的侵蚀作用

大量的试验证明，地下水对混凝土的破坏是通过分解性侵蚀、结晶性侵蚀及分解结晶复合性侵蚀作用进行的。地下水的这种侵蚀性主要取决于水的化学成分，同时也与水泥类型有关。其鉴定标准见表 10-3。

表 10-3　水对混凝土的侵蚀性鉴定标准

侵蚀类型	侵蚀性指标	大块碎石类土 ($K>10^{-1}$cm/s)				砂类土 ($K=10^{-1}\sim10^{-3}$cm/s)				黏性土 ($K<10^{-3}$cm/s)			
		A		B		A		B		A		B	
		普通的	抗硫酸盐的	普通的	抗硫酸盐的	普通的	抗硫酸盐的	普通的	抗硫酸盐的	普通的	抗硫酸盐的	普通的	抗硫酸盐的
分解性侵蚀	分解性侵蚀指数 pHs（pH值<pHs 有侵蚀性，$pHs=\dfrac{HCO_3^-}{0.15HCO_3^--0.025}-K_1$）	$K_1=0.5$		$K_1=0.3$		$K_1=1.3$		$K_1=1.0$		无规定			
	pH值	<6.2		<6.4		<5.2		<5.5		无规定			
	游离 CO_2 /(mg/L)（游离 $CO_2>a[Ca^{2+}]+b+K_2$ 有侵蚀性）	$K_2=20$		$K_2=15$		$K_2=80$		$K_2=60$		无规定			
结晶性侵蚀	SO_4^{2-} /(mg/L)，Cl(mg/L) <1000	>250	>3000	>250	>4000	>300	>3500	>300	>4500	>400	>4000	>400	>5000
	SO_4^{2-} /(mg/L)，Cl(mg/L) 1000~6000	>100+0.15Cl⁻		>100+0.15Cl⁻		>150+0.15Cl⁻		>150+0.15Cl⁻		>250+0.15Cl⁻		>250+0.15Cl⁻	
	SO_4^{2-} /(mg/L)，Cl(mg/L) >6000	>1050		>1050		>1100		>1100		>1200		>1200	
分解结晶复合性侵蚀	弱盐基硫酸盐离子 [Me]（[Me]>1000mg/L，且 [Me]>$K_3-SO_4^{2-}$ 时有侵蚀性）	$K_3=7000$		$K_3=6000$		$K_3=9000$		$K_3=8000$		无规定			

注　表中 A 为硅酸盐水泥、B 为火山灰质、含砂火山灰质、矿渣硅酸盐水泥。表中系数 a、b 查表 10-4。

（1）分解性侵蚀。分解性侵蚀作用就是酸性水溶滤氢氧化钙和侵蚀性碳酸溶滤碳酸钙而使水泥分解破坏的作用。所以分解性侵蚀又分为一般酸性侵蚀和碳酸性侵蚀两种。

一般酸性侵蚀就是水中的氢离子与氢氧化钙起反应使混凝土溶滤破坏。其反应式为

$$Ca(OH)_2 + 2H^+ \rightleftharpoons Ca^{2+} + 2H_2O$$

一般酸性侵蚀的强弱主要取决于水的 pH 值。pH 值越低，水对混凝土侵蚀性就越强。

碳酸性侵蚀是由于碳酸钙在侵蚀性二氧化碳的作用下而溶解，使混凝土遭受破坏。混凝土表面的石灰在空气和水中 CO_2 的作用下，首先生成一层碳酸钙，进一步的作用形成易溶于水的重碳酸钙，重碳酸钙溶解后则使混凝土破坏。其反应式为

$$CaCO_3 + CO_2 + H_2O \rightleftharpoons Ca^{2+} + 2HCO_3^-$$

这是一个可逆反应，反应的方向与水中二氧化碳气体含量有密切的关系。碳酸钙溶于水中后，要求水中必须含有一定数量的游离 CO_2（即以气体形式溶解于水中的 CO_2）以保持平衡，水中的这部分 CO_2 称为平衡二氧化碳。如果水中游离 CO_2 减少，则方程式向左进行即发生碳酸钙沉淀。若水中的游离 CO_2 大于当时的平衡 CO_2，则可使方程向右进行即碳酸钙被溶解，直至达到新的平衡。与 $CaCO_3$ 反应消耗的那部分游离 CO_2 称为侵蚀性二氧化碳。

分解性侵蚀的鉴定按表 10-3 中的标准来判断，有 3 个指标：

1）分解性侵蚀指数 pHs 是分解性侵蚀总指标。

$$pHs = \frac{HCO_3^-}{0.15HCO_3^- - 0.025} - K_1 \tag{10-7}$$

式中　HCO_3^-——水中 HCO_3^- 含量，mEq/L；

　　　K_1——按表 10-3 中查得的数值。

当水的实际 pH 值≥pHs 时，水无分解性侵蚀；当水的实际 pH 值＜pHs 时，则有分解性侵蚀性。

2）pH 值为酸性侵蚀指标。当水的实际 pH 值小于表 10-3 中所列数值时，则有酸性侵蚀。

3）游离 CO_2 为碳酸性侵蚀指标。当水中游离 CO_2 含量（mg/L）大于表 10-3 中公式的计算值（$[CO_2]_s$）时，则有碳酸性侵蚀。表中公式为

$$[CO_2]_s = a[Ca^{2+}] + b + K_2 \tag{10-8}$$

式中　Ca^{2+}——水中 Ca^{2+} 含量，mg/L；

　　　a、b——按表 10-4 查取的数值；

　　　K_2——按表 10-3 查取的数值。

表 10-4　　　　　　　　表 10-3 中系数 a 和 b 值

酸性碳酸盐碱度 HCO_3^-/(mEq/L)	Cl^- 和 SO_4^{2-} 的总含量/(mg/L)											
	0~200		201~400		401~600		601~800		801~1000		>1000	
	a	b	a	b	a	b	a	b	a	b	a	b
1.4	0.01	16	0.01	17	0.01	17	0.00	17	0.00	17	0.00	17
1.8	0.04	17	0.04	18	0.03	17	0.02	18	0.02	18	0.02	18

续表

酸性碳酸盐碱度 HCO_3^- /(mEq/L)	Cl^- 和 SO_4^{2-} 的总含量/(mg/L)											
	0～200		201～400		401～600		601～800		801～1000		＞1000	
	a	b	a	b	a	b	a	b	a	b	a	b
2.1	0.07	19	0.08	19	0.05	18	0.04	18	0.04	18	0.04	18
2.5	0.10	21	0.09	20	0.07	19	0.06	18	0.06	18	0.05	18
2.9	0.13	23	0.11	21	0.09	19	0.08	18	0.07	18	0.07	18
3.2	0.16	25	0.14	22	0.11	20	0.10	19	0.09	18	0.08	18
3.6	0.20	27	0.17	23	0.14	21	0.12	19	0.11	18	0.10	18
4.0	0.24	29	0.20	24	0.16	22	0.15	20	0.13	19	0.12	19
4.3	0.28	32	0.24	26	0.19	23	0.17	21	0.16	20	0.14	20
4.7	0.32	34	0.28	27	0.22	24	0.20	22	0.19	21	0.17	21
5.0	0.36	36	0.32	29	0.25	26	0.23	23	0.22	22	0.19	22
5.4	0.40	38	0.36	30	0.29	27	0.26	24	0.24	23	0.22	23
5.7	0.44	41	0.40	32	0.32	28	0.29	25	0.27	24	0.25	24
6.1	0.48	43	0.43	34	0.36	30	0.33	26	0.30	25	0.28	25
6.4	0.54	46	0.47	37	0.40	32	0.36	28	0.33	27	0.31	27
6.8	0.61	48	0.51	39	0.44	33	0.40	30	0.37	29	0.34	28
7.1	0.67	51	0.55	41	0.48	35	0.44	31	0.41	30	0.38	29
7.5	0.74	53	0.60	43	0.53	37	0.48	33	0.45	31	0.41	31
7.8	0.81	55	0.65	45	0.58	38	0.53	34	0.49	33	0.44	32
8.2	0.88	58	0.70	47	0.63	40	0.58	35	0.53	34	0.48	33
8.6	0.96	60	0.76	49	0.68	42	0.63	37	0.57	36	0.52	35
9.0	1.04	63	0.81	51	0.73	44	0.67	39	0.61	38	0.56	37

注　改自地质出版社《水文地质手册》，见参考文献［76］。

根据以上 3 个指标判断，如有任何一种侵蚀性存在，均为具有分解性侵蚀。

（2）结晶性侵蚀。结晶性侵蚀主要是硫酸侵蚀，是含硫酸盐的水与水泥发生反应，在混凝土的孔洞中形成石膏和硫酸铝盐（又名结瓦尔盐）的晶体。这些新化合物的体积增大（例如石膏增大体积 1～2 倍，硫酸铝盐可增大体积 2.5 倍），由于结晶膨胀作用而导致混凝土力学强度降低，乃至破坏。

石膏是生成硫酸铝盐的中间产物，生成硫酸铝盐的反应式为

$$4CaO \cdot Al_2O_3 \cdot 12H_2O + 3(CaSO_4 \cdot 2H_2O) \longrightarrow 3CaO \cdot Al_2O_3 \cdot 3CaSO_4 \cdot 17H_2O + Ca(OH)_2$$

应当指出，结晶性侵蚀并不是孤立进行的，它常与分解性侵蚀作用相伴生。往往有分解性侵蚀时更能促进结晶性侵蚀作用的进行。另外硫酸侵蚀性尚与水中氯离子含量及混凝土建筑物在地下所处的位置有关，如建筑物处于水位变动带，这种结晶性侵蚀作用就更增强。近年来为了防止 SO_4^{2-} 对水泥的破坏作用，在 SO_4^{2-} 含量高的水下建筑物中均采用抗硫酸盐的水泥。

SO_4^{2-} 的含量（mg/L）是结晶性侵蚀评价的指标。当水中 SO_4^{2-} 的含量分别大于表 10-3 中的数值时，便有结晶性侵蚀作用。普通水泥还与 Cl^- 的含量有关，抗硫酸水泥则无关。

（3）分解结晶复合性侵蚀。分解结晶复合性侵蚀作用主要是水中弱盐基硫酸盐离子的侵蚀，即水中 Mg^{2+}、Fe^{2+}、Fe^{3+}、Cu^{2+}、Zn^{2+}、NH_4^+ 等含量很多时，与水泥发生化学反应，使混凝土力学强度降低，甚至破坏。例如水中的 $MgCl_2$ 与混凝土中结晶的 $Ca(OH)_2$ 起交替反应，形成 $Mg(OH)_2$ 和易溶于水的 $CaCl_2$，使混凝土遭受破坏。

因此，分解结晶复合性侵蚀的评价指标为弱盐基硫酸盐离子 Me，主要用于被工业废水污染的侵蚀性鉴定。当 Me＞1000mg/L，且满足下式时即有侵蚀性：

$$Me > K_3 - SO_4^{2-}$$

式中　Me——水中 Mg^{2+}、Fe^{2+}、Fe^{3+}、Cu^{2+}、Zn^{2+}、NH_4^+ 等离子的总量，或其中任一种或几种离子的含量，mg/L；

　　SO_4^{2-}——水中 SO_4^{2-} 的含量，mg/L；

　　K_3——按表 10-3 查得的数值。

若 Me＜1000mg/L，则无论 SO_4^{2-} 含量多少，均无侵蚀性。

我国水利水电工程地质勘察规范规定环境水对混凝土的腐蚀性判别，按表 10-5 标准进行评价。

表 10-5　　　　　　　　　　　环境水对混凝土腐蚀性判别标准

腐蚀性类型	腐蚀性判定依据	腐蚀程度	界限指标
一般酸性型	pH 值	无腐蚀	pH 值＞6.5
		弱腐蚀	6.5≥pH 值＞6.0
		中等腐蚀	6.0≥pH 值＞5.5
		强腐蚀	pH 值≤5.5
碳酸型	侵蚀性 CO_2/(mg/L)	无腐蚀	侵蚀性 CO_2＜15
		弱腐蚀	15≤侵蚀性 CO_2＜30
		中等腐蚀	30≤侵蚀性 CO_2＜60
		强腐蚀	侵蚀性 CO_2≥60
重碳酸型	HCO_3^-/(mmol/L)	无腐蚀	HCO_3^-＞1.07
		弱腐蚀	1.07≥HCO_3^-＞0.7
		中等腐蚀	HCO_3^-≤0.7
		强腐蚀	—
镁离子型	Mg^{2+}/(mg/L)	无腐蚀	Mg^{2+}＜1000
		弱腐蚀	1000≤Mg^{2+}＜1500
		中等腐蚀	1500≤Mg^{2+}＜2000
		强腐蚀	Mg^{2+}≥2000
硫酸盐型	SO_4^{2-}/(mg/L)	无腐蚀	SO_4^{2-}＜250
		弱腐蚀	250≤SO_4^{2-}＜400
		中等腐蚀	400≤SO_4^{2-}＜500
		强腐蚀	SO_4^{2-}≥500

2. 地下水对铁管的侵蚀性

当地下水的 pH 值低，水中含有溶解氧、游离硫酸、H_2S、CO_2 及其他重金属硫酸盐时，便对铁管或其他铁质材料产生强烈的侵蚀破坏作用。因此，当设计长期浸没于地下水中铁质管道或其他构件时，应当考虑这种环境地下水的侵蚀破坏性。特别在硫化物矿床和硫煤矿床中常形成酸性矿坑水，对探矿采矿设备的破坏性很大。因此，研究如何防治酸性水具有实际的意义。

同样水对铁的侵蚀性也主要与水中的氢离子浓度有关。当水的 pH 值 < 6.8 时，将有侵蚀性；pH 值 < 5 的水对铁有强烈的侵蚀性。

水中含溶解氧时使铁管发生氧化作用，使铁管锈蚀。当 O_2 与 CO_2 同存于水中时，氧的侵蚀作用加剧。

水中含有游离 H_2SO_4 时，产生的侵蚀作用同样是由氢离子置换而引起的。为了防止铁管受硫酸的侵蚀，水中 SO_4^{2-} 的含量最好不超过 25mg/L。

当水中溶有 CO_2 或 H_2S 时，可以使水成为电导体而不断发生电化学作用，并引起侵蚀过程加速，其反应式为

$$CO_2 + H_2O \Longleftrightarrow H_2CO_3 \Longleftrightarrow H^+ + HCO_3^-$$
$$H_2S \Longleftrightarrow H^+ + HS^-$$

此时，铁放出电荷，氢接收电荷，即

$$Fe = Fe^{2+} + 2e$$
$$2H^+ + 2e = H_2 \uparrow$$

当水中含有重金属硫酸盐时，如含 $CuSO_4$ 时，也加速对铁的侵蚀。因为金属铜和金属铁构成微电池而使反应不断进行，加速了腐蚀作用。此时，铁放出电荷，铜接收电荷，即

$$Fe = Fe^{2+} + 2e$$
$$Cu^{2+} + 2e = Cu$$

地下水对铁的侵蚀性，目前尚无统一的鉴定标准。

我国水利水电工程地质勘察规范规定环境水对混凝土结构中的钢筋、钢结构腐蚀性评价标准见表 10-6、表 10-7。

表 10-6　　　　　　　　环境水对钢筋混凝土结构中钢筋的腐蚀性判别标准

腐蚀性判别依据	腐蚀程度	界限指标
Cl^-/(mg/L) 或 $Cl^- + SO_4^{2-} \times 0.25$/(mg/L)	弱腐蚀	100~500
	中等腐蚀	500~5000
	强腐蚀	>5000

表 10-7　　　　　　　　环境水对钢结构腐蚀性判别标准

腐蚀性判别依据	腐蚀程度	界限指标
pH 值、$Cl^- + SO_4^{2-}$/(mg/L)	弱腐蚀	pH 值为 3~11、$Cl^- + SO_4^{2-} < 500$
	中等腐蚀	pH 值为 3~11、$Cl^- + SO_4^{2-} \geqslant 500$
	强腐蚀	pH 值 < 3、$Cl^- + SO_4^{2-}$ 为任何浓度

四、其他工业用水对水质的要求

不同的工业部门对用水水质的要求不同，其中纺织、造纸及食品等工业对水质的要求

较严。如水的硬度过高，对于使用肥皂、染料、酸、碱生产的工业都不太适宜。硬水妨碍纺织品着色，并使纤维变脆，使皮革不坚固，糖类不结晶。如果水中有亚硝酸盐存在时，糖的制品大量减产。水中存在过量的铁、锰盐类时，能使纸张、淀粉及糖等出现色斑，影响产品质量。食品工业用水首先必须考虑符合饮用水标准，然后还要考虑影响质量的其他成分。

由于工业企业的种类繁多，生产形式各异，在各种用水中还没有统一的用水标准。目前只能依照各相关部门的要求与经验，提出一些试行规定，评价时按最新标准执行。

五、农田灌溉用水水质评价

（一）农田灌溉用水对水质的要求

灌溉用水水质的好坏主要是从水温、水的总矿化度及溶解盐类的成分三个方面对农作物和土壤的影响来考虑的。其次，有时也考虑水的 pH 值和水中有毒元素的含量对农作物和土壤的影响。

灌溉水要求有适宜的温度。在我国北方以 $10\sim15℃$ 为宜，而对于南方的水稻生长地区以 $15\sim25℃$ 为宜，过低或过高对作物生长都不利。我国北方地下水的温度一般偏低，可将水取出后引入地表水池晾晒或加长渠道等措施来提高水温。这样做还能使对作物生长不利的低氧化物（特别是氧化铁）发生氧化。利用温泉灌溉时，也应用同样方法降温后再灌溉。

水的矿化度不能太高，一般以不超过 $1.7g/L$ 为宜，矿化度大于 $1.7g/L$ 时则应视水中所含盐的种类及作物种类而定。不同作物对矿化水的抗耐程度是不同的。例如我国华北平原不同作物对矿化地下水的抗耐程度为：矿化度小于 $1g/L$ 的水，一般作物生长正常；矿化度 $1\sim2g/L$ 的水，水稻、棉花生长正常，小麦受抑制；矿化度 $5g/L$ 的水，水量充足时水稻可以生长，棉花受显著抑制，小麦不能生长；矿化度 $20g/L$ 的水，作物不能生长，可产少量耐盐牧草，大部分为光板地。此外，矿化水的灌溉效果还与耕作层土壤性质有关，透水性弱、排水困难的土壤比透水性强的土壤效果差。

水中所含盐类成分不同对作物有不同的影响。对作物生长最有害的是钠盐，而尤以 Na_2CO_3 危害最大，它能腐蚀农作物根部，使作物死亡，还能破坏土壤的团粒结构；其次为 NaCl，它能使土壤盐化变成盐土，使作物不能正常生长，甚至枯萎死亡。对于易透水的土壤，钠盐的允许含量一般为：Na_2CO_3 $1g/L$，NaCl $2g/L$，Na_2SO_4 $5g/L$。如果这些盐类在土壤中同时存在，其允许含量应更低。水中有些盐类对作物生长并无害处，例如 $CaCO_3$ 和 $MgCO_3$。还有一些盐类不但无害，而且有益，例如硝酸盐和磷酸盐具有肥效，有利于作物生长。

水中含盐分的多少和盐类成分对作物的影响受许多因素的控制，例如气候条件、土壤性质、潜水位埋深、作物种类和生育期，以及灌溉方法制度等。所以要对水中有害盐分的允许含量规定出适用于各种条件的统一标准是困难的。

农田灌溉用水的水质不仅应考虑对作物的生长有无影响，还应注意不要引起环境污染。特别是城市郊区常用废水作为灌溉水源，对这种水的水质必须严格限制。为了保护自然环境，防止土壤、地下水和农产品污染，保障人体健康，维护生态平衡，促进经济发展，我国农业部门等联合制定了《农田灌溉水质标准》（GB 5084），于 1985 年首次发布，

1992 年第一次修订，2005 年第二次修订（GB 5084—2005），2006 年 11 月 1 日正式实施。本标准水质控制项目共计 27 项，其中农田灌溉用水水质基本控制项目 16 项，选择性控制项目 11 项，见表 10-8、表 10-9。

表 10-8 农田灌溉用水水质基本控制项目标准值

序号	项 目 类 别	作 物 种 类		
		水作	旱作	蔬菜
1	五日生化需氧量/(mg/L)	≤60	≤100	≤40[a]，≤15[b]
2	化学需氧量/(mg/L)	≤150	≤200	≤100[a]，≤60[b]
3	悬浮物/(mg/L)	≤80	≤100	≤60[a]，≤15[b]
4	阴离子表面活性剂/(mg/L)	≤5	≤8	≤5
5	水温/℃	≤25		
6	pH 值	5.5~8.5		
7	全盐量/(mg/L)	≤1000[c]（非盐碱土地区），≤2000[c]（盐碱土地区）		
8	氯化物/(mg/L)	≤350		
9	硫化物/(mg/L)	≤1		
10	总汞/(mg/L)	≤0.001		
11	镉/(mg/L)	≤0.01		
12	总砷/(mg/L)	≤0.05	≤0.1	≤0.05
13	铬（六价）/(mg/L)	≤0.1		
14	铅/(mg/L)	≤0.2		
15	粪大肠菌群数/(个/100mL)	≤4000	≤4000	≤2000[a]，≤1000[b]
16	蛔虫卵数/(个/L)	≤2		≤2[a]，≤1[b]

a 加工、烹调及去皮蔬菜。
b 生食类蔬菜、瓜类和草本水果。
c 具有一定的水利灌排设施，能保证一定的排水和地下水径流条件的地区，或有一定淡水资源能满足冲洗土体中盐分的地区，农田灌溉水质全盐量指标可以适当放宽。

表 10-9 农田灌溉用水水质选择性控制项目标准值

序号	项 目 类 别	作 物 种 类		
		水作	旱作	蔬菜
1	铜/(mg/L)	≤0.5		≤1
2	锌/(mg/L)	≤2		
3	硒/(mg/L)	≤0.02		
4	氟化物/(mg/L)	≤2（一般地区），≤3（高氟区）		
5	氰化物/(mg/L)	≤0.5		
6	石油类/(mg/L)	≤5	≤10	≤1
7	挥发酚/(mg/L)	≤1		
8	苯/(mg/L)	≤2.5		

序号	项 目 类 别	作 物 种 类		
		水作	旱作	蔬菜
9	三氯乙醛/(mg/L)	≤1	≤0.5	≤0.5
10	丙烯醛/(mg/L)		≤0.5	
11	硼/(mg/L)		≤1ᵃ，≤2ᵇ，≤3ᶜ	

a 对硼敏感作物，如黄瓜、豆类、马铃薯、笋瓜、韭菜、洋葱、柑橘等。

b 对硼耐受性较强的作物，如小麦、玉米、青椒、小白菜、葱等。

c 对硼耐受性强的作物，如水稻、萝卜、油菜、甘蓝等。

（二）农田灌溉水质评价方法

1. 灌溉系数（K_a）法

过去我国常用苏联的灌溉系数评价法。灌溉系数是根据钠离子与氯离子、硫酸根离子的相对含量采用不同的经验公式计算的。反映了水中的钠害值，但忽略了全盐的作用。其计算公式见表 10 – 10。

表 10 – 10　　　　　　　　　　灌 溉 系 数 计 算 表

水的化学类型	灌溉系数 K_a	
$r\text{Na}^+ < r\text{Cl}^-$，只有氯化钠存在时	$K_a = \dfrac{288}{5r\text{Cl}^-}$	（10 – 9）
$r\text{Cl}^- + r\text{SO}_4^{2-} > r\text{Na}^+ > r\text{Cl}^-$，有氯化钠及硫酸钠存在时	$K_a = \dfrac{288}{r\text{Na}^+ + 4r\text{Cl}^-}$	（10 – 10）
$r\text{Na}^+ > r\text{Cl}^- + r\text{SO}_4^{2-}$，有氯化钠、硫酸钠及碳酸钠存在时	$K_a = \dfrac{288}{10r\text{Na}^+ - 5r\text{Cl}^- - 9r\text{SO}_4^{2-}}$	（10 – 11）

当 $K_a > 18$ 时为完全适用的水；$K_a = 18 \sim 6$ 时为适用的水；$K_a = 5.9 \sim 1.2$ 时为不太适用的水；$K_a < 1.2$ 时为不能用的水。

2. 钠吸附比值（A）法

美国采用钠吸附比值（A）的方法来评价，计算公式为

$$A = \frac{\text{Na}^+}{\sqrt{\dfrac{\text{Ca}^{2+} + \text{Mg}^{2+}}{2}}} \tag{10 – 12}$$

式中　Na⁺、Ca²⁺、Mg²⁺——各离子在每升水中的毫克当量数，mEq/L。

当 $A > 20$ 时为有害的水；$A = 15 \sim 20$ 时为有害边缘水；$A < 8$ 时为相当安全的水。

钠吸附比值也是反映钠害的，应用时应与全盐量结合进行评价，但颇为烦琐。

3. 盐度、碱度和矿化度的评价法

这是我国河南省水文地质队在豫东地区汇总实践经验提出的方法，目前已被广泛采用。该评价方法将灌溉水质对农作物和土壤的危害分为四种类型。

（1）盐害：主要指氯化钠和硫酸钠对农作物和土壤的危害。因为一般农作物根、茎内的水分中含盐量很低，当用含这两种盐的高矿化水灌溉以后，由于渗透压的存在，灌溉水中高浓度的盐分向作物内的低浓度方向迁移，可使农作物枯萎死亡；或在阳光作用下盐分积累在作物的茎叶表面上，使农作物不能正常生长。用这种水灌溉还可使土壤积盐，形成

盐土，不宜农作物生长。

水质的盐害程度主要用盐度来说明。盐度就是液态下氯化钠和硫酸钠的最大危害含量（单位为 mEq/L），其计算方法如下：

当 $r\mathrm{Na}^+ > r\mathrm{Cl}^- + r\mathrm{SO}_4^{2-}$ 时

$$盐度 = r\mathrm{Cl}^- + r\mathrm{SO}_4^{2-} \tag{10-13}$$

当 $r\mathrm{Na}^+ < r\mathrm{Cl}^- + r\mathrm{SO}_4^{2-}$ 时

$$盐度 = r\mathrm{Na}^+ \tag{10-14}$$

（2）碱害：也称苏打害，主要是指碳酸钠和重碳酸钠对农作物和土壤的危害。因为这种盐能腐蚀农作物的根部，使作物外皮形成不溶性腐殖酸钠，造成作物烂根，以致死亡。另外，水中的钠离子易与土粒表面吸附的钙、镁等离子交换，形成富含吸附钠离子的碱土。碱土不具团粒结构，透水性和透气性都很差，干时坚硬、龟裂，湿时很黏，不适于农作物生长。水质的碱害程度用碱度表示。碱度就是液态下重碳酸钠和碳酸钠危害含量（mEq/L），计算方法为

$$碱度 = (r\mathrm{HCO}_3^- + r\mathrm{CO}_3^{2-}) - (r\mathrm{Ca}^{2+} + r\mathrm{Mg}^{2+}) \tag{10-15}$$

计算结果为负值时，盐害起主导作用。

（3）盐碱害：即盐害与碱害共存。当盐度大于10，并有碱度存在时即称为盐碱害。这种危害一方面能使土壤迅速盐碱化，另一方面碳酸钠和重碳酸钠又对农作物的根部有很强的腐蚀作用，使作物死亡。

（4）综合危害：除盐害碱害外，水中的氧化钙、氧化镁等其他有害成分与盐害碱害一起，对农作物和土壤产生的危害称为综合危害。综合危害的程度主要决定于水中所含各种可溶盐的总量，所以用矿化度（g/L）来说明。

评价的指标见表 10-11。如果只有盐害和碱害的水，可按表 10-12 所规定的指标评价。需要说明的是，表 10-11 和表 10-12 中的指标是根据豫东地区的条件得出的，运用到其他地区时应结合当地具体条件加以修正。

表 10-11　　　　　　　　　　　　　灌溉用水水质评价指标

水质类型			好水	中等水	盐碱水	重盐碱水
危害盐类	盐害	碱度为零时盐度 /(mEq/L)	<15	15~25	25~40	>40
	碱害	盐度小于10时碱度 /(mEq/L)	<4	4~8	8~12	>12
	综合危害	矿化度 /(g/L)	<2	2~3	3~4	>4
灌溉水质评价			长期灌溉对主要作物生长无不良影响，还能把盐碱地浇成好地	长期浇灌或灌溉不当时，对土壤和主要作物有影响，但合理浇灌能避免土壤发生盐碱化	灌溉不当时，土壤盐碱化，主要作物生长不好。必须注意浇灌方法，用的得当，作物生长良好	浇灌后土壤迅速盐碱化，对作物影响很大，即使特别干旱时，也尽量避免过量使用

注　1. 本指标适用于非盐碱化土壤。已盐碱化土壤可视盐碱化程度调整使用。
　　2. 本表根据豫东地区主要作物，如小麦、高粱、玉米、棉花、黄豆等被灌溉后的反映程度确定。

表 10 - 12	盐碱害类型双项灌溉水质评价指标	单位：mEq/L
盐　度	碱　度	水质类型
10～20	4～8	盐碱水
	>8	重盐碱水
20～30	<4	盐碱水
	>4	重盐碱水
>30	微量	重盐碱水

（三）灌溉水质肥效的评价

地下水中所含的盐类成分不完全是有害的，有的成分是作物所必需的。例如氮化物，在适宜的条件下含量可以很高，用这种水灌溉时可以起到肥效的作用，既供水又供肥，具有明显的增产效果。据西北水土保持生物土壤研究所的资料，陕西省关中地区肥水的硝态氮含量一般为 15～100ppm（1ppm＝$1×10^{-6}$，相当于 mg/L），就是说 $5×10^5$kg 水中含有 7.5～50kg 氮素。每亩地浇一次水如以 $50m^3$ 计（5 万 kg），就相当于施 0.75～5kg 氮肥。据关中地区的统计资料，用肥水灌溉小麦可增产 23％～116％，玉米增产 37％～100％，谷子增产 48％～124％，棉花增产 30％。有的地区地下水中的氮含量还远远超过上述数量，最高可达 200～450ppm。如果将这些肥源充分开发利用，对农业增产会起到很大的作用。

一般认为地下水中硝态氮的含量达到 15ppm 时便可称为肥水。硝态氮含量越高肥效越好。但是，硝态氮含量高时往往水中其他有害盐类也相应增多，对作物又有危害的一面。所以对肥水评价时，不能简单地仅依据水中氮含量的多少为指标，还必须考虑水中伴生盐类对作物的影响。为了充分利用肥源，对于含氮高，其他有害盐类含量也高的水，还可以与淡水混合使用，以达到降低其他盐类的浓度且能满足肥水标准的目的。

为了反映肥效与有害盐类的关系，常用肥盐比的指标来评价。肥盐比就是硝态氮含量与全盐量的比值。据河南省的资料认为，硝态氮含量高、肥盐比大于 0.1 的水为优质水；硝态氮含量中等，肥盐比为 0.1～0.01 的为好的水；硝态氮含量较低，肥盐比为 0.01～0.005 的水为可用的水，需掺入淡水稀释；硝态氮含量低，肥盐比小于 0.005 的水一般不宜使用。

目前对肥水的评价尚无统一标准，引用中国科学院河南地理研究所提出的中性或弱碱性土壤地区的肥水评价标准（表 10 - 13），可供参考。

表 10 - 13 中的盐度按下列情况分别计算：

当 $Na^+>NO_3^-$ 时，若 $Na^+<NO_3^-+Cl^-$，且有 $NaCl$、$MgCl_2$ 或 $CaCl_2$ 存在，则盐度＝Cl^-；若 $Na^+>NO_3^-+Cl^-$，且有 $NaCl$、Na_2SO_4 存在，则盐度 ＝ $Na^+-NO_3^-$；若 $Na^+>NO_3^-+Cl^-+SO_4^{2-}$，且有 $NaCl$、Na_2SO_4、$NaHCO_3$ 存在，则盐度 ＝ $Cl^-+SO_4^{2-}$（此时要考虑碱害）。

当 $Na^+<NO_3^-$，且有 $MgCl_2$ 或 $CaCl_2$ 存在时，盐度＝Cl^-。水中无残余碳酸钠存在时，主要为盐害；当存在残余碳酸钠，且盐度小于 10mEq/L 时，主要为碱害；当盐度大于 10mEq/L，又有残余碳酸钠存在时，盐害、碱害皆有。

表 10 - 13　　　　　　　　　　肥水水质评价标准

肥水类型	硝态氮/(mg/L)	矿化度/(g/L)	Na₂CO₃＝0 时的盐度/(mEq/L)	肥水水质评价（不掺淡水情况）
优质水	15～50	<2	<15	长期灌溉无盐碱化威胁，肥效能充分发挥作用，适宜各种作物的各生长阶段
良好水	15～100	2～4	15～25	硝态氮含量的低值适于低矿化度和低盐度，在渗透性差的土壤上长期灌溉可能有轻度集盐，合理利用土壤不会出现盐碱化现象，作物生长良好，大多数粮食作物（除幼苗期或对盐害敏感的作物需慎重外）均可灌溉，但肥效不能充分发挥
可用的水	15～150	4～5	25～40	在盐碱化地区，对盐害敏感作物以及幼苗期灌后可能出现死亡现象，播种前灌溉会抑制作物出苗，肥效发挥受到较大抑制，若采用防止盐碱化的综合农业技术措施，合理利用，即使有盐碱化威胁地区，作物仍可较好地生长，非盐碱化地区也可以避免土壤盐碱化发生，反之利用不合理，也会产生严重后果
不合格水	>150	>5	>40	一般不能直接利用，灌溉后可能使土壤盐分迅速累积，肥效受到严重抑制，掺淡水后仍可利用，但掺淡水后应按改变后的肥水水质进行评价

在运用上述标准评价肥水水质时，会出现硝态氮、矿化度及盐度三项指标不能同时满足的情况，那就应在满足肥效的氮含量的前提下掺淡水降低矿化度及盐度，满足用水要求。如果掺淡水后，氮含量达不到肥效要求，则不能当肥水看待。

六、矿泉水的水质评价

矿泉水是指从地下深处自然涌出或经人工揭露的一种特殊天然地下水，在通常情况下，要求其化学成分、流量、水温等动态指标在天然周期波动范围内相对稳定，泉水中的某些特殊矿物盐类、微量元素或某些气体含量达到某一标准或具一定温度时，使泉水具有特殊的用途。按矿泉水的用途，可分为三大类，即工业矿水、医疗矿水和饮用矿泉水。矿泉水是一种宝贵的地下矿产资源，近年来，我国在全国范围内发现了许多矿泉水，特别是饮用矿泉水，在国内外均有很好的销售市场。为了确保人民的身体健康和利益，为了使矿泉水的勘探和开发有所遵循，必须研究和制定国家统一的评价标准。本节主要介绍饮用天然矿泉水的水质评价标准。

（一）饮用矿泉水水质评价标准

饮用矿泉水，系指可以作为瓶装饮料的天然矿泉水。它必须是从地下深处自然涌出的或经钻井采集的，含有一定量的矿物质、微量元素或其他成分，如游离二氧化碳、偏硅酸、锂、锶等，在一定区域未受污染并采取预防措施避免污染的水；通常情况下，其化学成分、流量、水温等动态指标在天然周期波动范围内相对稳定。根据《食品安全国家标准 饮用天然矿泉水》（GB 8537—2018）规定，饮用矿泉水的特殊化学组分的界限指标见表 10 - 14。

凡符合表 10 - 14 中各项指标之一者，可称为饮用天然矿泉水。但锶含量在 0.2～0.4mg/L 范围和偏硅酸含量在 25～30mg/L 范围，各自都必须具有水温 25℃以上或水的同位素测定年龄在 10 年以上的附加条件，方可称为饮用天然矿泉水。

表 10-14　　　　　　　饮用天然矿泉水特殊化学组分的界限指标　　　　　　单位：mg/L

项 目	指 标
锂	≥0.2
锶	≥0.2（含量在 0.2～0.4 时，水源水温应在 25℃以上）
锌	≥0.2
偏硅酸	≥25（含量在 25～30 时，水源水温应在 25℃以上）
硒	≥0.01
游离二氧化碳	≥250
溶解性总固体	≥1000

具有上述特殊成分的水虽对人体健康有益，但是水中的其他成分和物理性质均不能对人体有害。因此，做水质评价时还要结合饮用水的卫生标准进行。在国家标准中，作了以下几方面的规定。

（1）感官要求。感官要求应符合表 10-15 的规定。

表 10-15　　　　　　　　　饮用矿泉水感官要求

项 目	要 求
色度/度	≤10（不得呈现其他异色）
浑浊度/NTU	≤1
滋味、气味	具有矿泉水特征性口味，无异味、无异嗅
状态	允许有极少量的天然矿物盐沉淀，无肉眼可见外来异物

（2）限量指标。某些元素和组分的限量指标见表 10-16。

表 10-16　　　　　　　　　饮用矿泉水限量指标

项 目	要求	项 目	要求
硒/（mg/L）	<0.05	硼酸盐（以 B 计）/（mg/L）	<5
锑/（mg/L）	<0.005	氟化物（以 F^- 计）/（mg/L）	<1.5
铜/（mg/L）	<1.0	耗氧量（以 O_2 计）/（mg/L）	<2.0
钡/（mg/L）	<0.7	挥发酚（以苯酚计）/（mg/L）	0.002
总铬/（mg/L）	<0.05	氰化物（以 CN^- 计）/（mg/L）	0.010
锰/（mg/L）	<0.4	矿物油/（mg/L）	0.05
镍/（mg/L）	<0.02	阴离子合成洗涤剂/（mg/L）	0.3
银/（mg/L）	<0.05	^{226}Ra 放射性/（Bq/L）	1.1
溴酸盐/（mg/L）	<0.01	总 β 放射性/（Bq/L）	1.5

由表 10-16 可见，GB 8537—2018 中的限量大都是饮用水标准规定的限量，仅个别几项的允许含量超过了饮用水标准。因为这些标准都是根据动物实验制定的，有的是根据对人群地方病的观测统计资料制定的。然而，人体本身所含的化学成分，特别是微量元素是和当地的地质背景、水质及食物来源呈正相关关系的。若当地缺失或含有过量的某种化学成分时，就很可能导致地方病的发生。因此，在考虑这一因素及人体健康的前提下，饮用矿泉水的化学成分及其限值与生活饮用水水质标准的是不完全相同的。例如氟的含量，

我国饮用水标准中定为小于 1mg/L，世界卫生组织定为＜1.5mg/L。适量的氟对人体是有益的，高氟区和低氟区都有地方病发生。在某些情况下，氟可作为判识矿泉水的标志元素。法国维希矿泉水的氟超过 3mg/L，意大利出售的饮料矿泉水中也有高达 2～2.4mg/L 的。因此，GB 5837—2018 规定氟的限量为小于 1.5mg/L。对于含氟量高的矿泉水，低氟地区的人饮用是很有好处的，高氟地区的人就不宜购买这种矿泉水。

（3）污染物限量。污染物限量应符合《食品安全国家标准　食品中污染物限量》（GB 2762）的规定。

（4）微生物指标。微生物指标应符合表 10-17 所规定的标准，要求比一般饮用水标准更严格，因为它直接用于饮用。

表 10-17　　　　　　　　　　微 生 物 限 量 指 标

项　目	采样方案[a] 及限量		
	n	c	m
大肠菌群/(MPN/100mL)[b]	5	0	0
粪链球菌/(CFU/250mL)	5	0	0
铜绿假单胞菌/(CFU/250mL)	5	0	0
产气荚膜梭菌/(CFU/50mL)	5	0	0

a　样品的采样及处理按《食品安全国家标准　食品微生物学检验　总则》（GB 4789.1）执行。

b　采用滤膜法时，大肠菌群项目的单位为 CFU/100mL。

（二）饮用矿泉水水质评价原则

为了确保饮用矿泉水的质量和产量，在进行水质评价时，必须以国家规定的标准为依据。标准中没有规定的某些成分，则应参照一般饮用水标准评价，当两者的规定有矛盾时，则以饮用矿泉水的标准为准。在评价过程中，还要结合饮用矿泉水产地的地质、水文地质条件和动态观测资料进行论证。例如矿化度，一般饮用水标准规定小于 1000mg/L，而＞1000mg/L 正是矿泉水的重要标志之一，其上限又未作规定。只要其他有害成分均未超标，则其上限以人饮可口为宜。氯化物的含量，饮用水标准中为小于 250mg/L，矿泉水标准中未作规定。国外有些矿泉水中其含量可以较高，如维希矿泉水含量达 350mg/L，美国萨洛塔矿泉水含量高达 760mg/L。氯化物对水的味道有影响，对配水系统管道有腐蚀作用，只要人们能接受，适当超过一般饮用水标准也是允许的。铁的含量，在饮用水标准中，规定为 0.3mg/L，主要考虑是影响感官。但铁的存在，可表明形成矿泉水的地质、水文地质条件，是鉴别矿泉水的重要标志之一。因此，铁含量高于饮用水标准是可以的，国外有的矿泉水铁含量高达 4.5mg/L。在铁质矿泉水中，铁含量可大于 10mg/L，而且在装瓶时还可做除铁处理，除铁后的水仍属天然矿泉水。硫酸盐的含量，在饮用水标准中为 250mg/L，因为它对配水系统具有腐蚀作用，它和镁结合还会引起腹泻。但国外有些矿泉水中硫酸盐的含量很高，有的达 1000mg/L。一般认为，当矿泉水中镁含量小于 80mg/L 时，硫酸盐含量可大于 400mg/L。

（三）饮用矿泉水水质分类及命名

按水的 pH 值，可将矿泉水分为三类，即酸性水 pH 值＜6，中性水 pH 值＝6～7.5，碱性水 pH 值＞7.5。

按矿化度可分为两类，即盐类矿泉水（矿化度大于 1000mg/L）和淡矿泉水（矿化度不大于 1000mg/L）。

按主要阴离子成分可分为三大类，再按主要阳离子成分，分为若干亚类。命名时，其主要阴阳离子含量的毫克当量百分数（mEq％）大于 25 时才可参与命名。例如：氯化-钠矿泉水，硫酸-钙、钠矿泉水，重碳酸、硫酸-钙、钠矿泉水等。

也可按特殊化学成分分类命名，如碳酸矿泉水（游离 CO_2 含量大于 1000mg/L），硅酸矿泉水（偏硅酸含量大于 50mg/L）等。

（四）医疗矿泉水水质标准

医疗矿泉水必须是某项或几项微量元素或水温达到一定标准，并对人体具有医疗和保健作用，不会对人体造成任何不良影响的一类宝贵矿泉水。医疗矿泉水在我国也很普通，其水质标准见表 10-18。

表 10-18　　　　　　　　　　医疗矿泉水水质标准

成分	单位	有医疗价值的浓度	矿泉水浓度	命名矿泉水浓度	矿泉水名称
二氧化碳		250	250	1000	碳酸水
总硫化氢		1	1	2	硫化氢水
氟		1	2	2	氟水
溴		5	5	25	溴水
碘		1	1	5	碘水
锶		10	10	10	锶水
铁	mg/L	10	10	10	铁水
锂		1	1	5	锂水
钡		5	5	5	钡水
锰		1	1		
偏硼酸		1.2	5	50	硼水
偏硅酸		25	25	50	硅水
偏砷酸		1	1	1	砷水
偏磷酸		5	5		
镭	g/L	10^{-11}	10^{-11}	10^{-11}	镭水
氡	Bq/L	37	47.14	129.5	氡水
温度	℃	≥34	矿化度	＜1000mg/L	淡温泉

第二节　地下水质量评价

一、地下水质量分类

《地下水质量标准》（GB/T 14848—2017）依据我国地下水水质现状、人体健康基准值及地下水质量保护目标，并参照生活饮用水、工业用水、农业用水水质最高要求，将地下水质量划分为五类。

（1）Ⅰ类：主要反映地下水化学组分的天然低背景含量，适用于各种用途。

（2）Ⅱ类：主要反映地下水化学组分的天然背景含量，适用于各种用途。

（3）Ⅲ类：以人体健康基准值为依据，主要适用于集中式生活饮用水水源及工、农业用水。

（4）Ⅳ类：以农业和工业用水要求为依据，除适用于农业和部分工业用水外，适当处理后可作生活饮用水。

（5）Ⅴ类：不宜饮用，其他用水可根据使用目的选用。

各类水质常规指标及其限值见表 10－19。

表 10－19　　地下水质量常规指标及限值

项目序号	类别标准值项目	Ⅰ类	Ⅱ类	Ⅲ类	Ⅳ类	Ⅴ类
1	色（度）	≤5	≤5	≤15	≤25	＞25
2	嗅和味	无	无	无	无	有
3	浑浊度（度）	≤3	≤3	≤3	≤10	＞10
4	肉眼可见物	无	无	无	无	有
5	pH 值	6.5≤pH 值≤8.5			5.5≤pH 值＜6.5 或 8.5＜pH 值≤9.0	pH 值＜5.5 或 pH 值＞9.0
6	总硬度（以 $CaCO_3$ 计）/(mg/L)	≤150	≤300	≤450	≤550	＞550
7	溶解性总固体/(mg/L)	≤300	≤500	≤1000	≤2000	＞2000
8	硫酸盐/(mg/L)	≤50	≤150	≤250	≤350	＞350
9	氯化物/(mg/L)	≤50	≤150	≤250	≤350	＞350
10	铁（Fe）/(mg/L)	≤0.1	≤0.2	≤0.3	≤1.5	＞1.5
11	锰（Mn）/(mg/L)	≤0.05	≤0.05	≤0.1	≤1.0	＞1.0
12	铜（Cu）/(mg/L)	≤0.01	≤0.05	≤1.0	≤1.5	＞1.5
13	锌（Zn）/(mg/L)	≤0.05	≤0.5	≤1.0	≤5.0	＞5.0
14	钼（Mo）/(mg/L)	≤0.001	≤0.01	≤0.1	≤0.5	＞0.5
15	钴（Co）/(mg/L)	≤0.005	≤0.05	≤0.05	≤1.0	＞1.0
16	挥发性酚类（以苯酚计）/(mg/L)	≤0.001	≤0.001	≤0.002	≤0.01	＞0.01
17	阴离子合成洗涤剂/(mg/L)	不得检出	≤0.1	≤0.3	≤0.3	＞0.3
18	高锰酸盐指数/(mg/L)	≤1.0	≤2.0	≤3.0	≤10	＞10
19	硝酸盐（以 N 计）/(mg/L)	≤2.0	≤5.0	≤20	30	＞30
20	亚硝酸盐（以 N 计）/(mg/L)	≤0.001	≤0.01	≤0.02	≤0.1	＞0.1
21	氨氮（NH_4）/(mg/L)	≤0.02	≤0.02	≤0.2	≤0.5	＞0.5
22	氟化物/(mg/L)	≤1.0	≤1.0	≤1.0	≤2.0	＞2.0
23	碘化物/(mg/L)	≤0.1	≤0.1	≤0.2	≤1.0	＞1.0
24	氰化物/(mg/L)	≤0.001	≤0.01	≤0.05	≤0.1	＞0.1
25	汞（Hg）/(mg/L)	≤0.00005	≤0.0005	≤0.001	≤0.001	＞0.001

项目序号	类别标准值项目	Ⅰ类	Ⅱ类	Ⅲ类	Ⅳ类	Ⅴ类
26	砷（As）/(mg/L)	≤0.005	≤0.01	≤0.05	≤0.05	>0.05
27	硒（Se）/(mg/L)	≤0.01	≤0.01	≤0.01	≤0.01	>0.1
28	镉（Cd）/(mg/L)	≤0.0001	≤0.001	≤0.01	≤0.01	>0.01
29	铬（六价）（Cr^{6+}）/(mg/L)	≤0.005	≤0.01	≤0.05	≤0.1	>0.1
30	铅（Pb）/(mg/L)	≤0.005	≤0.01	≤0.05	≤0.1	>0.1
31	铍（Be）/(mg/L)	≤0.00002	≤0.0001	≤0.0002	≤0.001	>0.001
32	钡（Ba）/(mg/L)	≤0.01	≤0.1	≤1.0	≤4.0	>4.0
33	镍（Ni）/(mg/L)	≤0.005	≤0.05	≤0.05	≤0.1	>0.1
34	滴滴涕/(μg/L)	不得检出	≤0.005	≤1.0	≤1.0	>1.0
35	六六六/(μg/L)	≤0.005	≤0.05	≤5.0	≤5.0	>5.0
36	总大肠菌群/(个/L)	≤3.0	≤3.0	≤3.0	≤100	>100
37	细菌总数/(个/mL)	≤100	≤100	≤100	≤1000	>1000
38	总σ放射性/(Bq/L)	≤0.1	≤0.1	≤0.1	>0.1	>0.1
39	总β放射性/(Bq/L)	≤0.1	≤1.0	≤1.0	>1.0	>1.0

二、地下水质量评价方法

地下水质量评价以地下水水质调查分析资料或水质监测资料为基础，可分为单项组分评价和综合评价两种。

（1）地下水质量单项组分评价按表 10-19 的分类指标，划分为五类，代号与类别代号相同，不同类别标准值相同时，从优不从劣。

（2）地下水质量综合评价采用加附注的评分法，具体步骤如下：

1）参加评分的项目应不少于《地下水质量标准》（GB/T 14848—2017）规定的监测项目，但不包括细菌学指标。

2）进行各单项组分评价，划分组分所属质量类别。

3）对各类别按表 10-20 规定分别确定单项组分评价分值（E_i）。

表 10-20　　　　　　　　　　单项组分评价分值

类别	Ⅰ	Ⅱ	Ⅲ	Ⅳ	Ⅴ
E_i	0	1	3	5	10

4）按下列公式计算综合评价分值 E：

$$E=\sqrt{\frac{\overline{E}^2+E_{max}^2}{2}} \tag{10-16}$$

$$\overline{E}=\frac{1}{n}\sum_{i=1}^{n}E_i \tag{10-17}$$

式中　$\overline{E}$——各单项组分评价分值 E_i 的平均值；

　　　E_{max}——各单项组分评价分值 E_i 中的最大值；

n——项数。

根据 E 值，按表 10-21 规定划分地下水质量级别，再将细菌学指标评价类别注在级别定名之后，如"优良（Ⅱ类）""较好（Ⅲ类）"。

表 10-21　　　　　　　　　　　　　地下水质量等级

类别	优良	良好	较好	较差	极差
E	<0.80	0.80~2.50	2.50~4.25	4.25~7.20	>7.20

（3）使用两次以上的水质分析资料进行评价时，可分别进行地下水质量评价，也可根据具体情况，使用全年平均值和多年平均值或分别使用多年的枯水期、丰水期平均值进行评价。

（4）在进行地下水质量评价时，除采用本方法外，也可采用其他评价方法进行对比。

第三节　地下水环境影响评价

地下水环境影响评价是在地下水环境现状评价的基础上，针对各类建设项目在建设期、运营期和服务期满后对地下水环境可能造成的直接影响和间接危害（包括地下水污染、地下水流场或地下水位变化）进行分析、预测和评价，提出预防、保护或控制环境恶化的对策和措施，为建设项目选址决策、工程设计和地下水环境保护提供科学依据。

在我国，地下水评价开展得尚不广泛，除资金、时限等因素制约外，人们的认识以及地下水评价的难度也是影响其广泛开展的因素。与大气评价和地面水评价相比，地下水评价有其自身特点，主要表现在以下几方面：

（1）不仅需要评价水质的好坏，还需要评价水量的多少，并要分析水的补给、径流和排泄的关系。

（2）地下水埋藏于地质介质中，受地质、构造、水文地质条件及地球化学条件等多种因素的影响，情况十分复杂。各种环境因素（如 pH 值、氧化还原电位 Eh、有机物含量、游离氧、游离 CO_2 等）也会影响污染物在地质介质上的吸附、解吸以及在地下水环境中的迁移和转化。

（3）地下水赋存和运动的环境通常包括非饱和带及饱水带，而饱水带可能具有承压性或不具承压性；环境介质可能是孔隙介质，也可能是裂隙介质。要用不同的方法进行模拟和评述，增加了模拟的复杂性。

（4）地下水运动及其污染是一个缓慢过程，在短时期内，往往难以完全弄清这些变化过程。

一、建设项目分类

根据建设项目对地下水环境影响的程度，结合《建设项目环境影响评价分类管理名录》，将建设项目分为四类，其中Ⅰ类、Ⅱ类、Ⅲ类建设项目需开展地下水环境影响评价，Ⅳ类建设项目不开展地下水环境影响评价。

Ⅰ类建设项目指在项目建设、生产运行和服务期满后的各个过程中可能造成地下水水质污染的建设项目。

Ⅱ类建设项目指在项目建设、生产运行和服务期满后的各个过程中可能引起地下水流场或地下水水位变化，并导致环境水文地质问题的建设项目。

Ⅲ类建设项目指同时具备Ⅰ类和Ⅱ类建设项目环境影响特征的建设项目。

Ⅳ类建设项目对地下水环境没有影响。

二、评价技术要求

1. Ⅰ类建设项目评价要求

评价Ⅰ类建设项目对地下水水质影响时，可采用以下判据评价水质能否满足地下水环境质量标准要求。

（1）以下情况应得出可以满足地下水环境质量标准要求的结论：

1）建设项目在各个不同生产阶段，除污染源附近小范围以外地区，均能达到地下水环境质量标准要求。

2）在建设项目实施的某个阶段，有个别水质因子在较大范围内出现超标，但采取环保措施后，可满足地下水环境质量标准要求。

（2）以下情况应做出不能满足地下水环境质量标准要求的结论：

1）改、扩建项目已经排放和将要排放的主要污染物在评价范围内的地下水中已经超标。

2）削减措施在技术上不可行，或在经济上明显不合理。

2. Ⅱ类建设项目评价要求

评价Ⅱ类建设项目对地下水流场或地下水水位（水头）影响时，应依据地下水资源补采平衡的原则，评价地下水开发利用的合理性及可能出现的环境水文地质问题的类型、性质及其影响的范围、特征和程度等。

3. Ⅲ类建设项目评价要求

Ⅲ类建设项目的环境影响评价应按照Ⅰ类和Ⅱ类进行。

三、评价内容

地下水环境影响评价是环境影响评价的重要组成部分，评价的基本内容包括：

（1）识别地下水环境影响，确定地下水环境影响评价工作等级。

（2）地下水环境现状调查与评价：开展地下水环境现状监测，包括评价范围内水文地质条件的详细调查，评价范围内地下水开采利用价值、现状及规划、井位分布及水源地保护区的调查，地下水质量目标的确定，评价范围现有地下水污染源、在建与拟建项目地下水污染源的调查，地下水环境质量现状检测，地下水污染途径的分析，完成地下水环境现状质量评价。

（3）建设项目对地下水环境影响的预测评价：研究与确定建设项目对地下水环境影响预测模式及参数，提出保护与改善地下水环境质量的措施与对策，制定地下水环境影响跟踪监测计划和应急预案。

四、评价工作程序

地下水环境影响评价工作可划分为准备阶段、现状调查与评价阶段、影响预测与评价阶段和结论阶段。地下水环境影响评价工作程序如图 10-1 所示。

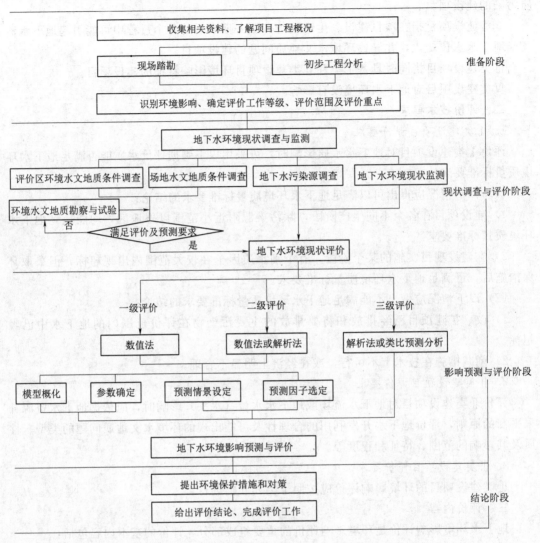

图 10-1　地下水环境影响评价工作程序

五、评价方法

（一）地下水水质现状评价

（1）评价因子按《地下水质量标准》（GB/T 14848）和有关法规及当地的环保要求确定。对属于《地下水质量标准》（GB/T 14848）水质指标的评价因子，应按其规定的水质分类标准值进行评价；对于不属于《地下水质量标准》（GB/T 14848）水质指标的评价因子，可参照国家（行业、地方）相关标准进行评价。现状监测结果应进行统计分析，给出最大值、最小值、均值、标准差、检出率和超标率等。

（2）地下水水质现状评价应采用标准指数法。标准指数计算公式分为以下两种情况。

1）对于评价标准为定值的水质因子，其标准指数计算方法为

$$P_i = \frac{C_i}{C_{si}}$$

(10-18)

式中 P_i——第 i 个水质因子的标准指数，无量纲；

C_i——第 i 个水质因子的监测浓度值，mg/L；

C_{si}——第 i 个水质因子的标准浓度值，mg/L。

2）对于评价标准为区间值的水质因子（如 pH 值），其标准指数计算方法为

$$P_{pH} = \frac{7.0 - pH}{7.0 - pH_{sd}} \quad (pH \leqslant 7) \tag{10-19}$$

$$P_{pH} = \frac{pH - 7.0}{pH_{su} - 7.0} \quad (pH > 7) \tag{10-20}$$

式中 P_{pH}——pH 值的标准指数，无量纲；

pH——pH 值监测值；

pH_{su}——标准中 pH 值的上限值；

pH_{sd}——标准中 pH 值的下限值。

标准指数大于 1，表明该水质因子已超标，标准指数越大，超标越严重。

（二）地下水环境影响预测

1. 预测原则

（1）考虑到地下水环境污染的复杂性、隐蔽性和难恢复性，还应遵循保护优先、预防为主的原则，预测应为评价各方案的环境安全和环境保护措施的合理性提供依据。

（2）预测的范围、时段、内容和方法均应根据评价工作等级、工程特征与环境特征，结合当地环境功能和环保要求确定，应预测建设项目对地下水水质产生的直接影响，重点预测对地下水环境保护目标的影响。

（3）在结合地下水污染防控措施的基础上，对工程设计方案或可行性研究报告推荐的选址（选线）方案可能引起的地下水环境影响进行预测。

2. 预测范围

（1）地下水环境影响预测范围一般与调查评价范围一致。

（2）预测层位应以潜水含水层或污染物直接进入的含水层为主，兼顾与其水力联系密切且具有饮用水开发利用价值的含水层。

（3）当建设项目场地天然包气带垂向渗透系数小于 1×10^{-6} cm/s 或厚度超过 100m 时，预测范围应扩展至包气带。

3. 预测时段

地下水环境影响预测时段应选取可能产生地下水污染的关键时段，至少包括污染发生后 100 天、1000 天，服务年限或能反映特征因子迁移规律的其他重要的时间节点。

4. 情景设置

（1）一般情况下，建设项目须对正常状况和非正常状况的情景分别进行预测。

（2）已依据相关规范设计地下水污染防渗措施的建设项目，可不进行正常状况情景下的预测。

5. 预测因子

预测因子应包括以下几个：

（1）通过环境影响识别出的特征因子，按照重金属、持久性有机污染物和其他类别进

行分类，并对每一类别中的各项因子采用标准指数法进行排序，分别取标准指数最大的因子作为预测因子。

（2）现有工程已经产生的且改、扩建后将继续产生的特征因子，改、扩建后新增加的特征因子。

（3）污染场地已查明的主要污染物。

（4）国家或地方要求控制的污染物。

6. 预测方法

（1）建设项目地下水环境影响预测方法包括数学模型法和类比分析法。其中，数学模型法包括数值法、解析法等方法。

（2）预测方法的选取应根据建设项目工程特征、水文地质条件及资料掌握程度来确定，当数值方法不适用时，可用解析法或其他方法预测。一般情况下，一级评价应采用数值法，不宜概化为等效多孔介质的地区除外；二级评价中水文地质条件复杂且适宜采用数值法时，建议优先采用数值法；三级评价可采用解析法或类比分析法。

7. 预测内容

（1）给出特征因子不同时段的影响范围、程度，最大迁移距离。

（2）给出预测期内场地边界或地下水环境保护目标处特征因子随时间的变化规律。

（3）当建设项目场地天然包气带垂向渗透系数小于 1×10^{-6} cm/s 或厚度超过 100m 时，须考虑包气带阻滞作用，预测特征因子在包气带中迁移。

（4）污染场地修复治理工程项目应给出污染物变化趋势或污染控制的范围。

（三）地下水环境影响评价

1. 评价原则

（1）评价应以地下水环境现状调查和地下水环境影响预测结果为依据，对建设项目各实施阶段（建设期、运营期及服务期满后）不同环节及不同污染防控措施下的地下水环境影响进行评价。

（2）地下水环境影响预测未包括环境质量现状值时，应叠加环境质量现状值后再进行评价。

（3）应评价建设项目对地下水水质的直接影响，重点评价建设项目对地下水环境保护目标的影响。

2. 评价范围

地下水环境影响评价范围一般与调查评价范围一致。

3. 评价方法

（1）采用标准指数法对建设项目地下水水质影响进行评价。

（2）对属于《地下水质量标准》（GB/T 14848）水质指标的评价因子，应按其规定的水质分类标准值进行评价；对于不属于《地下水质量标准》（GB/T 14848）水质指标的评价因子，可参照国家（行业、地方）相关标准的水质标准值进行评价。

4. 评价结论

评价建设项目对地下水水质影响时，可采用以下判据评价水质能否满足标准的要求。

（1）以下情况应得出可以满足标准要求的结论：

1）建设项目各个不同阶段，除场界内小范围以外地区，均能满足《地下水质量标准》（GB/T 14848）或国家（行业、地方）相关标准要求的。

2）在建设项目实施的某个阶段，有个别评价因子出现较大范围超标，但采取环保措施后，可满足《地下水质量标准》（GB/T 14848）或国家（行业、地方）相关标准要求的。

（2）以下情况应得出不能满足标准要求的结论：

1）新建项目排放的主要污染物，改、扩建项目已经排放的及将要排放的主要污染物在评价范围内地下水中已经超标的。

2）环保措施在技术上不可行，或在经济上明显不合理的。

复习思考题

1. 简述各类用水水质评价标准、方法、内容。
2. 简述地下水质量评价标准和方法。
3. 简述地下水环境影响评价的内容和方法。

参 考 文 献

[1] 张人权，梁杏，靳孟贵，等.当代水文地质学发展趋势与对策 [J].水文地质工程地质，2005，32 (1)：51-56.

[2] 房佩贤，卫中鼎，廖资生.专门水文地质学：修订版 [M].北京：地质出版社，1996.

[3] 王大纯，张人权，史毅虹，等.水文地质学基础 [M].北京：地质出版社，1995.

[4] 蓝俊康，郭纯青.水文地质勘察 [M].北京：中国水利水电出版社，2008.

[5] 王心义，李世峰，许光泉，等.专门水文地质学 [M].北京：中国矿业大学出版社，2011.

[6] 梁秀娟，迟宝明，王文科，等.专门水文地质学 [M].4版.北京：科学出版社，2018.

[7] 林学钰，廖资生，赵勇胜，等.现代水文地质学 [M].北京：地质出版社，2005.

[8] 曹剑峰，迟宝明，王文科，等.专门水文地质学 [M].北京：科学出版社，2006.

[9] NONNER J C.水文地质学引论 [M].邓东升，等译.合肥：中国科学技术大学出版社，2005.

[10] 陶庆法.全国区域水文地质普查工作完成 [J].水文地质工程地质，1996，23 (2)：13.

[11] 郭东屏，张石峰.渗流理论基础 [M].西安：陕西科学技术出版社，1994.

[12] 地质矿产部地质环境管理司，中国地质矿产经济研究院.区域水文地质工程地质环境地质综合勘查规范：比例尺 1：50000：GB/T 14158—1993 [S].北京：中国标准出版社，1993.

[13] 邵益生.水文地质勘察技术发展状况与展望 [J].工程勘察，1998，26 (4)：14-17.

[14] 史长春，水文地质勘察：上册 [M].北京：水利电力出版社，1983.

[15] 地矿部地质环境管理司，等.水文地质术语：GB/T 14157—1993 [S].北京：中国标准出版社，1993.

[16] 高宗军，郭建斌，魏久传，等.水文地质学 [M].徐州：中国矿业大学出版社，2011.

[17] 谭绩文.水科学概论 [M].北京：科学出版社，2010.

[18] 肖芊，肖猛荣，卢轶，等.遥感技术在水资源勘察中的应用 [J].中国煤田地质，2001，13 (4)：35-37，40.

[19] 段瑞琪，董艳辉，周鹏鹏，等.高光谱遥感水文地质应用新进展 [J].水文地质工程地质，2017，44 (4)：23-29.

[20] 朱君，李传荣，唐伶俐，等.定量遥感在地下水研究中的应用 [J].科技导报，2008，26 (15)：79-83.

[21] 安国英.遥感技术在新生代水文地质调查中的应用：以喀喇昆仑山温泉幅 1：25 万区域水文地质调查为例 [J].现代地质，2013，27 (6)：1445-1453.

[22] 阿布都瓦斯提·吾拉木，秦其明.地下水遥感监测研究进展 [J].农业工程学报，2004，20 (1)：184-188.

[23] 华晓凌，晋华.遥感技术在地下水研究中的应用 [J].山西水利科技，2004 (4)：29-30.

[24] 郭庆十，周智勇.遥感技术在区域水文地质调查中应用研究 [J].河北遥感，2014 (2)：7-10.

[25] 李凤全.遥感技术在地下水研究中的应用 [J].世界地质，1998，17 (1)：57-60.

[26] 刘汉湖，邓辉.遥感技术在地下水资源分析与评价中的应用：以那曲地区为例 [J].水资源与水工程学报，2008，19 (3)：45-48.

[27] 刘光尧.用放射性同位素测定含水层水文地质参数的方法：上 [J].勘察科学技术，1997 (1)：21-27.

[28] 刘光尧.用放射性同位素测定含水层水文地质参数的方法：下 [J].勘察科学技术，1997 (2)：

3 - 8.

[29] 曹玉兰，黄裕乾. 水文地质研究中同位素的应用分析 [J]. 北方环境，2011，23（4）：137，145.

[30] 陈宗宇，张光辉，聂振龙，等. 中国北方第四系地下水同位素分层及其指示意义 [J]. 地球科学（中国地质大学学报），2002，27（1）：97 - 104.

[31] 焦鹏程. 环境氮同位素方法示踪石家庄市地下水中硝酸盐来源 [J]. 地球学报，1996（增刊1）：181 - 188.

[32] 秦大军，庞忠和，TURNER J V，等. 西安地区地热水和渭北岩溶水同位素特征及相互关系 [J]. 岩石学报，2005，21（5）：1489 - 1500.

[33] 庞忠和，樊志成，汪集暘. 漳州盆地水热系统氚同位素研究 [J]. 地质科学，1990，45（4）：385 - 393.

[34] 王恒纯. 同位素水文地质概论 [M]. 北京：地质出版社，1991.

[35] 卫文，陈宗宇，赵红梅，等. 河北平原第四系承压水 ^{4}He 与 ^{14}C 测年对比 [J]. 吉林大学学报（地球科学版），2011，41（4）：1144 - 1150.

[36] 顾慰祖. 同位素水文学 [M]. 北京：科学出版社，2011.

[37] 陈建生，王庆庆. 北方干旱区地下水补给源问题讨论 [J]. 水资源保护，2012，28（3）：1 - 8，50.

[38] 陈建生，刘震，刘晓艳. 深循环地下水维系黄土高原风尘颗粒连续沉积 [J]. 地质学报，2013，87（2）：278 - 287.

[39] 柳富田，苏小四，侯光才，等. CFC$_s$ 法在鄂尔多斯白垩系地下水盆地浅层地下水年龄研究中的应用 [J]. 吉林大学学报（地球科学版），2007，37（2）：298 - 302.

[40] 王心义，邱燕燕，张百鸣，等. 用 ^{14}C 方法确定深部地下热水系统边界性质的研究 [J]. 水利学报，2003，32（11）：112 - 115.

[41] 万军伟，刘存富，王佩仪，等. 同位素水文学原理与实践 [M]. 武汉：中国地质大学出版社，2003.

[42] 张人权，等. 同位素方法在水文地质中的应用 [M]. 北京：地质出版社，1983.

[43] 晁念英，刘存富，万军伟，等. 同位素水文学最新研究进展 [M]. 武汉：中国地质大学出版社，2006.

[44] 地质矿产部水文地质工程地质司. 水文地质钻探工艺部分 [M]. 北京：地质出版社，1982.

[45] 韩树青，范立民，杨保国. 空气压缩机是不可缺少的抽水设备 [J]. 水文地质工程地质，1991，18（4）：56 - 58.

[46] 李树棠. 小口径深水位抽水的探讨 [J]. 西部探矿工程，1992，4（5）：11 - 13.

[47] 许锡金. 用低压力空压机进行深水位抽水试验的设计 [J]. 工程勘察，1992，20（4）：41 - 44.

[48] 郑继天，王建增，蔡五田，等. 地下水污染调查多级监测井建造及取样技术 [J]. 水文地质工程地质，2009，36（3）：128 - 131.

[49] 国家计划委员会地质局. 区域水文地质普查规范：试行 [M]. 北京：地质出版社，1975.

[50] 地质矿产部. 区域水文地质普查规范补充规定：试用 [M]. 北京：地质出版社，1982.

[51] 国家地质总局. 综合水文地质图编图方法与图例：试行 [M]. 北京：地质出版社，1979.

[52] 中华人民共和国建设部. 供水水文地质勘察规范：GB 50027—2001 [S]. 北京：中国计划出版社，2001.

[53] 河南省地质矿产勘查开发局. 1∶10 万区域水文地质普查技术要求：草 [R]，2012.

[54] 刘国昌. 地质力学及其在水文地质工程地质方面的应用 [M]. 北京：地质出版社，1979.

[55] 胡海涛，许贵森. 论构造体系与地下水网络 [J]. 水文地质工程地质，1980，7（3）：1 - 7.

[56] 刘光亚. 基岩地下水 [M]. 北京：地质出版社，1979.

[57] 钱学溥. 中国蓄水构造类型 [M]. 北京：科学出版社，1990.

[58] 肖楠森. 新构造裂隙水 [J]. 水文地质工程地质, 1981, 8 (4): 22-25, 32.

[59] 肖楠森, 等. 新构造分析及其在地下水勘察中的应用 [M]. 北京: 地质出版社, 1986.

[60] 吴春寅. 新构造控水理论与地下水探寻开发技术 [M]. 北京: 地质出版社, 2017.

[61] 肖楠森, 林凤勋. 山区基岩裂隙水资源的开发利用与新构造断裂特性的关系 [J]. 工程勘察, 1982, 10 (5): 31-36.

[62] 尹树人, 肖有权. 试论新构造断裂的水文地质意义 [J]. 南京大学学报 (自然科学版), 1988, 24 (3): 401-405.

[63] 罗国煜, 吴浩. 工程勘察中的新构造: 优势面分析原理 [M]. 北京: 地质出版社, 1991.

[64] 中国岩石圈动力学地图集编委会. 中国岩石圈动力学概论 [M]. 北京: 地震出版社, 1981.

[65] 马杏垣, 刘和甫, 王维襄, 等. 中国东部中、新生代裂陷作用和伸展构造 [J]. 地质学报, 1983, 57 (1): 22-31.

[66] 白世伟, 李光煜. 二滩水电站坝址区岩体应力场研究 [J]. 岩石力学与工程学报, 1982, 1 (1): 45-57.

[67] 王辉. 缺水山区基岩裂隙水探寻及其多样化水资源开发模式研究 [D]. 南京: 南京大学, 1999.

[68] 廖资生, 束龙仓, 林学钰. 基岩裂隙水专家系统 [M]. 西安: 陕西科学技术出版社, 1997.

[69] 王媛, 速宝玉, 徐志英. 裂隙岩体渗流模型综述 [J]. 水科学进展, 1996, 7 (3): 93-99.

[70] 王珊林, 史桂华, 王德成, 等. 基岩裂隙水三维流数值模型研究及应用 [J]. 东北水利水电, 2000 (4): 36-38, 48.

[71] 束龙仓, 林学钰, 廖资生. 基岩裂隙水寻找与开发的专家系统建立 [J]. 水文地质工程地质, 1997, 24 (5): 32-34.

[72] 霍润科, 刘汉东, 李宁, 等. 基于模糊神经网络方法的新构造控水专家系统 [J]. 系统工程理论与实践, 2003, 23 (11): 135-139.

[73] 陈家琦, 王浩. 水资源学概论 [M]. 北京: 中国水利水电出版社, 1996.

[74] 陈梦熊, 马凤山. 中国地下水资源与环境 [M]. 北京: 地质出版社, 2002.

[75] 冶金工业部. 供水水文地质勘察遥感技术规程 [R]. 北京: 中国建筑工业出版社, 1991.

[76] 中国地质调查局. 水文地质手册 [M]. 2版. 北京: 地质出版社, 2012.

[77] 广西壮族自治区水文工程地质队. 岩溶地区供水水文地质工作方法 [M]. 北京: 地质出版社, 1979.

[78] 史长春. 水文地质勘察: 下册 [M]. 北京: 水利电力出版社, 1991.

[79] 地质部书刊编辑室. 水文地质工程地质选辑: 第七辑 [M]. 北京: 地质出版社, 1975.

[80] 陈崇希, 林敏. 地下水动力学 [M]. 武汉: 中国地质大学出版社, 1999.

[81] 陕西省综合勘察院. 供水水文地质勘察 [M]. 北京: 中国建筑工业出版社, 1982.

[82] 机械工业系统勘察单位. 供水水文地质手册: 第三册 [M]. 北京: 地质出版社, 1983.

[83] 上海市水文地质大队. 对控制上海地面沉降的初步认识 [M] // 水文地质工程地质选辑: 第六辑. 北京: 地质出版社, 1975.

[84] 籍传茂, 费瑾, 尚若筠, 等. 关于美国和日本地下水资源勘察研究方法的几个问题 [J]. 水文地质工程地质, 1983, 10 (4): 54-58.

[85] 苏河源, 等. 第三届地面沉降国际讨论会概况 [J]. 水文地质工程地质, 1984, 11 (5): 3-7.

[86] 林学钰. 美国地下水资源管理概况 [J]. 水文地质工程地质, 1983, 10 (2): 52-57.

[87] 范锡朋. 河西走廊地下水与河水的互相转化及水资源合理利用问题 [J]. 水文地质工程地质, 1981, 8 (4): 1-6.

[88] 地质部水文地质工程地质研究所. 地下水资源评价理论与方法的研究 [M]. 北京: 地质出版社, 1982.

[89] 陈崇希, 李国敏. 地下水溶质运移理论及模型 [M]. 武汉: 中国地质大学出版社, 1996.

［90］ 鲍哥莫洛夫ΓΒ，ΑХ阿里特舒里，等. 人工补给地下水［M］. 赵抱力，穆仲义，吴金祥，译. 北京：水利出版社，1980.

［91］ 美国土木工程学会地下水委员会. 地下水管理［M］. 李连弟，毛同夏，王瑞久，等译. 北京：中国建筑工业出版社，1981.

［92］ 陈崇希，唐仲华. 地下水流动问题数值方法［M］. 武汉：中国地质大学出版社，1990.

［93］ 陈家琦，王浩，杨小柳. 水资源学［M］. 北京：科学出版社，2002.

［94］ 陈墨香，汪集旸，邓孝，等. 中国地热资源：形成特点和潜力评估［M］. 北京：科学出版社，1994.

［95］ 陈墨香. 华北地热［M］. 北京：科学出版社，1988.

［96］ 陈余道，蒋亚萍. 环境地质学［M］. 北京：冶金工业出版社，2004.

［97］ 刘俊民，余新晓. 水文与水资源学［M］. 北京：中国林业出版社，1999.

［98］ 籍传茂，侯景岩，王兆馨. 世界各国地下水开发和国际合作指南［M］. 北京：地震出版社，1996.

［99］ 李广贺，刘兆昌，张旭. 水资源利用工程与原理［M］. 北京：清华大学出版社，1998.

［100］ 李广贺. 水资源利用与保护［M］. 北京：中国建筑工业出版社，2002.

［101］ 李世峰，金瓯昆，周俊杰. 资源与工程地球物理勘探［M］. 北京：化学工业出版社，2008.

［102］ 李洋，褚立孔，蒲治国. 确定含水层给水度新方法［J］. 江苏地质，2006，30（4）：290-293.

［103］ 林年丰，李昌静，钟佐燊，等. 环境水文地质学［M］. 北京：地质出版社，1990.

［104］ 林学珏，廖资生. 地下水管理［M］. 北京：地质出版社，1995.

［105］ 钱孝星. 水文地质计算［M］. 北京：中国水利水电出版社，1995.

［106］ 刘美南，陈晓宏，陈俊合，等. 区域水资源原理与方法［M］. 福州：福建省地图出版社，2001.

［107］ 刘善建. 水的开发利用［M］. 北京：中国水利水电出版社，2000.

［108］ 刘学军，扬维仁. 给水度测定方法研究［J］. 地下水，2003，25（4）：221-223，229.

［109］ 刘兆昌，李广贺，朱琨. 供水水文地质［M］. 4版. 北京：中国建筑工业出版社，2011.

［110］ 刘正峰. 水文地质手册［M］. 北京：银声音像出版社，2005.

［111］ 费瑾. 地下淡水资源管理研究的发展方向［J］. 地学前缘，1996，3（2）：156-160.

［112］ 冯尚友. 水资源可持续利用与管理导论［M］. 北京：科学出版社，2000.

［113］ 施嘉炀. 水资源综合利用［M］. 北京：中国水利水电出版社，1996.

［114］ 水利部水资源司，南京水利科学研究院. 21世纪初期中国地下水资源开发利用［M］. 北京：中国水利水电出版社，2004.

［115］ 孙峰根，王心义，王晓明. 水文地质计算的数值方法［M］. 徐州：中国矿业大学出版社，1995.

［116］ 唐益群，叶为民. 地下水资源概论［M］. 上海：同济大学出版社，1998.

［117］ 万力，曹文炳，胡伏生，等. 生态水文地质学［M］. 北京：地质出版社，2005.

［118］ 汪集旸，庞忠和，熊亮萍. 中低温对流型地热系统［M］. 北京，科学出版社，1993.

［119］ 王宝金. 地下水弥散系数测定［J］. 环境科学研究，1989，2（1）：51-55.

［120］ 王洪胜，张学真. 潜水含水层导水系数空间分布特征的初步分析［J］. 地下水，2005，27（4）：251-253.

［121］ 王洁，杨小柳，阮本清，等. 流域水资源管理［M］. 北京：科学出版社，2001.

［122］ 王钧，黄尚瑶，黄歌山，等. 华北中、新生代沉积盆地的地温分布及地热资源［J］. 地质学报，1983，57（3）：304-316.

［123］ 王钧，黄尚瑶，黄歌山，等. 中国地温分布的基本特征［M］. 北京：地震出版社，1990.

［124］ 王钧，周家平. 华北平原中低温地热资源及其利用的环境影响［M］. 北京：地震出版社，1992.

［125］ 熊亮萍，汪集旸，庞忠和. 漳州热田温度场［J］. 地质科学，1990，45（1）：70-80.

［126］ 许涓铭，邵景力. 集中参数系统管理模型：地下水-地表水联合调度［J］. 工程勘察，1988，

16 (3)：47－52.

[127] 尹承怀，倪深海，李祚祥，等. 地下水资源管理 [M]. 北京：中国水利水电出版社，2001.

[128] 张明泉，曾正中. 水资源评价 [M]. 兰州：兰州大学出版社，1995.

[129] 张人权. 地下水资源特征及其合理开发利用 [J]. 水文地质工程地质，2003，30 (6)：1－5.

[130] 张瑞，吴林高. 地下水资源评价与管理 [M]. 上海：同济大学出版社，1997.

[131] 张蔚榛，沈荣开. 地下水文与地下水调控 [M]. 北京：中国水利水电出版社，1998.

[132] 张蔚榛. 地下水与土壤水动力学 [M]. 北京：中国水利水电出版社，1996.

[133] 张永波，时红，王玉和. 地下水环境保护与污染控制 [M]. 北京：中国环境科学出版社，2003.

[134] 张元禧，施鑫源. 地下水水文学 [M]. 北京：中国水利水电出版社，1998.

[135] 章至洁，韩宝平，张月华. 水文地质学基础 [M]. 徐州：中国矿业大学出版社，1995.

[136] 赵彦琦，杨英. 河道污染质垂向迁移对地下水影响的研究 [J]. 环境污染与防治，2007，29 (2)：110－114.

[137] 中华人民共和国国土资源部. 地热资源地质勘查规范：GB/T 11615—2010 [R]. 北京：中国标准出版社，2010.

[138] 朱炳球，朱立新，史长义，等. 地热田地球化学勘查 [M]. 北京：地质出版社，1992.

[139] 朱党生，王超，程晓冰. 水资源保护规划理论及技术 [M]. 北京：中国水利水电出版社，2000.

[140] 朱学愚，钱孝星. 地下水水文学 [M]. 北京：中国环境科学出版社，2005.

[141] 赵季初. 鲁北地区热储弹性释水系数计算方法探讨 [J]. 山东国土资源，2006，22 (3)：49－51.

[142] 赵平，KENNEDY M，多吉，等. 西藏羊八井热田地热流体成因及演化的惰性气体制约 [J]. 岩石学报，2001，17 (3)：497－503.

[143] 薛禹群，朱学愚. 地下水动力学 [M]. 南京：南京大学出版社，1979.

[144] 薛禹群. 地下水动力学 [M]. 2版. 北京：地质出版社，1997.

[145] 沈照理. 水文地球化学基础 [M]. 武汉：武汉地质学院出版社，1983.

[146] 陈梦熊. 中国水文地质环境地质问题 [M]. 北京：地震出版社，1998.

[147] 林振耀. 海水入侵的防治研究 [M]. 北京：气象出版社，1991.

[148] 郑克棪，潘小平. 中国地热勘察开发100例 [M]. 北京：地质出版社，2005.

[149] 王维勇. 地热理论基础 [M]. 北京：地质出版社，1982.

[150] 孙纳正. 地下水流数学模型与数值方法 [M]. 北京地质出版社，1981.

[151] 朱学愚. 地下水资源评价 [M]. 南京：南京大学出版社，1988.

[152] 王开章. 现代水资源分析与评价 [M]. 北京：化学工业出版社，2006.

[153] 王文科，韩锦萍，赵彦琦，等. 银川平原水资源优化配置研究 [J]. 资源科学，2004，26 (2)：36－45.

[154] 王文科，孔金玲，王钊，等. 论水资源管理模型存在的问题与发展趋势 [J]. 工程勘察，2001，29 (6)：15－18.

[155] 王文科，王钊，孔金玲，等. 关中地区水资源分布特点与合理开发利用模式 [J]. 自然资源学报，2001，16 (6)：499－504.

[156] 王文科，王钊，孔金玲，等. 水资源管理决策支持系统与水源优化利用：以关中地区为例 [M]. 北京：科学出版社，2007.

[157] 王心义，韩鹏飞，廖资生，等. 研究孔隙热储层水力联系的地球化学方法 [J]. 水利学报，2001，32 (8)：75－78.

[158] 王心义，周廷强，林建旺，等. 塘沽地热系统水化学赋存环境 [J]. 水文地质工程地质，2002，29 (6)：4－7.

[159] 王永伟，刘芳宇，时淑英，等. 水资源管理决策支持系统的应用及其发展趋势 [J]. 农业与技术，2010，30 (4)：15－17.

[160] 王兆馨. 中国地下水资源开发利用 [M]. 呼和浩特：内蒙古人民出版社，1992.

[161] 文章，黄冠华，李健，等. 越流含水层中抽水井附近非达西流动模型的数值解 [J]. 水动力学研究与进展 A 辑，2009，24 (4)：448 - 454.

[162] 徐恒力，等. 水资源开发与保护 [M]. 北京：地质出版社，2001.

[163] 沈继方，于青春，胡章喜. 矿床水文地质学 [M]. 武汉：中国地质大学出版社，1992.

[164] 国家煤矿安全检察局. 煤矿防治水细则 [M]. 北京：煤炭工业出版社，2018.

[165] 国家矿产储量管理局. 矿区水文地质工程地质勘探规范：GB 12719—1991 [S]. 北京：中国标准出版社，1991.

[166] 李世峰，李耀华. 模糊综合判别矿井突（涌）水水源 [J]. 煤炭工程，2006，38 (9)：71 - 73.

[167] 马瑞花，龚惠民. TEM 法在寻找煤矿突水巷道中的应用 [J]. 中国煤田地质，2003，15 (3)：49 - 50.

[168] 李世峰，金瞰昆，刘素娟. 矿井地质与矿井水文地质 [M]. 徐州：中国矿业大学出版社，2009.

[169] 董东林，武强，钱增江，等. 榆神府矿区水环境评价模型 [J]. 煤炭学报，2006，31 (6)：776 - 780.

[170] 刘勇，孙亚军. 煤矿矿井水资源化技术探讨 [J]. 能源技术与管理，2008 (1)：73 - 75.

[171] 郑世书，陈江中，刘汉湖，等. 专门水文地质学 [M]. 徐州：中国矿业大学出版社，1999.

[172] 武强，董东林，钱增江，等. 试论华北型煤田立体充水地质结构理论 [J]. 水文地质工程地质，2000，27 (2)：47 - 49.

[173] 武强，董东林，石占华，等. 可视化地下水模拟评价新型软件系统（Visual Modflow）与矿井防治水 [J]. 煤炭科学技术，2000，28 (2)：18 - 20.

[174] 武强，董书宁，张志龙. 矿井水害防治 [M]. 徐州：中国矿业大学出版社，2007.

[175] 武强，黄晓玲，董东林，等. 评价煤层顶板涌（突）水条件的"三图-双预测法" [J]. 煤炭学报，2000，25 (1)：62 - 67.

[176] 武强，刘金韬，董东林，等. 煤层底板断裂突水时间弱化效应机理的仿真模拟研究：以开滦赵各庄煤矿为例 [J]. 地质学报，2001，75 (4)：554 - 561.

[177] 武强，魏学勇，张宏，等. 开滦东欢坨矿北二采区冒裂带高度可视化数值模拟 [J]. 煤田地质与勘探，2002，30 (5)：41 - 44.

[178] 武强，杨柳，朱斌，等. "脆弱性指数法"在赵各庄矿底板突水评价中的应用 [J]. 中国煤炭地质，2009，21 (6)：40 - 44.

[179] 武强，张志龙，张生元，等. 煤层底板突水评价的新型实用方法 II：脆弱性指数法 [J]. 煤炭学报，2007，32 (11)：1121 - 1126.

[180] 武强，江中云，孙东云，等. 东欢坨矿顶板涌水条件与工作面水量动态预测 [J]. 煤田地质与勘探，2000，28 (6)：32 - 35.

[181] 武强，刘金韬，钟亚平，等. 开滦赵各庄矿断裂滞后突水数值仿真模拟 [J]. 煤炭学报，2002，27 (5)：511 - 516.

[182] 修先民，李启佑. 探矿工程概论 [M]. 北京：地质出版社，1992.

[183] 尹国勋，邓寅生，李栋臣，等. 煤矿环境地质灾害与防治 [M]. 北京：煤炭工业出版社，2007.

[184] 尹国勋，李振山. 地下水污染与防治：焦作市实证研究 [M]. 北京：中国环境科学出版社，2005.

[185] 岳建华. 矿井直流电法 [M]. 徐州：中国矿业大学出版社，1999.

[186] 中国煤炭工业劳动保护科学技术学会. 矿井水害防治技术 [M]. 北京：煤炭工业出版社，2007.

[187] 中国煤田地质总局. 中国煤田水文地质学 [M]. 北京：煤炭工业出版社，2001.

[188] 郭文雅. 石人沟铁矿露天转地下开采地下涌水量预测研究 [D]. 唐山：河北理工大学，2005.

[189] 尹尚先. 煤矿区涌（突）水系统分析模拟应用 [D]. 北京：中国矿业大学（北京），2002.

[190] 威廉斯 R E，等. 矿井水文学 [M]. 孙茂远，李英贤，译. 北京：煤炭工业出版社，1991.

[191] 潘尚银. 矿床帷幕堵水与地下水资源的保护：以张马屯铁矿为例 [J]. 水文地质工程地质，1985，12 (1)：5 - 7.

[192] 田永生. 关于矿山水的排供结合综合利用等问题 [J]. 水文地质工程地质，1985，12 (5)：46 - 47.

[193] 田永生，迟安堂. 关于矿区水文地质勘探的两个问题 [J]. 水文地质工程地质，1983，10 (3)：15 - 18.

[194] 王锐. 当前我国矿山排水与供水结合的几种模式及其勘探与开采中应注意的几个问题 [J]. 水文地质工程地质，1990，17 (3)：2 - 5.

[195] 焦作矿务局基建处. 焦作煤田地下水防治与利用 [C]//全国煤田水文地质经验交流会论文选编. 北京：地质出版社，1987.

[196] 常宏，李同鹏，唐恺，等. 帷幕注浆技术在中关铁矿堵水中的应用 [J]. 现代矿业，2019，39 (10)：79 - 82，126.

[197] 辛奎德，余霈. 试论我国北方奥陶系岩溶大水矿床的排供结合 [J]. 水文地质工程地质，1986，13 (3)：1 - 3.

[198] 田开铭. 对深部疏干巨厚基岩含水层时双层水位形成条件的初步分析 [J]. 中国岩溶，1985，4 (1，2)：124 - 129.

[199] 吴耀国. 采煤活动对地下水化学环境影响及污染防治技术 [M]. 北京：气象出版社，2002.

[200] 王安政. 矿床地下热水分布特征及热害综合治理 [C]//全国地热学术会议论文选集. 北京：地质出版社，1981.

[201] 张同雷，王勇，徐锁根，等. 新河煤矿矿井水资源的开采利用 [J]. 徐煤科技，1998 (3)：29 - 31.

[202] 董东林，王焕忠，武彩霞，等. 断层及滑动构造复合构造区煤层顶板含水层渗流特征及突水危险性分析 [J]. 岩石力学与工程学报，2009，28 (2)：373 - 379.

[203] 彭汉兴. 环境工程水文地质学 [M]. 北京：中国水利水电出版社，1998.

[204] 中华人民共和国水利部. 水利水电工程水文地质勘察规范：SL 373—2007 [S]. 北京：中国水利水电出版社，2008.

[205] 许强，陈伟，金辉，等. 大渡河流域河谷深厚覆盖层特征与发育分布规律研究 [J]. 第四纪研究，2010，30 (1)：30 - 38.

[206] 许强，陈伟，张倬元. 对我国西南地区河谷深厚覆盖层成因机理的新认识 [J]. 地球科学进展，2008，23 (5)：448 - 456.

[207] 朱建业. 中国水电工程地质勘测技术的发展与展望 [J]. 水力发电，2004，30 (12)：81 - 86.

[208] 李静，谷江波. 冶勒水电站深厚覆盖层建坝的工程地质条件研究 [J]. 水电站设计，2015，31 (4)：19 - 22，35.

[209] 沈振中，邱莉婷，周华雷. 深厚覆盖层上土石坝防渗技术研究进展 [J]. 水利水电科技进展，2015，35 (5)：27 - 35.

[210] 覃礼貌. 金沙江河谷深厚覆盖层成因及工程环境效应研究 [J]. 学术动态，2012 (1)：26 - 29.

[211] 余波. 水电工程河床深厚覆盖层分类 [C]//中国水力发电工程学会第四届地质及勘探专业委员会第二次学术交流会论文集，2010.

[212] 彭汉兴. 冰碛物及冰川地貌的水文地质工程地质特征 [J]. 河北地质学院学报，1981，4 (4)：57 - 62，98.

[213] 彭汉兴，严安康. 乌江河谷岩溶发育特征研究 [J]. 河海大学学报，1990，18 (3)：62 - 68.

[214] 宋汉周，王建平. 边坡水库岩溶渗漏问题研究 [J]. 中国岩溶，1992，11 (1)：22 - 27.

[215] 中国科学院地质研究所. 中国岩溶研究 [M]. 北京：科学出版社，1979.

[216] 姚纪华，宋汉周，罗仕军，等. 综合示踪法在岩溶水库渗漏探测中的应用 [J]. 工程勘察，2014，42（5）：93 - 98.

[217] 中华人民共和国水利部. 水利水电工程地质勘察规范：GB 50487—2008 [S]. 北京：中国计划出版社，2009.

[218] 中国电力企业联合会，水电水利规划设计总院. 水力发电工程地质勘察规范：GB 50287—2016 [S]. 北京：中国计划出版社，2016.

[219] 杨成田. 专门水文地质学 [M]. 北京：地质出版社，1981.

[220] 刘光亚. 基岩蓄水构造的理论与实践 [J]. 河北地质学院学报，1981，4（4）：50 - 56，28.

[221] 沈照理，刘光亚，孙世雄，等. 水文地质学 [M]. 北京：科学出版社，1985.

[222] 田开铭. 偏流与裂隙水脉状径流 [J]. 地质论评，1983，29（5）：408 - 417.

[223] 田开铭. 裂隙水交叉流的水力特性 [J]. 地质学报，1986，60（2）：202 - 214.

[224] 罗国煜，李生林. 工程地质学基础 [M]. 南京：南京大学出版社，1990.

[225] 潘乃礼. 地下水水质现状和预测评价的理论与方法 [M]. 北京：原子能出版社，1995.

[226] 高宗军，高洪阁，李白英，等. 污染河水对地下水化学环境的影响 [J]. 中国地质灾害与防治学报，2002，13（1）：91 - 95，99.

[227] 沈继方，高云福. 地下水与环境 [M]. 武汉：中国地质大学出版社，1995.

[228] 杨庆，栾茂田. 地下水易污性评价方法：DRASTIC 指标体系 [J]. 水文地质工程地质，1999，26（2）：6 - 11.

[229] 环境保护部环境工程评估中心. 环境影响评价技术导则 地下水环境：HJ 610—2016 [S]. 北京：中国环境科学出版社，2016.

[230] 中华人民共和国国土资源部，水利部. 地下水质量标准：GB 14848—2017 [S]. 北京：中国标准出版社，2017.

[231] 中华人民共和国卫生部. 生活饮用水卫生标准：GB 5749—2006 [S]. 北京：中国标准出版社，2006.

[232] 中华人民共和国国家卫生健康委员会，国家市场监督管理总局. 食品安全国家标准 饮用天然矿泉水：GB 8537—2018 [S]. 北京：中国标准出版社，2018.

[233] 中国锅炉水处理协会. 工业锅炉水质：GB/T 1576—2018 [S]. 北京：中国标准出版社，2018.

[234] 中华人民共和国生态环境部. 农田灌溉水质标准：GB 5084—2021 [S]. 北京：中国标准出版社，2021.

[235] SLOUGH K J, SUDICKY E A, FORSYTH P A. Numcrical simnlation of multiphase flow and phase partitioning in discretely fractured geologic media [J]. Journal of Contaminant Hydrology. 1999, 40（2）：107 - 136.

[236] LIU H H, BODVARSSON G S. Constitutive relations for unsaturated flow in a fracturc network [J]. Journal of Hydrology, 2001, 252（1 - 4）：116 - 125.

[237] NORDQVIST A W, TSANG Y W, TSANG C F, et al. Effects of high variance of fracture transmissivity on transport and sorption at different scales in a discrete model for fractured rocks [J]. Journal of Contaminant Hydrology, 1996, 22（1 - 2）：39 - 66.

[238] PRUESS K, FAVBISHENKO B, BODVARSSON G S. Alternative concepts and approaches for modeling flow and transport in thick unsaturated zones of fractured rocks [J]. Journal of Contaminant Hydrology, 1999, 38（1 - 3）：281 - 322.

[239] REVIL A, NANDET V, MEUNIER J D. The hydroelectric problem of porous rocks：inversion of the position of the water table from self - potential data [J]. Geophysica Journal International, 2004, 159（2）：435 - 444.

[240] YARAMANCI U, LANGE G, KNODEL K. Surface NMR within a geophysical study of an

aquifer at Haldenslcben (Gemany) [J]. Geophysical Prospceting, 1999, 47 (6): 923 - 943.

[241] APPELOC A J, POSTMA D. Geochemistry, groundwater and pollution [M]. Leiden, the Netherlands: A. A. Balkema Publishers, 2006.

[242] BODVARSSON G S, WITHERSPOON P A. Geothermal reservoir engineering [J]. Geothermal Science and Technology, 1989 (1): 1 - 68.

[243] DAMORE F, PANICHI C. Geochemistry in geothermal exploration [M] // Applied Geothermics. John Wiley & Sons Ltd, 1987.

[244] FRANCIS H. CHAPELLE, PAUL M BRADLEY, DON A. VROBLESKY, et al. Vroblesky, measuring rates of biodegradation in a contaminated aquifer using field and laboratory methods [J]. Ground Water, 1996, 34 (4): 691 - 698.

[245] FRDLEIFOSSON I B. Geothermal enegry research and development [R]. The Text of the Training of Geothermal Enegry iceland, 1990.

[246] AXELSSON G, et al. Reservoir evaluation for the tanggu geothermal reservoir [R]. Tianjin China VIR - ORKINT Consulting Group Ltd, Reyjavik Iceland, November, 1996.

[247] TOTH J. Groundwater as a geologic agent: An overview of the causes, processes, and manifestations [J]. Hydrogeology Journal, 1999, 7 (1): 1 - 14.

[248] KEHEW A E. Applied chemical hydrogeology [M]. Upper Saddle River, N J: Prentice Hall, 2001.

[249] PANG Z. Isotope and chemical geothermometry and its applications [J]. Science in China Series E, 2001 (增刊 1): 16 - 20.

[250] PANG Z, TRUESDELL A H. Preface to the set of papers on "Isotope and hydrochemical techniques applied to geothermal systems" [J]. Geothermics, 2005 (34): 440 - 441.

[251] WILLIAMS G M, HIGGO J J W. In situ and laboratory investigations into contaminant migration [J]. Journal of Hydroiogy, 1994, 159 (1 - 4): 1 - 25.